土木工程类专业应用型人才培养系列教材

土木工程概论

主　编　李　苗　穆成鹏　童小龙

副主编　陈　强　谢　芳　毛广湘

参　编　陈宏伟　吴卫祥　刘朝辉

北京理工大学出版社
BEIJING INSTITUTE OF TECHNOLOGY PRESS

内 容 简 介

本书按照高等院校人才培养目标以及专业教学改革的需要，依据最新标准规范进行编写。全书共十二章，主要内容包括绪论、土木工程材料、建筑工程、桥梁工程、道路工程、铁路工程、地下工程、港口和水利工程、给水排水与环境工程、工程建设管理、土木工程减灾防灾、绿色节能材料及工艺、信息化工程等。

本书可作为高等院校土木工程类相关专业教材，也可作为从事土木工程相关专业技术人员的参考书。

图书在版编目（CIP）数据

土木工程概论/李苗，穆成鹏，童小龙主编.—北京：北京理工大学出版社，2020.8
（2022.7 重印）

ISBN 978-7-5682-8919-1

Ⅰ.①土… Ⅱ.①李… ②穆… ③童… Ⅲ.①土木工程—概论 Ⅳ.①TU

中国版本图书馆 CIP 数据核字（2020）第 153807 号

出版发行 / 北京理工大学出版社有限责任公司		
社　　址 / 北京市海淀区中关村南大街 5 号		
邮　　编 / 100081		
电　　话 / (010) 68914775（总编室）		
（010）82562903（教材售后服务热线）		
（010）68944723（其他图书服务热线）		
网　　址 / http://www.bitpress.com.cn		
经　　销 / 全国各地新华书店		
印　　刷 / 北京紫瑞利印刷有限公司		
开　　本 / 787 毫米×1092 毫米　1/16		
印　　张 / 17		责任编辑 / 陆世立
字　　数 / 358 千字		文案编辑 / 赵　轩
版　　次 / 2020 年 8 月第 1 版　2022 年 7 月第 2 次印刷		责任校对 / 刘亚男
定　　价 / 49.00 元		责任印制 / 李志强

图书出现印装质量问题，请拨打售后服务热线，本社负责调换

前　言

随着人们对工程设施功能要求的不断提高和科学技术的进步，土木工程学科也已经发展成为内涵广泛、门类众多、结构复杂的综合体系，这就要求土木工程综合运用各种物质条件，以满足各种各样的需求。

土木工程也是一门学科，是指运用数学、物理、化学等基础科学知识和力学、材料等技术科学知识以及土木工程方面的工程技术知识来研究、设计、修建各种建筑物和构筑物。土木工程为国民经济的发展和人民生活的改善提供了重要的物质技术基础，对众多产业的振兴发挥了促进作用，工程建设是形成固定资产的基本生产过程，因此，建筑业和房地产成为许多国家和地区的经济支柱之一。

土木工程概论课程对学生提高专业兴趣、培养现代工程意识和形成创新思维方式具有积极意义。学生通过对本书的学习，能为今后积极主动地学好专业课打下坚实的思想基础。本书在体现高等教育特色的基础上，以职业技能的培养为根本目的，旨在打造出一系列符合高等教育教学改革理念、内容简明实用、形式新颖独特、理论实践一体化的引领式教材，使教材更好地为教育服务，实现高等教育的培养目标。

本书以"讲清概念、强化应用"为主旨进行编写。本书力求做到理论联系实际，注重科学性、实用性和针对性，突出对学生应用能力的培养。本书内容新颖、层次明确、结构有序，注重理论与实际相结合，加大了实践运用力度。其基础内容具有系统性、全面性，具体内容具有针对性、实用性，满足专业特点要求。

本书在编写过程中，得到了中铁十七局刘朝辉同志以及湖南城市学院诸位老师的大力帮助与支持，在此深表感谢！

本书虽经反复讨论修改，但限于编者的学识及专业水平和实践经验，书中难免存在疏漏和不妥之处，恳请广大读者指正。

编　者

目 录

第一节　土木工程与土木工程专业

一、土木工程

土木工程是建造各类工程设施的科学技术的统称。其既指所应用的材料、设备和所进行的勘测、设计、施工、保养维修等技术活动，也指工程建设的对象，即建造在地上或地下、陆上或水中，直接或间接为人类生活、生产、军事、科研服务的各种工程设施，如房屋、道路、铁路、运输管道、隧道、桥梁、运河、堤坝、港口、电站、机场、海洋平台、给水排水及防护工程等。

土木工程具有综合性，社会性，实践性，技术、经济、艺术的统一性4个基本属性。

（1）综合性。建造一项工程设施一般需要经过勘察、设计和施工三个阶段，不仅需要运用工程地质勘察、水文地质勘察、工程测量、土力学、工程力学、工程设计、土木工程材料、设备和工程机械、建筑经济等学科与施工技术、施工组织等领域的知识，还需要用到电子计算机和结构测试、试验等技术。因而，土木工程是一门范围广阔的综合性学科。

随着人们对工程设施功能要求的不断提高和科学技术的进步，土木工程学科也已经发展成为内涵广泛、门类众多、结构复杂的综合体系。这就要求土木工程须综合运用各种物质条件，以满足各种各样的需求。

（2）社会性。土木工程是伴随人类社会的发展而发展起来的。土木工程的各种工程设施反映了不同国家和地区在各个历史时期社会、经济、文化、科学、技术发展的水平，是人类社会发展史的见证之一。

从原始社会简陋的房舍到举世闻名的万里长城、金字塔、故宫，甚至现代社会的高楼大厦、跨海大桥、海底隧道、地下铁路，这些土木工程无不反映了人类文明的发展程度和生产力水平。许多伟大的工程项目成为某一国家、地区在特定历史时期的标志性成果。因此，土木工程已经成为人类社会文明的重要组成部分。

（3）实践性。土木工程是一门具有很强实践性的学科。在人类社会早期，土木工程是通过在工程实践中不断总结经验、教训发展起来的。从17世纪30年代开始，人们将以伽利略和牛顿为先导的近代力学与土木工程实践结合起来，逐渐形成了材料力学、结构力学、流体力学、岩体力学，并成为土木工程的基础理论。至此，土木工程才从经验发展成为科学。在土木工程的发展过程中，工程实践常先行于理论，工程灾害和事故显示出未来能预见的新因素，从而触发新的理论的研究和发展。至今很多工程问题的处理仍然在很大程度上依靠实践经验。

（4）技术、经济、艺术的统一性。人们对工程设施的需求主要体现在使用功能和审美要求两个方面。符合功能要求的工程设施是一种空间艺术。它通过总体布局、体量、体型，各部分的尺寸比例、线条、色彩、阴影和工程设施与周边环境的协调来表现工程的艺术性，并反映出地方风格、民族风格、时代特点和政治、宗教等的特点。人们总是欣赏功能上良好、艺术上十分优美的工程。

二、土木工程专业

土木工程也是一门学科，其是指运用数学、物理、化学等基础科学知识和力学、材料等技术科学知识，以及土木工程方面的工程技术知识来研究、设计、修建各种建筑物和构筑物。

土木工程是一种工程分科，是指用石材、砖、砂浆、水泥、混凝土、钢材、木材、建筑塑料、合金等建筑材料修建房屋、铁路、道路、隧道、运河、堤坝、港口等的工程生产活动和工程技术。

19世纪下半叶，为了学习和引进西方的科学技术，我国一些有识之士纷纷创办了培养科学技术人才的学堂，其中就包括培养土木工程人才的学校。1895年创办的天津北洋学堂是我国最早创办的一所培养土木工程人才的学校。到1949年，我国已有20多所公立和私立的高等院校设有土木工程专业。专业内容设置主要是学习英国、美国等国家，实行学年学分制，即需读满四年修够学分方可取得工学学士学位。土木工程没有明确的专业，也没有统一的教学计划，更没有教学大纲，各个学校的开课各不相同，开设的课程很广泛，所使用的教材基本上是英国、美国的教材且内容比较浅。

1952年，我国对院系设置进行了大规模的调整，并学习了苏联的模式，使得土木工程系学科的设置发生了较大的变化，设立了工业建筑与民用建筑专业专攻房屋建筑、道路工程专业专攻道路，采用学年学时制，即学习四年（1955年普遍改为五年制）并达到一定学时后方可毕业。当时的课程科目数多、学时多，很少开设选修课程。1977年后，学制改为四年制。由于学科的发展，各学科的内容在不断更新、深化和扩大，课程内容也不断充实和更新。

由于历史和现实的各方面原因，土木工程专业划分过细、专业范围过窄、门类之间专业重复设置等问题十分突出。为此，我国在坚持拓宽专业口径、增强适应性原则的前提下，于1982年、1993年、1997年进行了三次专业目录调整，专业主要按学科划分，使培养的人才具有较强的适应性。工业建筑与民用建筑专业自1993年起改为建筑工程专业；紧接着自1997年起将建筑工程、交通土建、地下工程等近10个专业合并成现在的土木工程专业。

第二节　土木工程专业的培养目标与课程设置

一、土木工程专业的培养目标

土木工程专业的培养目标是：培养适应社会主义现代化建设需要，德、智、体全面发展，掌握土木工程学科的基本理论和基本知识，获得工程师基本技能并具有创新精神的高级专门人才。使毕业生能从事土木工程的设计、施工与管理工作，具有初步的项目规划和研究开发能力。

为了认清楚土木工程专业的培养目标，需要了解关于科学、技术、工程、工程师的概念。

1. 科学

科学是指关于事物的基本原理和事实的有组织、有系统的知识。科学的任务是研究关于事物和事实（自然界和社会）的本质与机理，以及探索它们发展的客观规律。

2. 技术

技术是根据生产实践经验和自然科学原理而发展成的各种生产工艺、作业方法、操作技能、设备装置的总和。技术的任务是利用和改造自然，以其生产的产品为人类服务。其中，工程技术有土、机械、电信、计算机等（要明确科学与技术是两个不同的概念，从上述科学技术发展简史来看，科学是基础，应用科学原理可以开发技术；而技术的发展又会发现新的现象和问题，对这些现象和问题的再次研究，又可促进科学的进一步发展。所以，科学与技术相互促进、相辅相成，两者又相互渗透，并没有明确的界限。但科学与技术毕竟是两个不同的概念）。

3. 工程

工程是将自然科学的原理应用到工农业生产部门中而形成的各学科的总称。其目的是利用和改造自然来为人类服务。其概念是运用科学原理、技术手段、实践经验利用和改造自然，生产开发出对社会有用的产品和实践活动的总称。

4. 工程师

工程师是从事工程活动的技术人员。工程师的核心职能是革新和创造。工程师主要有以下三种类型：

（1）技术实施型。技术实施型的工程师是指在工业生产第一线从事工程设计、制造、施工、运行等技术工作的人才。他们应该善于解决工程实施中出现的各种复杂的技术问题。这类人才占工程师总数的55%～65%。

（2）研究开发型。研究开发型的工程师是从事工程技术开发研究及工程基础研究（或称技术科学研究）的人才。他们应该具有开发新材料、新工艺、新产品，使工业生产具有竞争力的能力。这类人才约占工程师总数的15%。

（3）工程管理型。工程管理型是以技术背景为主的，从事决策、规划、管理、经营、销售等工作的人才。他们的知识面要宽，组织能力要强，对工业生产的发展要有洞察力和识别力。这类人才占工程师总数的20%～30%。

在工程实践中，这三类工程师往往会因工作需要而互换。每个成为工程师的人都应该胜任这三类工程师的工作。

二、土木工程专业的课程设置

选择土木工程专业的学生在跨入高等学校大门，准备接受土木工程专业教育时都应了解：第一，土木工程在国民经济中的地位和作用；第二，土木工程的内容和未来土木工程的发展；第三，学生在学校将学到哪些土木工程方面的知识和技能，获得哪些学习方法，培养哪些能力。

为解决学生上述三个方面的问题，在入学后一年级设置了土木工程概论这门课程。其目的是使学生认识土木工程的地位和作用；了解土木工程专业的培养目标；了解土木工程方面的主要内容，树立正确的学习目标和工程意识，为在学校学习打好基础，为将来工作提供良好条件。为了达到土木工程概论的教学目的，土木工程专业的课程设置如下。

1. 专业课程设置

土木工程专业的主干学科为力学和土木工程。课程结构可分为公共基础课、专业基础课和专业课。三者所占比例一般为公共基础课占50%、专业基础课占30%、专业课占10%，另有10%的课程各院校可自行安排在上述三部分课程中。

（1）公共基础课包括人文社会科学类课程、自然科学类课程和其他公共课程，如马克思主义哲学原理、毛泽东思想概论、邓小平理论概论、高等数学、物理、物理试验、体育等。

（2）专业基础课构成了土木工程专业共同的专业平台，为学生在校学习专业课程和毕业后在专业的各个领域继续学习提供坚实的基础。这部分课程包括工程数学、工程力学、流体力学、结构工程学、岩土工程学的基础理论，以及从事土木工程设计、施工、管理所必需的专业基础理论。

（3）专业课的教学目的是通过对具体工程对象的分析，使学生了解一般土木工程项目的设计、施工等基本过程，学会应用由专业基础课学到的基本理论，较深入地掌握专业技能，建立初步的工程经验，以适应当前国内用人单位对土木工程专业本科人才基本能力的一般要求。

上述各部分课程又可以按课程性质分为必修课、选修课（含限定选修课和任意选修课）。在课程总量中，应有10%左右的课程为选修课程。

2. 实践教学环节

实践教学环节是土木工程教学中非常重要的环节，其在现代工程教育中占有十分重要的位置，是培养学生综合运用知识、动手能力和创新精神的关键环节。它的作用和功能是理论教学所不能替代的。

实践教学环节包括计算机应用、试验、实习、课程设计和毕业设计（论文）等类别。总学时一般安排在40周左右。

（1）试验包括大学物理试验、力学试验、材料试验、土工试验、结构试验等。

（2）实习包括认识实习、测量实习、地质实习、生产实习、毕业实习等。

（3）课程设计包括勘测或房屋建筑类课程设计、结构类课程设计、工程基础类课程设计、施工类课程设计等。

（4）毕业设计（论文）是最重要的实践教学环节之一，其学时一般不少于14周。毕业设计（论文）对学生的培养主要体现在知识、能力和素质三个方面。

1）知识方面：要求能够综合应用各学科的理论、知识与技能，分析和解决工程实际问题，并通过学习、研究与实践，使理论深化、知识拓宽、专业技能延伸。

2）能力方面：要求能够进行资料的调研和加工，并正确运用工具书，掌握有关工程设计程序、方法和技术规范，提高工程设计计算、理论分析、图表绘制、技术文件编写的能力；或具有试验、测试、数据分析等研究技能，有分析与解决问题的能力；有外文翻译和计算机应用的能力。

3）素质方面：要求树立正确的设计思想，严肃认真的科学态度和严谨的工作作风，能够遵守纪律，善于与他人合作。

第三节　土木工程发展史

一、我国古代土木工程发展演变

古代土木工程的历史跨度很长，它大致从旧石器时代（约公元前5000年起）至17世纪中叶。这一时期的土木工程没有什么设计理论指导，修建各种设施主要依靠经验。所用材料主要取之于自然，如石块、草筋、土壤等，在公元前1000年左右开始采用烧制的砖。这一时期，所用的工具也很简单，只有斧、锤、刀、铲和石夯等手工工具。尽管如此，古代还是留下了许多有历史价值的建筑，有些工程即使从现代角度看也是非常伟大的，有的甚至难以想象。

1. 原始社会时期建筑

在原始社会，穴居和巢居是普遍的居住形式。农耕时代到来后，人类逐渐步入了营造地面建筑的新阶段。从距今 1 万年前后的石器时代遗址中可以得知，上古时期的建筑经历了从深穴居到半穴居，最后到地面建筑的发展过程，其构筑方式也完成了从以土为主逐渐向以木为主的过渡。

原始时期设计建造了很多以高台宫室为中心的大、小城市，开始使用砖、瓦、彩画及斗拱梁枋等设计建造房屋。我国建筑的某些重要的艺术特征在这一时期已初步形成，如方整规则的庭院、纵轴对称的布局、木梁架的结构体系及由屋顶、屋身、基座组成的单体造型。自此开始，传统的建筑结构体系及整体设计观念开始形成，对后世的城市规划、宫殿、坛庙、陵墓乃至民居都产生了深远的影响。原始时期的建筑活动是我国建筑设计史的萌芽，为后来的建筑设计奠定了良好的基础，建筑制度逐渐形成。

2. 商朝时期建筑

公元前 17 世纪，商朝进一步发展了奴隶制度，建造了一定规模的宫殿和陵墓，采用先分层夯筑后逐段上筑的夯土板筑法建造城墙，夯筑技术日趋成熟，空间布局为多数单体建筑按照一定的条理进行组合。由此可见，传统的中国院落式建筑群开始成型。

3. 春秋战国时期建筑

公元前 770—前 221 年是我国历史上的春秋战国时期，是奴隶制度逐渐瓦解和封建制度开始萌芽的时期，也是我国历史上社会经济急剧变化、政治局面错综复杂、军事战争频繁发生、学术文化百家争鸣的变革时期。

由于社会生产力水平的提高，手工业和商业相应发展，这一时期已经大量使用青瓦覆盖屋顶，并开始出现砖、彩画、陶制的栏杆和排水管等，因而，建筑规模比以往更为宏大。各诸侯出于政治统治和生活享乐的需要，大量兴建台榭式高层建筑。例如，在城内夯筑若干座高数米至十多米的阶梯形夯土台，在上面建造木构架殿堂屋宇，将各单层屋宇围绕高度不等的夯土台聚合在一起，形成类似多层建筑的大型高台建筑群。

4. 秦朝时期建筑

公元前 221 年，秦朝结束了数百年的诸侯纷争，建立了我国历史上第一个中央集权制度。秦朝统一了文字、货币与度量衡，使各地区、各民族得到了广泛交流，从而促进了中华民族经济、文化的迅速发展。为巩固国家政权，秦朝在建筑设计上采取了一系列的措施。

传统的木构架建筑，特别是抬梁式的结构形式，发展到秦朝已经更加成熟并产生了重大的突破，主要体现在秦朝匠师对大跨度梁架的设计上。秦咸阳宫一号宫殿主厅的斜梁水平跨度已达 10 m，据此推测阿房宫前殿的主梁跨度一定不会小于这个跨距，这说明秦朝对木结构梁架的研究和使用已经达到了相当高的水平。

秦朝设计修筑了阿房宫、骊山陵、万里长城，以及通行全国的驰道与远达塞外的直道。这些工程浩大宏伟，施工复杂艰巨，为后世建筑设计的发展提供了宝贵经验。自秦朝开始，统一的中国传统建筑设计风格逐渐形成。

5. 汉朝时期建筑

汉朝社会经济繁荣，国力强盛，建筑规模体制与当时的政治、经济、宗法、礼制等社会需要密切结合，传统的中国建筑设计体系至此大致形成。汉代广泛使用砖石设计建造地下工程，如西汉长安城的下水道。

汉朝建筑设置卧棂栏杆、石木门；窗根据纹样的不同包括直棂窗、斜格窗和锁纹窗，以及天窗；顶棚有覆斗形顶棚和斗形顶棚；柱有圆柱、八角柱和方柱等，柱身表面雕刻竹纹或凹凸槽。汉朝建筑使用板瓦和筒瓦等。

6. 魏晋南北朝时期建筑

魏晋南北朝时期，集权制度衰退，社会动荡，佛教文化盛行，厚葬风气衰退，皇陵规模渐小。因此，这个时期最突出的建筑类型是寺院、佛塔和石窟等佛教建筑。我国的佛教由印度经西域传入，早期寺院布局仿照印度建筑风格，后来才逐步中国化。其不仅将中国庭院式木架结构应用在佛寺建筑中，而且将私家园林也设计成了佛教寺院的组成部分；佛塔原为埋藏舍利、供佛徒绕塔礼拜而做，传到我国后，塔的各个部分逐渐格式化、复杂化，一般由地宫、塔基、塔身、塔顶和塔刹组成，塔的平面多呈方形，仿照多层木构楼阁做法，形成了中国式的木塔。除此之外，砖石结构也有了长足的进步，可建高达数十米的石塔和砖塔。魏晋南北朝时期是古代中国建筑设计史上的过渡时期。

7. 隋唐时期建筑

隋唐时期的建筑设计类型较为丰富，如塔、院、殿、堂、阁、楼、中三门、廊等，这些类型的建筑形象设计在敦煌壁画中都有较为清晰的具体表现。隋、唐两朝还兴建了大量离宫，如隋朝的江都宫、仁寿宫、汾阳宫，唐朝的翠微宫、九成宫、上阳宫、合璧宫等。在陕西省麟游县发掘的仁寿宫是隋文帝时期修建的一座离宫，到唐太宗时改建为九成宫。此宫位于海拔 1 100 m 的山谷中，建筑选址依山傍水，设计错落有致，整体建筑呈山地园林式格局。这表明了隋唐时期离宫建筑的盛行极大地促进了中国园林建筑设计的发展。

隋朝建筑设计的主要成就是建造了世界上最早的敞肩拱桥（或称空腹拱桥）——赵州桥，兴建了大规模的宫殿、苑囿及都城——大兴城和洛阳城。唐朝沿袭了南北朝建造菩萨大像的风气，多层楼阁式建筑中放置通贯全楼大像的建筑形式极为兴盛，间接促进了佛塔向寺外发展。

8. 五代十国时期建筑

五代十国时期，社会分裂对经济文化产生了极大的影响，建筑设计发展相对缓慢，基本延续了隋唐时期的建筑风格。同时，由于地方割据、沟通交流受阻，其建筑设计的地域差异性逐渐扩大，相对于五代来说，十国的统治较为稳定，许多中原人士为避祸乱移徙南方，对南方生产技术和科学文化的发展起到了积极作用，同时，促进了南方建筑设计活动继续向前发展。十国之中，以蜀国和南唐境内较为安定富庶，成都与金陵（今南京）一带沿袭隋唐时期的建筑风格，开展了颇具规模的建筑设计活动；吴越国以太湖地区为中心，在杭州、苏州一带兴建宫室、府第、寺塔及园林建筑，如南京的南唐栖霞寺舍利塔和杭州的灵隐寺吴越石塔，石刻精美，富于建筑形象。目前发现最早的南方砖塔遗物均为吴越时期所建，如苏州的云岩寺塔与杭州的雷峰塔。后者开创性地设计了砖身木檐塔形，成为后来长江下游地区的主要塔形。

9. 宋朝时期建筑

宋朝建筑中的院落空间布局或宽或窄，依据建筑错落而变幻，极富特色，如河北正定隆兴寺的布局与结构就是典型的宋朝建筑。宋朝砖石建筑的水平也达到了新的高度，这时的砖石建筑仍主要是佛塔，其次是桥梁。宋塔绝大多数是仿多层木构的砖石塔，石塔数量也很多。这些砖石建筑反映出当时砖石加工与施工技术已达到相当高的水平。

宋朝的疆域相对较小，单以地区而言，宋朝社会经济文化最发达且持续发展的地区主要是江浙和四川一带，山区和少数民族地区的社会经济文化相比唐朝有了较大的发展。南方经济的发达促进了园林建筑的兴盛，使宋朝进入了中国古典园林设计的成熟期。有文献记载的私家园林和皇家园林名字就达 150 余个，不仅数量大大超过了以往，而且艺术风格也更加清雅柔逸。宋朝的园林设计通过借景、补景等多种设计手法强调了人与自然的和谐，对后世园林设计的发展产生了重大的影响。

10. 辽、金时期建筑

辽、金时期的传统木构建筑体系效仿宋朝，梁架结构和斗拱做法虽有一定的变化，但建筑整体形象上却保持着相当的稳定性，变化最大的是通过木构建筑的移柱、减柱等结构设计手法扩大了室内空间。这种移柱、减柱手法是辽、金佛教建筑最为突出的设计特点。辽、金中晚期的城市设计基本效仿宋朝都城。

辽金的建筑以汉、唐以来逐步发展的中原木构体系为基础，广泛吸收其他民族的建筑设计手法，不断改进完善，逐步完成了上承唐朝、下启元朝的历史过渡。

11. 元朝时期建筑

元朝建筑大多沿袭了唐、宋以来的传统设计形制，部分地方继承了辽、金建筑的特点。元朝建筑大量使用圆木、弯曲木料作为梁架构件，并简化局部建筑构件，在结构设计上大胆运用减柱法、移柱法，使元朝建筑呈现出随意奔放的风格，但由于木料特性的限制，以及缺乏科学计算方法，元朝建筑不得不额外采用木柱进行结构加固。

元朝的宗教建筑较多保留了宋、金的建筑形制，对建筑装饰的设计也进行了细致的研究。另外，自元朝开始从尼泊尔等地传入西藏的瓶形覆钵式塔，在中原地区的寺院中逐渐流行，如现存的北京妙应寺白塔就是单体塔的代表作品。

12. 明朝时期建筑

明朝初期的北京城沿用并扩建了元都旧城。1416 年，明成祖迁都北京，为了仿照南京皇宫的设计形制，在宫前布置五部六府官衙，将南城墙向南移了约 0.8 km。到明朝中期，由于北方蒙古部族的军事威胁，又仿照南京城在城外加筑一道外郭城以加强防御，但受到财力限制，这道外郭城只向南修筑了 8 km 就从东、西两端反折向北修筑，与旧城墙相接，致使整个城市平面形成一个"凸"字形轮廓。这种格局一直保持到 20 世纪 40 年代末。

明朝的北京城在元朝基础上逐步向南发展，通过几次大规模的设计修建，将原元朝城外热闹的居民区圈入城中。同时，将最重要的礼制建筑天坛等一并围入，使北京城显得更加宏伟壮丽。

明朝中期，由于藏传佛教迅速向青海、甘肃、四川等藏族地区及北方蒙古族地区传播，致使青海、甘肃、四川地区的建筑设计深受影响，内蒙古地区的寺庙则形成了汉藏结合的建筑风格。

13. 清朝时期建筑

清朝是我国社会的又一次大统一，各少数民族（藏族、蒙古族、维吾尔族）的建筑设计均在这一时期有所发展，如西藏布达拉宫，新疆吐虎鲁克等的设计建造标志着少数民族建筑达到了较高的发展水平。

清朝时期，北方民居建筑的典型代表是北京四合院。四合院是一组封闭式的住宅建筑群，院落宽绰疏朗，四面房屋各自独立，彼此之间设计有游廊连接，生活起居十分方便。北京四合院大门内外的重要装饰壁面为影壁，其绝大部分由砖料砌成，墙面叠砌考究、雕饰精美且镶嵌吉辞颂语，可有效地遮挡大门内外杂乱呆板的墙面。通过一座垂花门可进入内宅，内宅是由北房、东西厢房和垂花门四面建筑围合起来的院落。

清朝时期，南方地区的住宅院落很小，四周房屋连成一体，称作"一颗印"，以适应南方的气候条件。南方民居建筑多使用穿斗式结构，房屋的设计组合比较灵活，适用于起伏不平的地形。南方民居多采用粉墙黛瓦，给人以素雅之感。南方建筑的山墙普遍做成"封火山墙"，可以认为它是硬山的一种夸张处理，这种高出屋顶的山墙，确实能起到防火的作用，同时，也能体现很好的装饰效果。

14. 清末至民国时期建筑

19 世纪末至 20 世纪初是我国近代建筑设计的转型时期，也是我国建筑设计发展史上的一个承上启下、中西交汇、新旧接替的过渡时期。这一时期的建筑既有新城区、新建筑的急速转型，又有旧乡土建筑的矜持保守；既交织着中西建筑设计文化的碰撞，也经历了近现代建筑的历史承接，有着错综复杂的时空关联。半封建半殖民地的社会性质使清末民国时期对待外来文化采取了包容与吸收的建筑设计态度，使部分建筑出现了中西合璧的设计形象，园林里也常有西式的门面、栏杆、纹样等，成为我国建筑设计演进过程的一个重要阶段。其发展历程经历了产生、转型、鼎盛、停滞、恢复五个时期，主要建筑风格有折中主义、古典主义、近代中国宫殿式、新民族形式、现代派及中国传统民族形式六种。由此可以看出，晚清民国建筑设计经历了由照搬照抄到西学中用的发展过程，其构件结构与风格形式既体现了近代以来西方建筑风格对中国的影响，又保持了我国民族传统的建筑特色。

中、西方建筑设计技术、风格的融合，在南京民国建筑中表现最为明显。它全面展现了我国传统建筑向现代建筑的演变，在我国建筑设计发展史上具有重要的意义。

二、西方古典建筑发展演变

1. 古埃及建筑

古埃及是世界上最古老的国家之一，古埃及的领土包括上埃及和下埃及两部分。按照古埃及的历史分期及其代表性建筑可分为古王国时期、中王国时期及新王国时期的建筑类型。

（1）古王国时期的纪念性建筑物是单纯而开阔的，其建筑从一开始就是砖石混用的，而类似法老陵墓等重要建筑则较多采用石头建造。这一时期的代表性建筑就是陵墓，最初是略有收分的长方形台状，称为马斯塔巴（Mastaba），坟墓多用泥石建造。进入古王国时期后，人们开始使用金字塔取代马斯塔巴作为墓葬形式，并逐渐发展成阶梯形金字塔。以萨卡拉金字塔为代表，是现有金字塔中年代最久远的，也是世界上最早使用石块修建的陵墓。

（2）中王国时期，在山岩上开凿石窟陵墓的建筑形式开始盛行，陵墓建筑采用梁柱结构构成比较宽敞的内部空间，以建于公元前2000年前后的曼都赫特普三世陵墓为典型代表，开创了陵墓建筑群设计的新形制。

（3）新王国时期是古埃及发展的鼎盛时期，这时已不再建造巍然屹立的金字塔陵墓，而是将荒山作为天然金字塔，沿着山坡的侧面开凿地道，修建豪华的地下陵寝。其中，以拉美西斯二世陵墓和图坦卡蒙陵墓最为奢华。与此同时，由于宗教专制统治极为森严，法老被视为阿蒙神（太阳神）的化身，因而太阳神庙取代陵墓成为这一时期的主要建筑类型。建筑设计艺术的重点已从外部形象转到了内部空间，从外观雄伟而概括的纪念性转到了内部的神秘性与压抑感。其中，以阿蒙神庙最为著名，其位于卢克索镇北4 km处，是卡尔纳克神庙的主体部分。

2. 两河流域建筑

古代称两河流域的北部地区为亚述，南部地区为巴比伦。巴比伦的北部为阿卡德，南部为苏美尔。两河流域文明由苏美尔文明、巴比伦文明和亚述文明三部分组成。其中，巴比伦文明以其成就斐然而成为两河流域文明的典范。

3. 波斯建筑

波斯建筑继承了两河流域的设计传统，广泛汲取了古埃及、古希腊各民族的设计成就，如建于公元前518—前460年的波斯帝国都城波斯波利斯。波斯波利斯建造在一座长近 460 m、宽约 300 m、高 10 m 多的平台上，平台外层包砌有排列有序并用铁钩相互固定的石板。城西北入口有一条坡度平缓、装饰精美的宽六、七米的石阶路，即使策马也可循阶入城。大流士及其后继者还在平台上筑建了一系列精美绝伦的城门、皇家宫院和厅室等。

4. 欧洲原始时期建筑

迄今所知，欧洲最早的艺术作品出现在旧石器时代晚期的前段，也就是距今 2.5 万 ~ 3 万年的冰河时期。新石器时代的阿尔卑斯山以北地区普遍建造了一种以巨型石块垒砌构筑的建筑群，其壁面多有几何装饰纹样，这种建筑艺术被称为巨石文化，是欧洲史前时代创造的建筑文化类型之一。

巨石建筑的设计发展与欧洲史前时代洞窟艺术的演化有许多共通之处，从传统写实逐步趋向于程式化、简单化、概括化、符号化，通过众多的巨石建筑遗迹可以窥视整个欧洲的史前建筑特点。

5. 欧洲古典时期建筑

（1）爱琴文明时期建筑。爱琴文明时期的建筑装饰达到了西方古代艺术的高峰，直到公元前 6 世纪都未被超越。爱琴柱式中柱头和柱身所体现出的丰富变化可以从英国国家博物馆所收藏的"阿特柔斯珍宝"中窥见一斑，其檐壁艺术则有米诺斯和迈锡尼的残片作为见证。因此可以说，爱琴建筑艺术成就在其鼎盛时期绝不亚于同时代的任何艺术。

（2）古希腊建筑。古希腊建筑设计遵循适当的数学比例，注重尺度原则和秩序完美，设计风格庄重典雅、精致和谐，反映出朴素的、群众化的人文主义世界观，开创了欧洲建筑设计艺术的先河。古希腊建筑设计经历了三个主要发展时期：公元前 8—前 6 世纪，纪念性建筑形成的古风时期；公元前 5 世纪，纪念性建筑成熟、古希腊本土建筑繁荣昌盛的古典时期；公元前 4—前 1 世纪，古希腊文化广泛传播到西亚、北非地区并与当地传统相融合的古希腊化时期。古希腊建筑除屋架外全部使用石材设计建造，柱子、额枋、檐部的设计手法基本确定了古希腊建筑的外貌。通过长期的推敲改进，古希腊人设计了一整套做法，定型了多立克、爱奥尼克、科林斯三种主要柱式。其中，多立克柱又被称为男性柱，著名的雅典卫城的帕提农神庙即采用的是多立克柱式；爱奥尼克柱式比多利克柱式要纤细，爱奥尼克柱为 8 或 9 个直径高，在美国的改良格式中甚至更高；与多利克柱式的质朴壮实和爱奥尼亚柱式的挺拔秀雅相比，科林斯柱式更富有装饰性。

（3）古罗马建筑。古罗马建筑继承并发展了古希腊建筑的设计成就，多采用圆形拱顶的营造方式与科林斯式圆柱。如建于公元前 27 年的古罗马万神庙，其整体形象呈巨大的鼓状，建筑风格庄严华美、气势恢宏。

6. 欧洲中世纪建筑

（1）拜占庭建筑。拜占庭建筑大量保留和继承了古希腊、古罗马及波斯、两河流域的建筑艺术成就，并且具有强烈的文化世俗性，具体可以分为三个阶段，即前期（4—6 世纪）、中期（7—12世纪）和后期（13—15世纪）。前期是拜占庭建筑的兴盛期，建筑作品大多仿照古罗马形制。拜占庭的教堂建筑设计规模日渐扩大，于6世纪设计出了空前壮观的圣索菲亚大教堂。中期建筑反映了这一时期的建筑规模缩小，占地面积减少，转而向高空发展，取消了圣索菲亚大教堂那样的中央大穹窿，而代之以若干小穹窿相组合，并且注重内部装饰。拜占庭后期较少出现建筑设计创新。君士坦丁堡的圣玛利亚教堂为后期拜占庭建筑设计的代表。

（2）早期基督教建筑。早期基督教建筑是指西欧封建混战时期的教堂建筑，建筑体型相对简单、厚重。其设计形制是由古罗马的巴西利卡发展而来的，如圣彼得大教堂。

（3）罗马式建筑。罗马式建筑是10—12世纪欧洲基督教地区的一种建筑设计风格。其造型特征承袭早期基督教建筑的拉丁十字巴西利卡形式，这一时期的宫殿或教会建筑纷纷效仿古罗马建筑的设计特征。

（4）哥特式建筑。哥特式建筑是11世纪晚期起源于法国，后流行于欧洲的一种建筑设计风格，15世纪以后，在法国发展为辉煌式哥特建筑。中世纪，哥特式建筑完全脱离了古罗马的设计影响，内部空间变得空旷单纯，具有导向祭坛的动势和垂直向上的升腾感。最负盛名的哥特式建筑有俄罗斯圣母升天大教堂、意大利米兰大教堂。

7. 欧洲资本主义时期建筑

（1）文艺复兴时期建筑。文艺复兴思潮对建筑设计的影响主要体现为摒弃象征基督教神权统治的哥特式风格，效仿以古希腊、古罗马为代表的古典风格，继承与发展柱式构图系统并使之成为建筑设计史上的经典模式，偏重使用尺规设计的圆形和正方形形式。

（2）巴洛克式建筑。巴洛克式建筑是欧洲17世纪和18世纪初期在意大利文艺复兴建筑基础上发展起来的一种建筑装饰风格。其设计特点是外形自由，追求动态，喜好富丽华贵的装饰和烦琐堆砌的雕刻及强烈的色彩效果，常用穿插的曲面和椭圆形空间。

（3）法国古典主义时期建筑。法国古典主义时期建筑的造型设计极为严谨，普遍采用古典柱式，内部装饰丰富多彩，以规模庞大、造型雄伟的宫殿建筑和纪念性的广场建筑群为代表。

（4）英国古典主义建筑。16世纪中期，文艺复兴建筑在英国逐渐确立，出现了过渡性的设计风格，既继承哥特式建筑的都铎传统，又汲取意大利文艺复兴建筑的细部设计。建筑设计类型也从中世纪的长期热衷于宗教建筑演变为开始专注世俗建筑，文艺复兴建筑风格的细部设计被运用在室内装饰和家具陈设上。这个时期府邸建筑的重要特征就是大窗户的出现，其反映了彻底英国式的、开朗舒适、亲切朴实的设计风格。

（5）德国古典主义建筑。在意大利文艺复兴思潮的影响下，德国于16世纪中期以后出现文艺复兴建筑，最初是在哥特式建筑上增设文艺复兴建筑风格的设计元素或装饰手法，如规模巨大的海德堡王宫。

（6）西班牙建筑。15世纪晚期，西班牙建筑开始受到意大利文艺复兴建筑设计的影响，设计特点是将文艺复兴建筑的细部设计运用在哥特式建筑上，并且带有摩尔人（中世纪统治西班牙）的艺术印记。其建筑造型变化多样，装饰细腻丰富。当时最著名的代表作品是马德里郊区的埃斯科里亚宫。

8. 伊斯兰教建筑

伊斯兰教建筑涵盖了自伊斯兰教建立至今的各种非宗教和宗教的建筑设计形制。其基本建筑类型包括清真寺、墓穴、宫殿和要塞。

公元 630 年兴建的神殿是首批主要的伊斯兰教建筑之一。7 世纪，由于穆斯林军队征服了大片土地，广泛接触了古罗马、古埃及、拜占庭及波斯帝国的建筑设计风格，在此基础上，伊斯兰教建筑逐渐发展成型。早期的伊斯兰教建筑——耶路撒冷圆顶清真寺已经开始使用圆顶和风格化的重复装饰花纹（阿拉伯式花纹）。自 8 世纪开始，伊斯兰教建筑大都以花纹为母体（即基本元素）进行重复、辐射、节律和韵律设计，并通过反复使用万能的主题来表现安拉万能的概念。伊斯兰教建筑还经常用阿拉伯书法书写的古兰经经文装饰建筑内部空间。

19 世纪，伊斯兰教建筑的圆顶形式还被融入西方建筑的设计元素中，致使伊斯兰教建筑的影响时间长达几个世纪之久，其影响范围遍布全世界。

9. 日本建筑

日本建筑历史悠久，早期的日本建筑深受我国建筑的影响，并在此基础上逐渐发展为独具特色的设计风格。日本没有任何史前时期的建筑遗址和古文献记载，公元 3 世纪以后，日本的中央统治阶层出现，并开始在大阪和奈良地区大量建造陵墓，以仁德天皇的大仙陵墓（又称大仙古坟）为代表。该陵墓长约为 486 m，宽约为 305 m，高约为 35 m，是世界上最大的陵墓建筑。于 7 世纪在奈良建造的法隆寺是日本目前现存的最早期的建筑，被认为是飞鸟时代建筑的核心代表，同时，其也是世界上最古老的木造建筑之一。

城郭是一种防御性的建筑，书院则兼具接待大厅和私人读书空间的功能。另外，从室町时代开始出现的茶道在这一时期也得到了极大推广，促使"茶室"建筑诞生。

自 20 世纪 90 年代初期开始，对现代主义的狂热追捧状态开始有所改变，后现代主义设计思潮在日本逐渐受到重视。1991 年，后现代风格的东京都厅舍建成，随之又出现了横滨地标大厦。1996 年，东京国际论坛大楼除其独特的设计外，还在周遭设置了公共活动空间以便市民休憩。2003 年的六本木新城沿袭了以往许多新建筑的设计观念并对之进行了改进，日本的当代建筑设计思潮正式形成，并在世界建筑设计界中占据越来越重要的地位。

三、现代建筑发展演变

现代建筑是在欧洲现代建筑设计运动的影响下，在我国特定社会背景及地区环境下产生的新型建筑设计形式，众多因素的综合作用导致这一时期的我国现代建筑在形式及设计思想上均具有不同的类型。其大致可以分为新传统建筑、折中式建筑及世界建筑等设计类型。

1949 年新中国成立后，外国资本主义经济的在华势力消亡，逐渐形成了社会主义国有经济，大规模的国民经济建设推动了建筑业的蓬勃发展，我国建筑设计进入了新的历史时期。我国现代建筑在数量、规模、类型、地区分布、现代化水平上都突破了近代的局限，展示出崭新的姿态。在政治路线、经济建筑、意识形态、建筑方针政策、建筑科学技术、传统建筑文化、外来建筑文化、建筑设计思想等一系列综合因素制约下，我国现代建筑设计大体上经历了以下几个阶段。

1. 新中国成立初期复古主义建筑

1953 年，我国开始执行国民经济建设的第一个五年计划，中央确定了"适用、经济，在可能条件下注意美观"的建筑设计方针。在全盘学习外来建筑设计文化的热潮中，建筑界重新审视了当时的建筑设计理论，着重强调建筑要符合当时我国的国情和现实需要的设计原则，将"民族的形式、社会主义的内容"贯彻为建筑设计的基本方向，从而掀起了一股设计民族特色形式的热潮。在北京陆续设计建造了友谊宾馆、三里河办公大楼、地安门宿舍、中央民族学院、亚澳学生疗养院等建筑。在其他城市出现了重庆大会堂、杭州屏风山疗养院、南京农学院教学楼、兰州西北民族学院组群等建筑。这些建筑基本上沿袭和仿照我国传统的木构建筑设计手法，普遍将大屋顶作为建筑的主要特征，形成了新中国建筑设计的复古主义潮流。这一阶段出现了北京和平宾馆（杨廷宝设计，1951年）、北京天文馆（张开济设计，1954年）、广州中山医学院第一附属医院大楼（夏昌世设计，1955年）、北京电报大楼（林乐义设计，1956年）等摆脱传统形式束缚，格调质朴、清新的出色作品。

2. 社会主义建筑

社会主义阶段，为迎接国庆十周年而建造了中国人民革命军事博物馆、中国历史博物馆等十大建筑。1959 年 5 月，在上海召开了住宅标准及建筑艺术问题座谈会，提出了"创造中国社会主义建筑新风格"的口号，主张在学习古今中外建筑精华的基础上，创造出我们自己的新风格、新形式。迎国庆建筑工程正是这种新风格探索的重大实践。这一时期的建筑对各地大型公共建筑的创作均有较大影响，一度成为各地建筑探索设计新风格的样板。

3. 改革开放以来建筑

改革开放以来，城乡建设、特区建设、旅游建设、高层建筑建设等蓬勃发展，随着外资、外来材料设备、国外建筑设计理论等的引进，人们对房屋建筑的使用功能和质量要求也越来越高，建筑学术思想和建筑设计活动空前活跃。例如，广州的白天鹅宾馆，以高、低层结合的优美体型和浓郁的岭南风味中庭，继续推进着广州设计风格；上海的龙柏饭店，以协调的环境、新颖的造型和地方特色的和谐融合，呈现出上海设计风格的新姿态；北京的长城饭店、西苑饭店、建国饭店、香山饭店，以崭新的现代格调或清新的乡土气息突破了北京设计风格的传统模式。又如，南京的金陵饭店、上海的上海宾馆、广州的中国大酒店、北京的中日友好医院、中山的中山温泉宾馆、重庆的航站楼、西安的渭水园温泉度假村客房别墅等，也都呈现出迥然不同的设计形式。这一时期的建筑在现代建筑设计史上掀开了新的一页，出现了新的建筑结构和组群形式。这些建筑在设计上不仅运用了玻璃幕墙、齿形墙面、透光大厅、旋转餐厅、景观电梯等新的结构要素，也从空间构成、序列组织、群体布局、室内装饰、庭园意匠等更广泛的设计形式上展开探索，创造了一些具有浓郁民族特色、乡土特色的建筑形象和室内环境及庭园环境。这标志着我国建筑设计思想开始摆脱封闭的单一模式，逐步走向开放与兼容，我国现代建筑设计开始迈上多元风格的发展道路。可以预见，在不断繁荣的现代建筑设计活动中，必将再次打开我国建筑设计发展的新篇章。

第一章

土木工程材料

第一节　建筑材料的组成与分类

　　建筑材料是指建造建筑物或构筑物所使用的各种材料及制品的总称。建筑材料是一切建筑工程的物质基础。任何一种建筑物或构筑物都是按照设计要求，使用恰当的建筑材料，按照一定的施工工艺方法建造而成的。因此，建筑材料是工程行业发展的物质基础。正确地选择、合理地使用建筑材料，不仅直接决定了建筑物、构筑物的质量和使用性能，也直接影响着工程的成本。只有及时提供数量充足、质量良好、品种齐全的各种建筑材料，才能保证工程建设的顺利进行。

一、建筑材料的组成

　　建筑材料的组成包括化学组成、矿物组成和相组成。其不仅影响着建筑材料的化学性质，而且是决定建筑材料物理、力学性质的重要因素。

　　1. 化学组成

　　化学组成（或成分）是指构成建筑材料的化学元素及化合物的种类及数量。当建筑材料与自然环境或各类物质相接触时，它们之间必然按化学变化规律发生作用。例如，建筑材料受到酸、碱、盐类等物质侵蚀作用，材料遇到火焰时燃烧，以及钢材和其他金属材料的锈蚀等都属于化学作用。

　　建筑材料的化学组成有的简单，有的复杂。建筑材料的化学组成决定着建筑材料的化学稳定性、大气稳定性、耐火性等性质。例如，石膏、石灰和石灰石的主要化学组成分别是 $CaSO_4$、CaO 和 $CaCO_3$，均比较单一。这些化学组成就决定了石膏、石灰易溶于水而耐水性差，石灰石较稳定。花岗岩、水泥、木材、沥青等化学组成比较复杂，花岗岩主要是由多种氧化物形成的天然矿物，如石英、长石、云母等，它强度高、抗风化性好；普通水泥主要由 CaO、SiO_2、Al_2O_3 等氧化物形成的硅酸钙及铝酸钙等矿物组成，它决定了水泥易水化形成胶凝体，具有胶凝性，且呈碱性；木材主要由 C、H、O 形成的纤维素和木质素组成，故易于燃烧；石油沥青则由多种 C-H 化合物及其衍生物组成，故决定其易于老化等。

总之，各种建筑材料均有其自己的化学组成，不同化学组成的建筑材料，具有不同的化学性质、物理性质及力学性质。因此，化学组成是建筑材料性质的基础，对建筑材料的性质起着决定性作用。

2. 矿物组成

矿物是指由地质作用形成的具有相对固定的化学组成和确定的内部结构的天然单质或化合物。矿物必须是具有特定的化学组成和结晶结构的无机物。矿物组成是指构成建筑材料的矿物种类和数量。大多数建筑材料的矿物组成是复杂的，如天然石材、无机胶凝材料等，复杂的矿物组成是决定其性质的主要因素。水泥因熟料矿物不同或含量不同，体现出的水泥性质也各不相同，如在硅酸盐水泥中，硅酸三钙含量高，其硬化速度较快、强度较高。

3. 相组成

物理化学性质完全相同、成分相同的均匀物质的聚集态或者说组成和状态处处"一致"的物质称为相。自然界中的物质可分为气相、液相、固相。同一种物质在温度、压力等条件发生变化时从一个相转变为另一个相称为相变。例如，气相变为液相或固相，水蒸气变为水或冰。凡是由两相或两相以上物质组成的材料称为复合材料。建筑材料大多数可以看作复合材料。

相与相之间有明确的物理界面，超过界面，一定有某种性质（如密度、组成等）发生突变。复合材料的性质与建筑材料的组成及界面特性有密切关系。所谓界面，从广义上来讲是指多相材料中相与相之间的分界面。在实际材料中，界面是一个薄区，它的成分及结构与相是不一样的，它们之间是不均匀的，可以将其作为"界面相"来处理。因此，通过改变和控制材料的相组成，可以改善和提高建筑材料的技术性能。

人工复合材料，如混凝土、建筑涂料等是由各种原材料配合而成的。因此，影响这类材料性质的主要因素是其原材料的品质与配合比。

二、建筑材料的分类

由于建筑材料的种类繁多，而且在建筑物中所起的作用不同，因此，可以从不同的角度对其进行分类。例如，按化学性质、性能、工程项目、技术发展方向等分类。

1. 按化学性质分类

建筑材料按化学性质可分为无机材料和有机高分子材料。

（1）无机材料。大部分使用历史较长的建筑材料都属于无机材料。无机材料又可分为金属材料和非金属材料。前者如钢筋及各种建筑钢材（属黑色金属）、有色金属（如铜及铜合金、铝及铝合金）及其制品；后者如水泥、集料（包括砂、石、轻集料等）、混凝土、砂浆、砖和砌块等墙体材料、玻璃等。

（2）有机高分子材料。有机高分子材料包括建筑涂料（无机涂料除外）、建筑塑料、混凝土外加剂、泡沫聚苯乙烯和泡沫聚氨酯等绝热材料、薄层防火涂料等。

2. 按性能分类

建筑材料按性能可分为结构材料、功效材料和围护材料。

（1）结构材料。结构材料主要是指用于构造建筑结构部分的承重材料，如水泥、集料（包括砂、石、轻集料等）、混凝土外加剂、混凝土、砂浆、砖和砌块等墙体材料、钢筋及各种建筑钢材、公路和市政工程中大量使用的沥青混凝土等。在建筑物中主要利用其力学性能。

（2）功效材料。功效材料主要是指在建筑物中发挥其力学性能以外特长的材料，如防水材料、建筑涂料、绝热材料、防火材料、建筑玻璃、防腐涂料、金属或塑料管道材料等，它们分别赋予建筑物必要的防水功能、装饰效果、保温隔热功能、防火功能、围护和采光功能、防腐蚀功能及给水排水功能等。这些材料的一项或多项功能，使建筑物具有或改善了使用功能，产生了一定的装饰美观效果，也使人们对生活在一个安全、耐久、舒适、美观环境中的愿望得以实现。

（3）围护材料。围护材料是指用于建筑物围护结构的材料，如墙体、门窗和屋面等部位使用的材料。围护材料不仅要求具有一定的强度和耐久性，同时，为了适应现代建筑的功能需要，还要求其必须具有良好的保温隔热、防水、隔声、蓄热等性能。常用的围护材料有砖、砌块、各种墙板和屋面板等。

3. 按工程项目分类

建筑材料按工程项目可分为建筑主体材料和装修材料。

（1）建筑主体材料。建筑主体材料是指用于建造建筑物主体工程所使用的材料。其包括水泥及水泥制品、砖、瓦、混凝土、混凝土预制构件、砌块、墙体保温材料、工业废渣、掺工业废渣的建筑材料及各种新型墙体材料等。

（2）装修材料。装修材料是指用于建筑物室内外饰面的建筑材料，包括花岗岩、建筑陶瓷、石膏制品、吊顶材料、粉刷材料及其他新型饰面材料等。

4. 按技术发展方向分类

建筑材料按技术发展方向可分为传统建筑材料和新型建筑材料。

（1）传统建筑材料。传统建筑材料是指使用历史较长的材料，如砖、瓦、砂、石及作为"三大建材"的水泥、钢材和木材等。

（2）新型建筑材料。新型建筑材料是指相对传统建筑材料而言，使用历史较短，尤其是新开发的建筑材料。

第二节　混凝土

混凝土是由胶凝材料，水和粗、细集料按适当比例配合，拌制成拌合物，经一定时间硬化而成的人造石材。目前，工程上使用最多的是以水泥为胶凝材料，砂、石为集料的普通水泥混凝土（简称普通混凝土）。混凝土是一种重要的建筑材料，广泛应用于工业与民用建筑、水利、交通、港口等工程中。随着现代建筑技术的发展，具有不同性能的特种混凝土也逐渐应用于实际施工中。

一、混凝土的分类

混凝土的种类繁多，通常可以按表1-1进行分类。

表1-1　混凝土的种类

序号	划分方法	内容
1	按所用胶凝材料分类	水泥混凝土、沥青混凝土、水玻璃混凝土、聚合物混凝土等
2	按用途分类	结构混凝土、道路混凝土、水工混凝土、耐热混凝土、耐酸混凝土、防射线混凝土等
3	按表观密度分类	（1）重混凝土。重混凝土是指干表观密度大于 2 800 kg/m³ 的混凝土。重混凝土常采用密度大的集料，如重晶石、铁矿石、钢屑等制成，主要用作防辐射的屏蔽材料。 （2）普通混凝土。普通混凝土是指干表观密度为 2 000～2 800 kg/m³，以水泥为胶凝材料，采用天然普通砂、石作为集料配制而成的混凝土。其是建筑工程中应用范围最广、用量最大的混凝土，主要用作各种建筑的承重结构材料。 （3）轻混凝土。轻混凝土是指干表观密度小于 1 950 kg/m³ 的混凝土，如轻集料混凝土、大孔混凝土和多孔混凝土等。其主要适于用作绝热、绝热兼承重或承重材料
4	按性能特点分类	抗渗混凝土、耐酸混凝土、耐热混凝土、高强度混凝土、高性能混凝土等
5	按施工方法分类	现浇混凝土、预制混凝土、泵送混凝土、喷射混凝土等

二、混凝土的组成材料

普通混凝土由水泥、水、砂和石子组成，另外，还常掺入适量的外加剂和掺合料。

砂和石子在混凝土中起骨架作用，故称为骨料（又称集料），砂称为细集料，石子称为粗集料。水泥和水形成水泥浆包裹在集料的表面并填充集料之间的空隙，在混凝土硬化之前起润滑作用，赋予混凝土拌合物流动性，便于施工；硬化之后起胶结作用，将砂石集料胶结成一个整体，使混凝土产生强度，成为坚硬的人造石材。外加剂起改性作用，掺合料起降低成本和改性作用。混凝土的结构如图1-1所示。

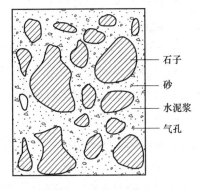

图1-1　混凝土的结构

1. 水泥

水泥是混凝土组成材料中最重要的材料，也是影响混凝土强度、耐久性、经济性的最重要的因素，应予以高度重视。配制混凝土所用的水泥应符合国家现行标准的有关规定。除此之外，在配制时应合理地选择水泥品种和强度等级。

（1）水泥品种的选择。配制混凝土所用水泥的品种，应根据工程性质、部位，工程所处环境及施工条件，参考各种水泥的特性进行合理选择。

（2）水泥强度等级的选择。水泥强度等级的选择，应当与混凝土的设计强度等级相适应。若水泥强度等级选用过高，不但使成本较高，而且可能使所配制的新拌混凝土施工操作性能不良，甚至影响混凝土的耐久性；反之，若采用强度等级过低的水泥来配制较高强度的混凝土，则很难达到强度要求。即使达到了强度要求，其他性能也会受到影响，而且往往会导致成本过高。配制普通混凝土时，通常要求水泥的强度为混凝土抗压强度的 $1.5 \sim 2.0$ 倍；配制较高强度混凝土时，可取 $0.9 \sim 1.5$ 倍。但是，随着混凝土强度等级的不断提高，新工艺的不断出现及高效外加剂性能的不断改进，高强度和高性能混凝土的配合比要求将不受此比例的约束。

2. 细集料

粒径为 $0.15 \sim 4.75$ mm 的集料称为细集料。

河砂和湖砂因长期经受流水和波浪的冲洗，颗粒较圆，比较洁净，且分布较广，一般工程都采用这种砂；海砂因长期受到海流冲刷，颗粒圆滑，比较洁净且粒度一般比较整齐，但常混有贝壳及盐类等有害杂质，对于预应力混凝土，则不宜采用；山砂是从山谷或旧河床中采运而得到的，其颗粒多带棱角，表面粗糙，含泥量和有机物杂质较多，使用时应加以限制。

机制砂是经除土处理，由机械破碎、筛分制成的。其包括粒径小于 4.75 mm 的岩石、矿山尾矿或工业废渣颗粒，但不包括软质、风化的颗粒（俗称人工砂）。

根据《建设用砂》（GB/T 14684—2011）的规定，砂按细度模数可分为粗、中、细三种规格。其细度模数分别为：粗砂：$3.7 \sim 3.1$；中砂：$3.0 \sim 2.3$；细砂：$2.2 \sim 1.6$。

砂按技术要求可分为 Ⅰ 类、Ⅱ 类和 Ⅲ 类。

3. 粗集料

粒径为 $4.75 \sim 90.0$ mm 的集料称为粗集料。

粗集料分为卵石（又称为砾石）和碎石两类。《建设用卵石、碎石》（GB/T 14685—2011）按技术要求将粗集料分为 Ⅰ 类、Ⅱ 类和 Ⅲ 类。

4. 混凝土用水

拌制混凝土应采用达到国家标准的生活饮用水。

凡是工业污水、沼泽水、pH 值小于 4 的酸性水、含硫酸盐（按 SO_3 计）超过水重 1% 的水，均不能用来拌制混凝土。海水中含有硫酸盐、镁盐和氯化物，对水泥有侵蚀作用，对钢筋有锈蚀作用，因此，不得用海水拌制钢筋混凝土及预应力钢筋混凝土，但允许用海水拌制素混凝土。混凝土用水中各种物质含量限值要求见表1-2。

表1-2 混凝土用水中各种物质含量限值要求

项目	预应力混凝土	钢筋混凝土	素混凝土
pH 值	≥5.0	≥4.5	≥4.5
不溶物/（mg·L⁻¹）	≤2 000	≤2 000	≤5 000
可溶物/（mg·L⁻¹）	≤2 000	≤5 000	≤10 000
Cl^-/（mg·L⁻¹）	≤500	≤1 000	≤3 500
SO_4^{2-}/（mg·L⁻¹）	≤600	≤2 000	≤2 700
碱含量/（mg·L⁻¹）	≤1 500	≤1 500	≤1 500

5. 混凝土外加剂

外加剂是指在混凝土拌和前或拌和时掺入的能显著改善混凝土某项或多项性能的一类材料，其掺量一般不大于水泥质量的5%。外加剂的使用促进了混凝土的飞速发展，使得高强度、高性能混凝土的生产和应用成为现实，并且解决了许多实际工程中的技术难题。目前，外加剂已成为除水泥、水、砂、石子外的第五种重要的组成材料（称为第五组分），应用日益广泛。

（1）混凝土外加剂的分类。混凝土外加剂按其主要作用可分为以下四类：

1）改善混凝土拌合物流变性能的外加剂，主要有各种减水剂、引气剂和泵送剂等。

2）调节混凝土凝结时间和硬化性能的外加剂，主要有缓凝剂、早强剂和速凝剂等。

3）改善混凝土耐久性的外加剂，主要有引气剂、防水剂、防冻剂和阻锈剂等。

4）改善混凝土含气量的外加剂，主要有加气剂、膨胀剂、防冻剂、着色剂、泵送剂、碱-集料反应抑制剂和道路抗折剂等。

（2）几种常用的混凝土外加剂。

1）减水剂。减水剂是混凝土外加剂中最重要的品种，按其减水率大小，可分为普通减水剂（以木质素磺酸盐类为代表）、高效减水剂（包括萘系、密胺系、氨基磺酸盐系、脂肪族系等）和高性能减水剂（以聚羧酸系高性能减水剂为代表）。对高性能减水剂、高效减水剂和普通减水剂又可进行更加细致的分类，即某类外加剂可分为早强型、标准型和缓凝型。

2）早强剂。早强剂是指能加速水泥水化和硬化，促进混凝土早期强度增长的外加剂，可缩短混凝土养护龄期，加快施工进度，提高模板和场地周转率。早强剂主要有无机盐类（如氯盐类、硫酸盐类）、有机胺类及有机-无机复合物类三大类。目前，人们越来越多地使用各种复合型早强剂。

3）引气剂。在混凝土搅拌过程中，能引入大量分布均匀的、稳定而封闭的微小气泡，以减少混凝土拌合物泌水离析、改善和易性，并能显著提高硬化混凝土抗冻融耐久性的外加剂，称为引气剂。

引气剂也是表面活性剂。当引气剂加入拌和的混凝土后，因其表面活性和搅拌作用，形成大量微小气泡，其憎水基团朝向气泡，亲水基团吸附一层水膜，引气剂离子对液膜的保护作用可使气泡不易破裂。引入的这些微小气泡在拌合物中稳定均匀分布于混凝土中，可以改进拌合物的流动性。由于新拌混凝土中的水分均匀地分布于大量微小气泡的表面，从而改善了拌合物的保水性、黏聚性及孔的结构特征（微小、封闭、均布），明显地提高了混凝土的耐久性（抗冻性和抗渗性）。但是，混凝土的强度会随含气量的增加而下降。

混凝土引气剂有松香树脂类、烷基苯磺酸盐类、脂肪醇磺酸盐类、蛋白质盐类及石油磺酸盐类等几种。其中，以松香树脂类应用最为广泛，这类引气剂的主要品种有松香热聚物和松香皂两种。

4）缓凝剂。缓凝剂是指可以在较长时间内保持混凝土工作性能，延缓混凝土凝结和硬化时间的外加剂。

缓凝剂的种类很多，常用的有木质素磺酸盐类缓凝剂（木钙、木钠）、糖蜜缓凝剂和羟基羧酸及其盐类缓凝剂（柠檬酸、酒石酸）。常用的缓凝剂是木钙和糖蜜，其中，糖蜜的缓凝效果最好。

缓凝剂主要用于高温季节混凝土、大体积混凝土、自流平免振混凝土、碾压混凝土、泵送混凝土和滑模混凝土的施工，也可以用于远距离运输的商品混凝土及其他需要延缓凝结时间的混凝土。但不宜用于日最低气温5 ℃以下施工的混凝土，也不宜用于有早强要求的混凝土和蒸汽养护的混凝土。

5）速凝剂。速凝剂是指能使混凝土迅速凝结硬化的外加剂。速凝剂与水泥加水拌和后立即反应，可使水泥中的石膏丧失缓凝作用，从而促使铝酸三钙迅速水化，产生快速凝结。

速凝剂主要用于喷射混凝土、砂浆及堵漏抢险工程。其作用是使喷至岩石上的混凝土在 2～5 min 内初凝，10 min 内终凝，并产生较高的早期强度；在低温下使用不失效，混凝土收缩小，不锈蚀钢筋。

速凝剂的促凝效果与掺入水泥中的数量成正比增长，但掺量超过 4%～6% 后则不再进一步促凝，而且掺入速凝剂的混凝土后期强度不如空白混凝土高。

6）防冻剂。防冻剂是指能使混凝土在负温下硬化，并产生足够防冻强度的外加剂。常见的防冻剂有强电解质无机盐类（包括氯盐类、氯盐阻锈类、无氯盐类）、水溶性有机化合物类、有机化合物与无机盐复合类、复合型四种类型。

为提高防冻剂的防冻效果，目前，工程上使用的防冻剂都是复合外加剂，由防冻组分、早强组分、引气组分、减水组分复合而成。防冻组分的主要作用是降低水的冰点，使水泥在负温下仍能继续水化；早强组分的主要作用是提高混凝土的早期强度，抵抗水结冰产生的膨胀力；引气组分的主要作用是向混凝土中引入适量封闭气泡，减轻冰胀应力；减水组分的主要作用是减少混凝土拌合用水量，以减少混凝土中冰含量，使冰晶粒度细小分散，减轻对混凝土的破坏应力。

7）膨胀剂。膨胀剂是指能使混凝土产生一定体积膨胀的外加剂。在混凝土工程中常用的膨胀剂有硫铝酸钙类、硫铝酸钙-氧化钙类、氧化钙类等。

膨胀剂掺入混凝土后，能够与水泥水化产物发生化学反应，形成膨胀结晶体钙矾石和氢氧化钙等物质，使混凝土的体积产生适度膨胀，在钢筋和邻位约束下，能够在钢筋混凝土结构中建立一定的预压应力，以抵消混凝土在硬化过程中产生的部分收缩应力和温度应力，从而达到防止或减少混凝土结构有害裂缝产生的作用。

8）防水剂。防水剂是指能降低混凝土在静水压力下的透水性的外加剂。其包括以下四类：

①无机化合物类：氯化铁、硅灰粉末、锆化合物等。

②有机化合物类：脂肪酸及其盐类、有机硅表面活性剂（甲基硅醇钠、乙基硅醇钠）、石蜡、地沥青、橡胶及水溶性树脂乳液等。

③混合物类：无机类混合物、有机类混合物、无机类与有机类混合物。

④复合类：上述各类与引气剂、减水剂、调凝剂（指缓凝剂和速凝剂）等外加剂复合的复合型防水剂。

防水剂可用于工业与民用建筑的屋面、地下室、隧道、巷道、给水排水池、水泵站等有防水抗渗要求的混凝土工程。含氯盐的防水剂可用于素混凝土、钢筋混凝土工程，严禁用于预应力混凝土工程。

9）泵送剂。泵送剂是指能改善混凝土拌合物泵送性能的外加剂。一般由减水剂、缓凝剂、引气剂等单独构成或复合而成。其适用于工业与民用建筑及其他构筑物的泵送施工的混凝土，滑模施工、水下灌注桩混凝土等工程，特别适用于大体积混凝土、高层建筑和超高层建筑等工程。

6. 混凝土外掺料

混凝土配制时，直接掺入磨细的无机矿物质材料代替部分水泥，这种无机矿物质材料叫作混凝土外掺料。外掺料对混凝土具有增加流动性、提高耐久性等方面的作用。在现代混凝土中，它已经成为除水泥、砂、石子、水和外加剂外的第六种原材料。

外掺料一般可分为活性外掺料和非活性外掺料两类。活性外掺料含有一定的活性成分，遇水后具有硬化性能，如火山灰质材料、粒化高炉矿渣、天然沸石岩等；非活性外掺料不含或只含有少量活性成分，如石灰石等。

常用的外掺料有粉煤灰、磨细矿渣粉、硅灰等。

（1）粉煤灰。粉煤灰是指从热电厂燃烧粉煤的锅炉烟气中收集到的细微粉末，又称"飞灰"。其颗粒多呈光滑球形。粉煤灰按收集方法的不同可分为静电收尘灰和机械收尘灰两种；按排放方式不同可分为湿排灰和干排灰；按 CaO 的含量高低可分为高钙灰（CaO 含量大于 10%）和低钙灰（CaO 含量小于 10%）两类。

粉煤灰主要用于泵送混凝土、大体积混凝土、抗渗混凝土、抗硫酸盐和抗软水侵蚀混凝土、蒸养混凝土、轻集料混凝土、地下和水下工程混凝土及碾压混凝土等。

（2）磨细矿渣粉。磨细矿渣粉是指将粒化高炉矿渣经干燥、磨细达到相当细度且符合相应活性指数的粉状材料（其细度大于 350 m^2/kg，一般为 400～600 m^2/kg）。掺量在 20% 以上的矿渣能提高混凝土抗海水及化学侵蚀的能力，矿渣粉也能有效地控制混凝土中的碱 – 集料反应。磨细矿渣粉可用于钢筋混凝土和预应力混凝土工程，也可用于高强度混凝土、高性能混凝土和预拌混凝土等。掺入大量磨细矿渣粉的混凝土特别适用于大体积混凝土、地下和水下混凝土、耐硫酸盐混凝土等。但矿渣难以磨细,且能耗大,因而,磨细矿渣粉的应用成本较高。

(3)硅灰。硅灰是指在生产硅铁、硅钢或其他硅金属时,高纯度石英和煤在电弧炉中还原所得到的以无定形 SiO_2 为主要成分的球状玻璃体颗粒粉尘。硅灰中无定形 SiO_2 的含量在 90% 以上,其化学成分随所生产的合金或金属的品种不同而异,一般其化学成分如下:SiO_2 为 85% ~ 92%;Fe_2O_3 为 2% ~ 3%;MgO 为 1% ~ 2%;Al_2O_3 为 0.5% ~ 1.0%;CaO 为 0.2% ~ 0.5%。硅灰颗粒极细,平均粒径为 0.1 ~ 0.2 μm,比表面积为 20 000 ~ 25 000 m^2/kg,密度为 2.2 g/cm^3,堆积密度为 250 ~ 300 kg/m^3。由于硅灰的单位质量很小,因此,包装、运输很不方便。

三、混凝土的主要技术性能

(一)新拌混凝土和早龄期混凝土性能

1. 和易性

和易性是指混凝土拌合物在一定的施工条件和环境下,是否易于各种施工工序的操作,以获得均匀、密实混凝土的性能。和易性在搅拌时体现为各种组成材料易于均匀混合,均匀卸出;在运输过程中体现为拌合物不离析,稀稠程度不变化;在浇筑过程中体现为易于浇筑、振实、流满模板;在硬化过程中体现为能够保证水泥水化及水泥石和集料的良好粘结。可见混凝土的和易性是一项综合性质。

(1)技术要求。目前普遍认为,和易性应包括以下三个方面的技术要求:

1)流动性。流动性是指混凝土拌合物在本身质量或机械振捣作用下能产生流动并均匀、密实地流满模板的性能。流动性的大小反映了拌合物的稀稠,故又称为稠度。稠度大小直接影响施工时浇筑捣实的难易及混凝土的浇筑质量。

2)黏聚性。黏聚性是指混凝土拌合物的各种组成材料在施工过程中具有一定的黏聚力,能保持成分的均匀性,在运输、浇筑、振捣、养护过程中不发生离析、分层现象。其反映了混凝土拌合物的均匀能力。

3)保水性。保水性是指混凝土拌合物保持水分,不致产生泌水的性能。混凝土拌合物发生泌水现象会使混凝土内部形成贯通的孔隙,不但影响混凝土的密实性、降低强度,而且还会影响混凝土的抗渗、抗冻等耐久性能。其反映了混凝土拌合物的稳定性。

混凝土的和易性是一项由流动性、黏聚性、保水性构成的综合指标体系,各性能之间既有联系也有矛盾。在实际操作中,要根据具体工程的特点、材料情况、施工要求及环境条件,既有所侧重又要全面考虑。

(2)影响因素。

1)水泥浆数量的影响。水泥浆除填充集料空隙外,还包裹集料形成润滑层,增加混凝土拌合物的流动性。混凝土拌合物在保持水胶比(水胶比是指混凝土中用水量与胶凝材料用量的质量比）不变的情况下，水泥浆用量越多，流动性越大；反之则越小。但若水泥浆用量过多，黏聚性及保水性变差，对强度及耐久性将产生不利影响。水泥浆用量过少，则黏聚性差。因此，水泥浆不能用量太少，但也不能太多，应以满足拌合物流动性、黏聚性、保水性的要求为宜。

2）水泥浆的稠度。当水泥浆用量一定时，水泥浆的稠度取决于水胶比的大小。水胶比过小时，水泥浆干稠，拌合物流动性过低，将给施工造成困难；水胶比过大时，水泥浆较稀，将使拌合物的黏聚性和保水性变差，产生流浆及离析现象，并严重影响混凝土的强度。因此，水胶比大小应根据混凝土强度和耐久性要求合理选用。

3）砂率的影响。砂率是指混凝土中砂的质量占砂、石总质量的百分率。试验证明，砂率对拌合物和易性有很大影响。当砂率过大时，集料的总表面积和空隙率均有所增大，在混凝土中水泥浆量一定的情况下，集料颗粒表面的浆层将相对减薄，拌合物就会显得干稠，流动性就小，如要保持流动性不变，则需要增加水泥浆，多耗用水泥；若砂率过小，则拌合物中石子过多而砂过少，形成的砂浆数量不足以包裹石子表面，并不能填满石子之间的空隙。在石子之间没有足够的砂浆润滑层，这不但会降低混凝土拌合物的流动性，而且会严重影响其黏聚性和保水性，使混凝土产生粗集料离析、水泥浆流失，甚至出现溃散等现象。

由上述内容可知，在配制混凝土时，砂率不能过大，也不能太小，应选用合理砂率。所谓合理砂率，是指在用水量及水泥用量一定的情况下，能使混凝土拌合物获得最大的流动性，且能保持黏聚性、保水性良好时的砂率值，如图1-2所示。或者，当采用合理砂率时，能在混凝土拌合物获得所要求的流动性及良好的黏聚性与保水性条件下，使水泥（胶凝材料）用量最少，如图1-3所示。

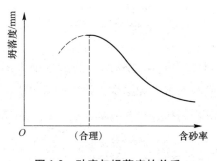

图1-2　砂率与坍落度的关系
（水与水泥用量一定）

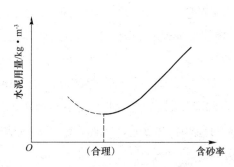

图1-3　砂率与水泥用量的关系
（达到相同的坍落度）

4）组成材料性质的影响。

①水泥品种的影响。不同品种和质量的水泥，其矿物组成、细度、所掺混合材料种类的不同都会影响到拌合用水量。即使拌合用水量相同，所得水泥浆的性质也会直接影响混凝土拌合物的工作性，如矿渣硅酸盐水泥拌和的混凝土流动性、黏聚性、保水性都好。水泥的细度模数越小，在相同用水量情况下，其混凝土拌合物的流动性越小，但黏聚性和保水性较好。

②集料性质的影响。集料性质是指混凝土所用集料的品种、级配、颗粒粗细及表面性状等。在用水量和水胶比不变的情况下，加大集料粒径可以提高流动性，采用细度模数较小的砂，黏聚性和保水性可以明显改善。级配良好，颗粒表面光滑、圆整的集料（如卵石）所配制的混凝土流动性大。

5）外加剂的影响。外加剂（如减水剂、引气剂等）对混凝土的和易性有很大的影响。少量的外加剂能使混凝土拌合物在不增加水泥（胶凝材料）用量的条件下，获得良好的和易性，而且还能有效地改善拌合物的黏聚性和保水性。

6）拌合物存放时间及环境温度的影响。混凝土拌合物的工作性能在不同的施工环境条件下往往会发生变化。尤其是当前，推广使用集中搅拌的混凝土与现场搅拌的混凝土最大的不同就是要经过长距离的运输，才能到达施工地。在这个过程中，若空气湿度较小，气温较高，风速较大，混凝土的工作能性能就会因失水而发生较大的变化。混凝土拌合物的流动性随温度的升高而降低。这是由于温度升高可以加速水泥的水化，增加水分的蒸发。所以，夏期施工时，为了保持一定的流动性应当提高拌合物的用水量。

混凝土拌合物随时间的延长而变干稠，流动性降低，这是由于拌合物中一些水分被集料吸收，一些水分蒸发，一些水分与水泥进行水化反应，变成水化产物结合水。

（3）改善新拌混凝土和易性的措施。

1）通过试验，采用合理砂率，以提高混凝土的质量及节约水泥（胶凝材料）。

2）改善砂、石的级配。

3）在可能的条件下，尽量采用较粗的砂、石。

4）当拌合物坍落度太小时，保持水胶比不变，增加适量的胶凝材料；当拌合物坍落度太大时，保持砂率不变，增加适量的砂、石。

5）掺加外加剂（如减水剂、引气剂等）。

2. 离析与泌水

（1）混凝土的离析。混凝土的离析是指混凝土拌合物组成材料之间的黏聚力不足以抵抗粗集料下沉，混凝土拌合物成分相互分离，造成内部组成和结构不均匀的现象。通常表现为粗集料与砂浆相互分离，例如，密度大的颗粒沉积到拌合物的底部，或者粗集料从拌合物中整体分离出来。

1）混凝土离析的危害。混凝土发生离析的危害主要有以下几个方面：

①影响施工性能，造成粘罐、堵管、导管上浮等现象，影响工期，降低经济效益。

②导致混凝土结构出现砂纹、蜂窝、集料外露等现象，影响混凝土结构的表观形象。

③混凝土的匀质性差，致使混凝土各部分收缩不一致，易使结构产生收缩裂缝。

④使混凝土强度大幅下降，也极大地降低了混凝土的抗渗、抗冻性能，甚至因此造成返工，给项目造成巨大的经济损失和名誉损失。

2）造成混凝土离析的原因及应对措施。

①混凝土原材料的影响。混凝土是由水泥、粉煤灰等胶结材料、砂石材料和水及某些外

加剂经过搅拌而成的混合物。任何一种材料都可以影响混凝土拌合物的性能。

②外界因素的影响。造成混凝土拌合物离析的外界影响因素也很多，主要包括以下几个方面：

a. 拌合站拌合设备的计量不准确，各种材料与实验室的配合比不相符，造成混凝土的不稳定而出现离析等现象。对于这种情况，要经常校验拌合站的计量系统，发现问题及时解决，如果自己不能解决要尽快通知生产厂家来解决。

b. 拌合站操作人员责任心不强，用错材料或冲洗搅拌机和罐车的水没有排除干净，造成混凝土的离析。对于这类情况，监管人员要加强对拌合站操作人员的责任心教育，在混凝土开盘前检查是否有这类现象存在。

c. 搅拌时间太短，外加剂没有充分发挥作用，以致在搅拌时加水过多，在运输过程中，外加剂不断发挥作用造成坍落度过大而发生离析。对于这种情况，要求拌合站按规范要求的搅拌时间去拌和，不得任意缩短搅拌时间。

d. 现场施工人员没有按规范要求进行施工，例如，没有安装溜槽或窜桶，以及安装了但长度不够都会使混凝土在施工过程中出现离析现象。对于这种情况，要求现场施工人员严格按照规范要求的施工方法去施工，不得偷工减料。

（2）混凝土的泌水。混凝土在运输、振捣、泵送的过程中出现粗集料下沉，水分上浮的现象称为泌水。泌水是新拌混凝土工作性能的一个重要方面。通常，描述混凝土泌水特性的指标有泌水量（即混凝土拌合物单位面积的平均泌水量）和泌水率（即泌水量与混凝土拌合物的含水量之比）。

正常混凝土拌合物中适量的泌水可以降低实际的水胶比，从而使混凝土更加密实，同时，在混凝土的表面，适量的泌水可以起到一定的修饰和抹面作用，还可以防止新浇筑的混凝土表面迅速干燥及开裂等。但是过量的泌水会对混凝土质量造成不利影响。

1）混凝土泌水的危害。

①对混凝土表面的危害。有流砂水纹缺陷的混凝土，表面强度、抗风化和抗侵蚀的能力较差。同时，水分的上浮在混凝土内留下泌水通道，即产生大量自底部向顶层发展的毛细管通道网。这些通道减弱了混凝土的抗渗透能力，致使盐溶液和水分及有害物质容易进入混凝土中，极易使混凝土表面损坏。泌水使混凝土表面的水胶比增大，并出现浮浆，即上浮的水中带有大量的水泥颗粒，在混凝土表面形成返浆层，硬化后强度很低。同时，混凝土的耐磨性下降。这对路面等有耐磨要求的混凝土是十分有害的。

②对混凝土内部结构及性能的危害。在混凝土粗集料、钢筋周围形成水囊，随着水分的逐渐挥发形成空隙，从而影响混凝土的致密性、集料的界面强度及混凝土与钢筋之间的握裹力，导致混凝土整体强度的降低。混凝土泌水造成的塑性收缩是一个不可逆的变形。泌水引起混凝土的沉降导致混凝土产生塑性裂纹，从而会降低水泥混凝土的强度。特别是泌水混凝土产生整体沉降，当浇筑深度大时，靠近顶部的拌合物运动距离更长，沉降受到阻碍，如遇到钢筋等障碍时，则产生塑性沉降裂纹，从表面向下直至钢筋的上方。分层浇筑的混凝土受

下层混凝土表面泌水的影响，将会造成混凝土层之间结合强度降低并易形成裂缝。

③对混凝土耐久性的影响。泌水也能破坏混凝土的抗腐蚀能力、抗冻性能，导致这些问题的因素也与泌水后出现的内部泌水通道相关，腐蚀性物质经过泌水通道则能到达混凝土内部，到达钢筋表面则会造成钢筋锈蚀，和水化产物出现腐蚀反应而损害混凝土。泌水通道可以促进混凝土内部的水饱和，高度饱和的混凝土在低温作用下会出现冻融破坏。

2）混凝土泌水的原因。混凝土的泌水几乎与混凝土生产的所有环节有关，如胶凝材料、集料级配、配合比、含气量、外加剂、振捣过程等。影响混凝土泌水的因素有以下几个方面：

①胶凝材料对混凝土泌水的影响。

a. 水泥作为混凝土中最重要的胶凝材料，与混凝土的泌水性能密切相关。水泥的凝结时间、细度、比表面积与颗粒分布都会影响混凝土的泌水性能。水泥中铝酸三钙含量低易泌水；水泥标准稠度用水量小易泌水；矿渣比普硅易泌水；火山灰质硅酸盐水泥易泌水；掺非亲水性混合材料的水泥易泌水。

b. 水泥的凝结时间越长，所配制出的混凝土凝结时间越长，且凝结时间的延长幅度相比水泥净浆会成倍地增长。在混凝土静置、凝结硬化之前，水泥颗粒沉降的时间越长，混凝土越易泌水。

c. 水泥的细度越粗、比表面积越小、颗粒分布中细颗粒含量越少，早期水泥水化量就会越少。较少的水化产物不足以封堵混凝土中的毛细孔，致使内部水分容易自下而上运动，混凝土泌水越严重。另外，也有些大磨（尤其是带有高效选粉机的系统）磨制的水泥，虽然比表面积较大，细度较细，但由于选粉效率很高，水泥中细颗粒（小于 $3 \sim 5 \mu m$）含量少，也容易造成混凝土表面泌水和起粉现象。

②集料对混凝土泌水的影响。

a. 混凝土的组成材料中的砂石集料含泥较多时，会严重影响水泥的早期水化，黏土中的黏粒会包裹水泥颗粒，延缓及阻碍水泥的水化与混凝土的凝结，从而加剧了混凝土的泌水。

b. 砂的细度模数越大，砂越粗，越易造成混凝土泌水，尤其是 0.315 mm 以下及 2.5 mm 以上的颗粒含量对泌水影响较大：细颗粒越少、粗颗粒越多，混凝土越易泌水。

c. 矿物掺合料的颗粒分布同样也影响着混凝土的泌水性能，若矿物掺合料的细颗粒含量少、粗颗粒含量多，则易造成混凝土的泌水。用细磨矿渣作掺合料时，因配合比中水泥用量减少，细磨矿渣的水化速度较慢，且矿渣玻璃体保水性能较差，往往会加大混凝土的泌水量。

d. 集料整体偏粗，或者级配不合理，引起细颗粒空隙增大，自由水上升引起混凝土泌水，是混凝土产生泌水的主要原因。

③配合比对混凝土泌水的影响。混凝土的水胶比越大，水泥凝结硬化的时间越长，自由水越多，水与水泥分离的时间越长，混凝土越容易泌水；混凝土中外加剂掺量过多，或者缓

凝组分掺量过多，就会造成新拌混凝土的大量泌水和沉析。大量的自由水泌出混凝土表面，影响水泥的凝结硬化，使混凝土保水性能下降，导致严重泌水。

④含气量对混凝土泌水的影响。含气量对新拌混凝土泌水有显著影响。新拌混凝土中的气泡由水分包裹形成，如果气泡能稳定存在，则包裹该气泡的水分被固定在气泡周围。如果气泡很细小、数量足够多，则有相当多量的水分被固定，可泌的水分大大减少，使泌水率显著降低。同时，如果泌水通道中有气泡存在，气泡犹如一个塞子，可以阻断通道，使自由水分不能泌出。即使不能完全阻断通道，也可使通道有效面积显著降低，导致泌水量减少。

⑤减水剂对混凝土泌水的影响。混凝土中使用的外加剂，大多是由减水剂同其他产品如引气剂、缓凝剂、保塑剂等复合而成的多功能产品，是泵送混凝土不可或缺的重要材料。外加剂的掺入极大地改善了混凝土拌合物的性能，但外加剂使用不当将可能导致混凝土的离析。

a. 如果混凝土减水剂的掺量过大，减水率过高，单方混凝土的用水量减少，有可能使减水剂在搅拌机内没有充分发挥作用，而在混凝土运输过程中不断发生作用，致使混凝土到现场的坍落度大于出机时的坍落度。此种情况极易造成混凝土严重离析，且常表现在高强度等级混凝土中，对混凝土的危害极大。

b. 外加剂中缓凝组分、保塑组分掺量过大，特别磷酸盐或糖类过量，容易造成混凝土出现离析现象。

c. 减水剂和水泥不溶，可以在混凝土表面产生大量的水，容易造成混凝土出现离析现象。

⑥施工技术混凝土泌水的影响。在施工过程中影响混凝土泌水的主要因素是振捣。在振捣过程中，混凝土拌合物处于液化状态，此时其中的自由水在压力作用下，很容易从拌合物中形成通道泌出。施工过程的过振，不是将混凝土中密度较小的掺合料或混合材料振到了混凝土的表面，而是加剧了混凝土的泌水，使混凝土表面的水胶比增大，这也是造成混凝土泌水的主要原因。如果是泵送混凝土，在泵送过程中的压力作用会使混凝土中气泡受到破坏，导致泌水增多；混凝土下料的垂直落差过大，产生离析，也很容易在混凝土表面蓄积大量的水。运距过长或用农用拖拉机运输混凝土，有时也会在混凝土表面蓄积大量的水。

3）混凝土泌水的解决措施。根据混凝土泌水的原理和各因素影响泌水的机理，解决混凝土泌水的方法主要有以下几种：

①混凝土配合比方面。适当增加胶凝材料用量和提高混凝土的砂率，在满足其他性能的前提下，掺入适量引气剂，提高混凝土含气量，减少混凝土泌水。在保证施工性能前提下，尽量减少单位用水量。在混凝土试配时，应使混凝土在静态的条件下有 20～30 mm 的坍落度损失（1 h），在实际生产中，混凝土不易出现离析现象。

②原材料方面严格控制集料的含泥量，优化集料的合成级配，避免颗粒组成不均；选用较细的胶凝材料和高品质的引气剂。

③外加剂方面。选用泌水较小的减水剂。如果配合比固定，在满足标准和使用要求的情况下选用略低的减水率或适当减少减水剂掺量，避免减水率过高造成泌水。在混凝土外加剂中复合一定量的增稠剂，也可以在外加剂中复合一定量的引气剂，可增强混凝土的黏聚性，提高混凝土的抗离析性；减水剂在掺加时要做相溶试验，避免出现减水剂的副作用；在既要减少泌水又要保证减水率的情况下，需要优化减水剂的组分配合比，使得小分子物质与大分子物质达到最佳搭配关系。

④施工工艺方面。提高振捣工艺，严格控制混凝土振实时间，避免过振。混凝土垂直下料落差超过 2 m 时采用串筒下料，使混凝土和接触面发生的冲击作用得到缓冲，以免混凝土发生离析，出现泌水现象。在运距稍长时一般采用混凝土搅拌车运输，避免使用农用运输车运输；另外，对于现浇混凝土的性能控制，选取适当的控制点，使得控制有利于减小混凝土泌水。假如，要控制最大含气量，控制点可以选择在入仓口，将混凝土在输送过程中含气量损失对泌水的影响降到最低。当浇筑的仓面内已经出现了泌水，必须及时排除，其中，最有效的方法是真空吸水、人工在仓面掏水或用海绵等吸水性强的材料吸水，尤其在混凝土收面时更应该及时吸去泌水，便于混凝土收面确保混凝土外观质量。严禁在模板上开孔自流，造成胶凝材料流失，影响混凝土的质量。

3. 塑性收缩

塑性收缩是新拌混凝土失水引起的收缩。其失水是由表面脱水而引起的。新拌混凝土颗粒之间的空间完全充满水，当高风速、低相对湿度、高气温和高的混凝土温度等因素作用时，水从浆体向表面移动，从表面脱水。这时，产生毛细管负压力，随着失水增加，毛细管负压逐渐增大，产生收缩力，使浆体产生收缩。当收缩力大于基体的抗拉强度时，就会使表面产生开裂。据试验，混凝土早期塑性收缩最大速率发生在浇筑后 1 ~ 4 h，此后收缩平缓。因此，在收缩速度较大的时期要采取特别的保护措施以避免混凝土开裂。

影响混凝土塑性收缩的主要因素是风速、相对湿度、气温和混凝土本身的温度。高风速、低相对湿度、高气温和高的混凝土温度将使混凝土的失水加剧，从而增加塑性收缩。混凝土的收缩在夏季最为严重。若混凝土表面脱水速率超过 $0.5 \text{ kg/ }(\text{m}^2 \cdot \text{h})$，则失水速率将大于渗出水到达混凝土表面的速率，并造成毛细管负压，引起塑性收缩；若蒸发速率超过 $1.0 \text{ kg/ }(\text{m}^2 \cdot \text{h})$，需要采取预防开裂的措施。

4. 凝结

混凝土的凝结，本质上是由于水泥和水发生化学反应，其水化产物具有胶凝性，水泥浆体逐渐变稠失去可塑性，但不具有强度时，称为水泥的凝结。之后，水凝浆体开始产生强度，并逐渐发展成为坚硬的水泥石，称为硬化。因而，混凝土也产生了凝结。

（二）混凝土的强度

硬化后混凝土的强度包括立方体抗压强度、棱柱体抗压强度、劈裂抗拉强度、抗弯强度、抗剪强度等。其中，抗压强度最大，故混凝土主要用来承受压力作用。混凝土的抗压强度与各强度及其他性能之间有一定的相关性。因此，混凝土的抗压强度是结构设计的主要参数，也是混凝土质量评定的指标。在结构设计中，也经常用到混凝土的抗拉强度。

1. 混凝土的抗压强度与强度等级

（1）立方体抗压强度。按照标准的制作方法制成边长为 150 mm 的立方体试件，在温度为（20±5）℃的环境中静置一昼夜至两昼夜，然后进行编号、拆模。拆模后应立即放入温度为（20±2）℃、相对湿度为 95% 以上的标准养护室中养护，或在温度为（20±2）℃的不流动的 $Ca(OH)_2$ 饱和溶液中养护至 28 d 龄期（从搅拌加水开始计时），按照标准的测定方法测定其抗压强度值，称为"混凝土立方体试件抗压强度"（f_{cu}），以"n/mm^2"计。混凝土立方体试件抗压强度按下式计算：

$$f_{cu} = \frac{F}{A}$$

式中 f_{cu}——混凝土立方体抗压强度（MPa），精确至 0.1 MPa；

F——试件破坏荷载（N）；

A——试件承压面积（mm^2）。

（2）立方体抗压强度标准值（$f_{cu,k}$）。按照标准方法制作和养护的边长为 150 mm 的立方体试件，在 28 d 龄期，用标准试验方法测定的抗压强度总体分布中的一个值，强度低于该值的百分率不超过 5%（具有 95% 保证率的抗压强度），以"n/mm^2"计。

（3）强度等级。混凝土强度等级是根据立方体抗压强度标准值来确定的。是用"C"和"立方体抗压强度标准值"两项内容表示，强度标准值以 $5n/mm^2$ 分段划分，并以其下限值作为示值。《混凝土质量控制标准》（GB 50164—2011）中规定，混凝土强度等级应按立方体抗压强度标准值（MPa）划分为 C10、C15、C20、C25、C30、C35、C40、C45、C50、C55、C60、C65、C70、C75、C80、C85、C90、C95 和 C100。

（4）混凝土强度等级的实用意义。《混凝土结构设计规范（2015 年版）》（GB 50010—2010）中对混凝土强度等级的应用做了规定：素混凝土结构的混凝土强度等级不应低于C15；钢筋混凝土结构的混凝土强度等级不应低于 C20；采用强度等级 400 MPa 及以上的钢筋时，混凝土强度等级不应低于 C25；承受重复荷载的钢筋混凝土构件，混凝土强度等级不应低于 C30。预应力混凝土结构的混凝土强度等级不宜低于 C40，且不应低于 C30。当采用山砂混凝土及高炉矿渣混凝土时，还应符合专门标准的规定。

（5）混凝土的轴心抗压强度（f_{cp}）。轴心抗压强度采用 150 mm×150 mm×300 mm 的棱柱体作为标准试件的范围。在钢筋混凝土结构计算中，计算轴心受压构件（如柱、桁架的腹杆）时，都采用混凝土的轴心抗压强度 f_{cp} 作为设计依据。混凝土的轴心抗压强度（f_{cp}）比同截面的立方体抗压强度（f_{cu}）小，且 h/a 越大，混凝土的轴心抗压强度（f_{cp}）越小。在立方体抗压强度为 10~50 MPa 范围内时，$f_{cp} \approx (0.70~0.80) f_{cu}$。混凝土的轴心抗压强度按下式计算：

$$f_{cp} = \frac{F}{A}$$

式中 f_{cp}——混凝土轴心抗压强度（MPa），精确至 0.1 MPa;

　　 F——试件破坏荷载（N）

　　 A——试件承压面积（mm^2）。

2. 混凝土的抗拉强度（f_{ts}）

混凝土的抗拉强度只有抗压强度的 1/20～1/10，故在钢筋混凝土结构设计中，不考虑混凝土承受拉力，而是在混凝土中配以钢筋，由钢筋来承担结构中的拉力。但混凝土抗拉强度对混凝土抗裂性具有重要的作用，它是结构设计中确定混凝土抗裂度的主要指标，有时也用它间接衡量混凝土抗冲击强度、混凝土与钢筋的粘结强度等。

用轴向拉伸试件测定混凝土的抗拉强度，荷载不易对准轴线，夹具处常发生局部破坏，致使测值很不准，故国内外目前都采用劈裂法来测定混凝土的抗拉强度，简称劈拉强度。混凝土的劈拉强度计算公式如下:

$$f_{ts} = \frac{2F}{\pi A} = 0.637 \frac{F}{A}$$

式中 f_{ts}——混凝土劈裂抗拉强度（MPa），精确至 0.01 MPa;

　　 F——试件破坏荷载（N）;

　　 A——试件劈裂面积（mm^2）。

混凝土的劈裂抗拉强度与混凝土标准立方体抗压强度之间的关系，可用经验公式表达如下:

$$f_{ts} = 0.35 f_{cu}^{3/4}$$

3. 影响混凝土强度的因素

（1）水泥实际强度和水胶比。水泥 28 d 胶砂抗压强度和水胶比是影响混凝土抗压强度的最主要因素，也可以说是决定性因素。因为混凝土的强度主要取决于水泥与集料之间的粘结力，而水泥石的强度及其与集料间的粘结力，又取决于水泥强度等级和水胶比的大小。由于拌制混凝土拌合物时，为了获得必要的流动性，常需要加入较多的水，多余的水所占空间在混凝土硬化后成为毛细孔，使混凝土密实度降低，强度下降。

随着现代混凝土技术的发展，在配制混凝土时常掺入矿物掺合料以改善混凝土的性能。《普通混凝土配合比设计规程》（JGJ 55—2011）中将掺入混凝土中的活性矿物掺合料和水泥总称为混凝土中的胶凝材料。此时，混凝土强度经验公式如下:

$$f_{cu} = \alpha_a \times f_b \times \left(\frac{B}{W} - \alpha_b \right)$$

式中 f_{cu}——混凝土 28 d 龄期的立方体抗压强度（MPa）

　　 f_b——胶凝材料 28 d 胶砂抗压强度（MPa）;

　　 $\dfrac{B}{W}$——胶水比;

　　 α_a，α_b——与粗集料有关的回归系数。

（2）集料的影响。当集料级配良好、砂率适当时，由于组成了坚强密实的骨架，有利于混凝土强度的提高。如果混凝土集料中的有害杂质较多，品质低，级配不好，则会降低混凝土的强度。

（3）养护温度及湿度。养护温度高，水泥水化速度快，混凝土强度的发展也快；反之，在低温下混凝土强度发展迟缓。当温度降到冰点以下时，水泥将停止水化，强度停止发展，而且易使硬化的混凝土结构遭到破坏。因此，冬期施工时，混凝土应特别注意保温养护，防止早期受冻破坏。养护温度对混凝土强度的影响如图1-4所示。

水是水泥水化的必要条件。如果湿度不够，水泥水化反应不能正常进行，甚至停止水化，会严重降低混凝土强度。因此，在混凝土浇筑完毕后，应在12 h内进行覆盖；用于夏期施工的混凝土，要特别注意浇水保湿。湿度对强度发展的影响如图1-5所示。

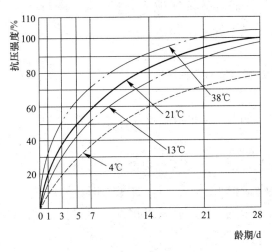

图1-4　混凝土强度与保温养护时间的关系

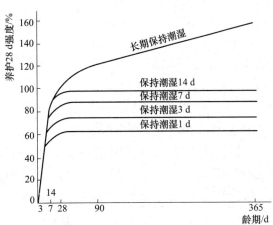

图1-5　混凝土强度与保湿养护时间的关系

（4）龄期。龄期是指混凝土在正常养护条件下所经历的时间。混凝土的强度随龄期的增长而提高，一般早期（7～14 d）增长较快，以后逐渐变缓，28 d后增长更加缓慢，但可以延续几年，甚至几十年之久，如图1-6（a）所示。

混凝土强度与龄期的关系，对于用早期强度推算长期强度和缩短混凝土强度判定的时间具有重要的实践意义。图1-6（b）是阿布拉姆斯提出的在潮湿养护条件下，混凝土的强度与龄期（以对数表示）间的直线关系。其经验公式如下：

$$\frac{f_n}{f_{28}} = \frac{\lg n}{\lg 28}$$

式中　f_n——混凝土 n d 龄期的抗压强度（MPa）；

　　　f_{28}——混凝土28 d 龄期的抗压强度（MPa）；

　　　n——养护龄期（d），$n \geq 3$。

该式适用于在标准条件下养护的不同水泥拌制的中等强度等级的混凝土。根据此式，可由所测混凝土早期强度，估算其28 d 龄期的强度，或者可以由混凝土的28 d 强度推算28 d 前混凝土达到某一强度需要养护的天数，如确定混凝土拆模、构件起吊、放松预应力钢筋、制品养护、出厂等日期。但由于影响混凝土强度的因素很多，故按此式计算的结果仅作为参考。

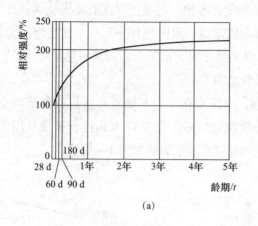
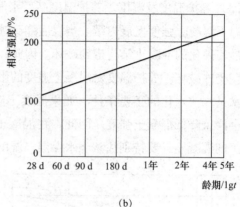

图1-6　普通混凝土强度与龄期的变化关系

（5）试验条件。试验条件是指试件的尺寸、形状、表面状态及加荷速度等。试验条件的不同，将影响混凝土强度的试验值。

1）试件的尺寸。在测定混凝土立方体抗压强度时，当混凝土强度等级＜C60时，可以根据粗集料最大粒径选用非标准试块，但应将其抗压强度值按表1-3所给出的系数换算成标准试块对应的抗压强度值；当混凝土强度等级≥C60时，宜采用标准试件；使用非标准试件时，其强度的尺寸换算系数应由试验确定。

表1-3　混凝土立方体试件尺寸选用及换算系数

粗集料最大粒径/mm	试件尺寸/（mm×mm×mm）	换算系数
31.5	100×100×100	1
40	150×150×150	1
63	200×200×200	1.05

相同配合比的混凝土，试件的尺寸越大，测得的强度越小。试件尺寸影响强度的主要原因是试件尺寸大，内部孔隙、缺陷等出现的概率也大，导致有效受力面积的减小及应力集中，从而引起强度的降低；反之，试件尺寸小，测得的强度值就高。

2）试件的形状。当试件受压面积（$a \times a$）相同，而高度（h）不同时，高宽比越大，抗压强度越小。这是由于试件承压时，试件受压面与试件承压板之间的摩擦力对试件相对于承压板的横向膨胀起着约束作用，该约束有利于强度的提高，越接近试件的端面，这种约束作用越大。在距离端面大约$\frac{\sqrt{3}}{2}$的范围以外，约束作用才消失。试件破坏以后，其上、下各呈现一个较完整的棱锥体，通常称这种约束作用为环箍效应，如图1-7所示。

3）表面状态。混凝土试件承压面的状态也是影响混凝土强度的重要因素。当试件受压

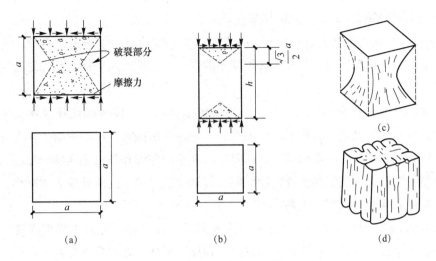

图1-7 混凝土试件的破坏状态

（a）立方体试件；（b）棱柱体试件；

（c）试块破坏后的棱锥体；（d）不受压板约束时石块破坏情况

面上有油脂类润滑剂时，试件受压时的环箍效应就会大大减小，试件将出现垂直裂纹破坏，导致测出的强度值较低。

4）加荷速度。试验时，加荷速度对强度值影响很大。试件破坏是当变形达到一定程度时才发生的，当加荷速度较快时，材料变形的增长就会落后于荷载的增加，故破坏时测得的混凝土强度值偏高。当加荷速度超过 1.0 MPa/s 时，这种趋势更加明显。因此，混凝土抗压强度的加荷速度为 0.3 ~ 0.8 MPa/s，且应连续、均匀地加荷。

4. 提高混凝土强度的主要措施

（1）采用高强度等级水泥或早强型水泥。在混凝土配合比相同的情况下，水泥的强度等级越高，混凝土的强度越高。但单纯靠提高水泥强度来提高混凝土强度，往往不经济。采用早强型水泥可以提高混凝土的早期强度，有利于加快施工进度。

（2）采用低水胶比的干硬性混凝土。低水胶比的干硬性混凝土拌合物游离水分少，硬化后留下的孔隙少，混凝土密实度高，强度可显著提高。因此，降低水胶比是提高混凝土强度最有效的途径。但水胶比过小，将影响拌合物的流动性，造成施工困难。一般应采取同时掺加减水剂的方法，使混凝土在低水胶比的情况下，仍具有良好的和易性。

（3）采用湿热养护。湿热养护可分为蒸汽养护和蒸压养护两类。

1）蒸汽养护是将混凝土放在温度低于 100 ℃ 的常压蒸汽中进行养护。一般混凝土经过 16 ~ 20 h 的蒸汽养护，其强度可达正常条件下养护 28 d 强度的 70% ~ 80%。蒸汽养护最适用于掺活性混合材料的矿渣水泥、火山灰质水泥及粉煤灰水泥混凝土。不仅可以提高早期强度，而且后期强度也有所提高，其 28 d 强度可以提高 100% ~ 200%。而对普通硅酸盐水泥和硅酸盐水泥混凝土进行蒸汽养护，其早期强度也能得到提高，但因在水泥颗粒表面过早形成水化产物凝胶膜层，阻碍水分继续深入水泥颗粒内部，使后期强度增长速度反而减缓，其

28 d 强度比标准养护 28 d 的强度低 10% ~ 15%。

2）蒸压养护是将混凝土试件置于 175 ℃、0.8 MPa 的蒸压釜中进行养护。这种养护方式能加速水泥的水化和硬化，有效提高混凝土的强度，特别适用于掺有活性混合材料的硅酸盐水泥。

（4）采用机械搅拌和振捣。混凝土采用机械搅拌比人工搅拌能使拌合物更均匀，特别是在拌和低流动性混凝土拌合物时效果更显著。采用机械振捣，可使混凝土拌合物的颗粒产生振动，暂时破坏水泥的凝聚结构，从而降低水泥浆的黏度和集料之间的摩擦阻力，提高混凝土拌合物的流动性，使混凝土拌合物能够很好地充满模型，内部孔隙大大减小，从而使混凝土的密实度和强度得到很大提高。

（5）掺入混凝土外加剂。在混凝土中掺入早强剂可以提高混凝土早期强度；掺入减水剂可以减少用水量，降低水胶比，提高混凝土强度。另外，在混凝土中掺入高效减水剂的同时，掺入磨细的矿物掺合料（如硅灰、优质粉煤灰和超细矿粉等），可以显著提高混凝土的强度，配制出超高强度的混凝土。

（三）混凝土的变形性

混凝土在硬化期间和使用过程中，会受到各种因素作用而产生变形。混凝土的变形直接影响到混凝土的强度和耐久性，特别是对裂缝的产生有直接的影响。混凝土的变形包括非荷载作用下的变形和荷载作用下的变形。非荷载作用下的变形包括混凝土的化学收缩、干缩湿胀及温度变形；荷载作用下的变形可分为短期荷载作用下的变形及长期荷载作用下的变形——徐变。

1. 非荷载作用下的变形

（1）化学收缩。混凝土在硬化过程中，水泥水化产物的体积比水化反应前物质的总体积小，从而引起混凝土的收缩，即化学收缩。化学收缩是不可恢复的，其收缩量随混凝土硬化龄期的延长而增加，一般在混凝土成型后 40 d 内增长较快，之后逐渐趋于稳定。化学收缩值很小，一般对混凝土结构没有破坏作用，但在混凝土内部可能会产生微细裂缝。

（2）干缩湿胀。混凝土的干缩湿胀是指由于外界湿度变化，致使其中水分变化而引起的体积变化。当混凝土在水中硬化时，凝胶体中胶体粒子的吸附水膜增厚，胶体粒子之间的距离增大，使混凝土产生轻微膨胀；当混凝土在干燥空气中硬化时，混凝土中水分逐渐蒸发，导致水泥凝胶体或水泥石毛细管失水，使混凝土收缩。混凝土的这种收缩在重新吸水以后可以恢复一部分，但仍有一部分（占 30% ~ 50%）不可恢复。

混凝土的湿胀变形量很小，对结构一般无破坏作用。但干缩变形对混凝土危害较大，干缩能使混凝土表面出现拉应力而导致开裂，严重影响混凝土的耐久性。

为了防止发生干缩，可从以下几个方面采取措施：

1）水泥用量、细度及品种。水泥用量越多，干燥收缩越大。水泥颗粒越细，需要水量越多，则其干燥收缩越大。使用火山灰质水泥干缩较大，而使用粉煤灰水泥干缩较小。

2）水胶比。水胶比越大，硬化后水泥的孔隙越多，其干缩越大；混凝土单位用水量越大，干缩率越大。

3）集料种类。弹性模量大的集料，干缩率小，吸水率大；含泥量大的集料干缩率大。集料级配良好，空隙率小，水泥浆量少，则干缩变形小。

4）养护条件。潮湿养护时间长可以推迟混凝土干缩的产生与发展，但对混凝土干缩率并无影响，采用湿热养护可以降低混凝土的干缩率。

5）加强振捣。混凝土振捣得越密实，内部孔隙量越少，收缩量就越小。

（3）温度变形。混凝土的热胀冷缩变形称为温度变形。混凝土的温度线膨胀系数为 $(1 \sim 1.5) \times 10^{-5}$ mm/（m·℃），即温度每升降 1 ℃，每米胀缩 $0.01 \sim 0.015$ mm。温度变形对大体积混凝土或大面积混凝土及纵向很长的混凝土工程极为不利，易使这些混凝土产生温度裂缝，散热很慢。因此，造成混凝土内外温差很大，有时可达 50 ℃ ~ 70 ℃。这将使混凝土产生内胀外缩，在混凝土外表面产生很大的拉应力，严重时可使混凝土产生裂缝。在实际工程中，大体积混凝土施工时常采用低热水泥，减少水泥用量，掺加缓凝剂，以及采用人工降温等措施。一般纵向较长的钢筋混凝土结构物，应采取每隔一定长度设置伸缩缝等措施。

2. 荷载作用下的变形

（1）短期荷载作用下的变形。

1）混凝土的弹塑性变形。混凝土是由水泥、砂、石等组成的不均匀的复合材料，是一种弹塑性体。混凝土受力后既产生可以恢复的弹性变形，又产生不可以恢复的塑性变形。其应力与应变的关系如图 1-8 所示。

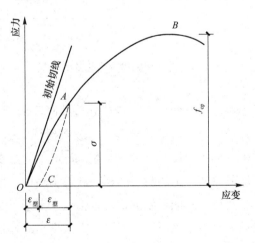

图 1-8 混凝土在应力作用下的应力－应变曲线

在应力-应变曲线上任一点的应力 σ 与其应变 ε 的比值，称作混凝土在该应力状态下的变形模量。其反映混凝土所受应力与所产生应变之间的关系。在计算钢筋混凝土结构的变形、裂缝开展及大体积混凝土的温度应力时，均需知道该混凝土的变形模量。

2）混凝土的弹性模量。根据《混凝土物理力学性能试验方法标准》（GB/T 50081—2019）中的规定，采用 150 mm × 150 mm × 300 mm 的棱柱体作为标准试件，使混凝土的应力在 0.5 MPa 和 1/3 f_{cp} 之间经过至少两次反复预压，在最后一次预压完成后，应力与应变关系基本上呈直线关系，此时测得的变形模量值即该混凝土弹性模量。

影响混凝土弹性模量的因素主要有混凝土的强度、集料的含量及养护条件等。混凝土的强度越高，弹性模量越大，当混凝土的强度等级由 C10 增加到 C60 时，其弹性模量相应由 1.75×10^4 MPa 增加到 3.60×10^4 MPa；集料的含量越多，弹性模量越大，混凝土的弹性模量越大；混凝土的水胶比较小，养护条件较好及龄期较长时，混凝土的弹性模量较大。

（2）长期荷载作用下的变形——徐变。混凝土在长期不变荷载作用下，除产生瞬间的弹性变形和塑性变形外，还会产生随时间而增长的非弹性变形，这种在长期荷载作用下随时间而增长的变形称为徐变，如图 1-9 所示。

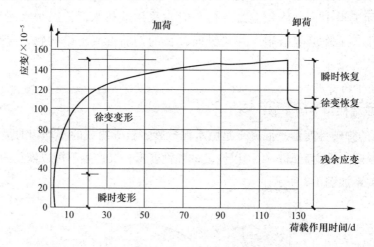

图 1-9　混凝土的徐变与徐变的恢复

在加荷的瞬间，混凝土产生瞬时变形，随着荷载持续时间的延长，逐渐产生徐变变形。混凝土徐变在加荷初期增长较快，以后逐渐减慢，一般要延续 2~3 年才稳定下来，最终徐变应变可达（3~15）× 10^{-4} mm/ mm，即 0.3 ~ 1.5 mm/m。当变形稳定后卸载，一部分变形瞬时恢复，其值小于在加荷瞬间产生的瞬时变形。在卸荷后的一段时间内，变形还会继续恢复，称为徐变恢复。最后残存的不能恢复的变形称为残余变形。

混凝土的徐变，一般认为是由于水泥石中凝胶体在长期荷载作用下的黏性流动，凝胶孔水向毛细孔内迁移的结果。在混凝土的较早龄期加荷，水泥尚未充分水化，所含凝胶体较多，且水泥石中毛细孔较多，凝胶体易流动，所以徐变发展较快；而在后期水泥继续硬化，凝胶体含量相对减少，毛细孔也变少，徐变发展渐慢。

影响混凝土徐变的因素主要有以下几项：

1）水泥用量与水胶比。水泥用量越多，水胶比越大，则混凝土徐变越大。

2）集料的弹性模量和集料的规格与质量。集料的弹性模量越大，混凝土的徐变越小；集料级配越好，杂质含量越少，则混凝土的徐变越小。

3）养护龄期。混凝土加荷作用时间越早，徐变越大。

4）养护湿度。养护湿度越高，混凝土的徐变越小。

混凝土的徐变对结构物影响有利也有弊。有利的是徐变能消除钢筋混凝土内的应力集中，使应力可以较均匀地重新分布，从而使局部应力集中得到缓解；对大体积混凝土，则能消除一部分由于温度变形所产生的破坏应力。但在预应力钢筋混凝土结构中，徐变会使钢筋的预应力受到损失，从而降低结构的承载能力。

（四）混凝土的耐久性

混凝土除应有足够的强度，以保证建筑物能安全地承受荷载外，还应根据其周围的自然环境及使用条件，具有经久耐用的性能。例如，受水压作用的混凝土，要求具有抗渗性；与水接触并遭受冰冻作用的混凝土，要求具有抗冻性；处于侵蚀性环境中的混凝土，要求具有相应的抗侵蚀性等。因此，将混凝土抵抗环境介质作用，并长期保持其良好的使用性能和外观完整性，从而维持混凝土结构安全、正常使用的能力称为耐久性。

混凝土的耐久性是一项综合性质，主要包括抗渗性、抗冻性、抗侵蚀性、抗碳化、抗碱-集料反应等性能。

1. 混凝土的抗渗性

混凝土的抗渗性是指混凝土抵抗有压介质（水、油等）渗透作用的能力。抗渗性是混凝土耐久性的一项重要指标。其直接影响混凝土的抗冻性和抗腐蚀性。当混凝土的抗渗性差时，不仅周围的液体物质易渗入内部，而且当遇有负温或环境水中含有侵蚀性介质时，混凝土就易受冰冻或侵蚀作用而破坏。对钢筋混凝土，还将引起其内部钢筋锈蚀并导致表面混凝土保护层开裂与剥落。

混凝土的抗渗性用抗渗等级 P 表示。抗渗等级是以 28 d 龄期的标准试件，按标准试验方法，用每组 6 个试件中 4 个试件未出现渗水时的最大水压的 10 倍来表示。混凝土的抗渗等级有 P4、P6、P8、P10、P12 及以上等级，即相应表示混凝土能抵抗 0.4 MPa、0.6 MPa、0.8 MPa、1.0 MPa 及 1.2 MPa 的静水压强而不出现渗水现象。

混凝土渗水的主要原因是由于内部的孔隙形成连通的渗水通道。这些渗水通道主要来源于水泥浆中多余水分蒸发而留下的毛细孔、水泥浆泌水形成的泌水通道、各种收缩的微裂缝等。而这些渗水通道的多少，主要与水胶比的大小、集料品质等因素有关。为了提高混凝土的抗渗性可采取掺加引气剂、减小水胶比、选用良好的颗粒级配及合理砂率、加强振捣和养护等措施，尤其是掺加引气剂，在混凝土内部产生不连通的气泡，改变混凝土的孔隙特征，截断渗水通道，可以显著提高混凝土的抗渗性。

2. 混凝土的抗冻性

混凝土的抗冻性是指混凝土在吸水饱和状态下，能经受多次冻融循环作用而不破坏，同时，也不严重降低强度的性能。

混凝土的抗冻性用抗冻等级 F 表示。抗冻等级是以龄期 28 d 的标准试件，在吸水饱和后，承受反复冻融循环，以抗压强度下降不超过 25%，而且质量损失不超过 5% 时所能承受的最大冻融循环次数来确定。混凝土的抗冻等级有 F50、F100、F150、F200、F250、F300、F350、F400 及其以上等级。例如，F50 表示混凝土能承受最大冻融循环次数为 50 次。

混凝土产生冻融破坏有两个必要条件：一是混凝土必须接触水或混凝土中有一定的游离水；二是建筑物所处的自然条件存在反复交替的正负温度。当混凝土处于冰点以下时，首先是靠近表面的孔隙中游离水开始冻结，产生 9% 左右的体积膨胀，在混凝土内部产生冻胀应力，从而使未冻结的水分受压后向混凝土内部迁移。当迁移受约束时就产生了静水压力，使混凝土内部的薄弱部分，特别是在受冻初期强度不高的部位产生微裂缝。当遭受反复冻融循环时，微裂缝会不断扩展，逐步造成混凝土剥蚀破坏。

混凝土的抗冻性主要取决于混凝土的构造特征和含水程度。具有较高密实度及含闭口孔多的混凝土具有较高的抗冻性，混凝土中饱和水程度越高，产生的冰冻破坏越严重。水胶比越小，混凝土的密实度越高，抗冻性也越好。提高混凝土抗冻性的有效途径是掺入引气剂，在混凝土内部产生互不连通的微细气泡，不仅截断了渗水通道，使水分不易渗入，而且气泡有一定的适应变形能力，对冰冻的破坏作用有一定的缓冲作用。

3. 混凝土的抗侵蚀性

混凝土的抗侵蚀性是指混凝土抵抗外界侵蚀性介质破坏作用的能力。通常有软水侵蚀、硫酸盐侵蚀、一般酸侵蚀与强碱侵蚀等。随着混凝土在地下工程、海洋工程等恶劣环境中的应用，对混凝土的抗侵蚀性提出了更高的要求。

混凝土的抗侵蚀性与所用水泥品种、混凝土的密实度和孔隙特征等有关。密实性好或具有封闭孔隙的混凝土，抗侵蚀性就好。提高混凝土抗侵蚀性的主要措施是合理选择水泥品种、降低水胶比、提高混凝土密实度和改善孔结构。

4. 混凝土的抗碳化

混凝土的抗碳化是指混凝土内水泥石中的 $Ca(OH)_2$ 与空气中的 CO_2 在湿度适宜时发生化学反应，生成碳酸钙和水，使混凝土碱度降低的过程。混凝土的抗碳化是 CO_2 由表及里逐渐向混凝土内部扩散的过程。抗碳化引起水泥石化学组成及组织结构的变化，对混凝土的碱度、强度和收缩产生影响。

影响碳化速度的主要因素有混凝土的密实度、环境中 CO_2 的浓度、水泥品种、水胶比和环境湿度等。空气中 CO_2 浓度越高，碳化速度越快；水胶比越小，混凝土越密实，CO_2 和水不易侵入，碳化速度就慢；掺混合材料的水泥碱度较低，碳化速度随混合材料掺量的增多而加快（在常用水泥中，火山灰质水泥碳化速度最快，普通硅酸盐水泥碳化速度最慢）；当环境中的相对湿度为 50%~75% 时，碳化速度最快，当相对湿度小于 25% 或大于 100% 时，碳化作用将停止。

碳化对混凝土的作用有利也有弊。在混凝土中，水泥水化生成大量的氢氧化钙，使钢筋处在碱性环境中从而在表面生成一层钝化膜，以保护钢筋不易腐蚀。碳化使混凝土碱度降低，减弱了对钢筋的保护作用。当碳化深度穿透混凝土保护层而达钢筋表面时，钢筋钝化膜被破坏而发生锈蚀，锈蚀的钢筋体积膨胀，致使混凝土保护层开裂，开裂后的混凝土更有利于 CO_2、水等有害介质的侵入，加剧了碳化的进行和钢筋的锈蚀，最后导致混凝土顺钢筋开裂而产生破坏。另外，碳化作用会增加混凝土的收缩，引起混凝土表面产生拉应力而出现微细裂缝，从而降低混凝土的抗拉、抗折强度及抗渗能力。

碳化对混凝土也有一些有利影响，碳化时放出的水分有助于水泥的水化，碳化作用产生的碳酸钙填充了水泥石的孔隙，提高了混凝土的密实度，对提高抗压强度有利。但总的来说，碳化对混凝土是弊多利少的。因此，应设法提高混凝土的抗碳化能力。

在实际工程中，为减少碳化作用对钢筋混凝土结构的不利影响，应采取以下措施：

（1）根据工程所处环境及使用条件，合理选择水泥品种。

（2）使用减水剂，改善混凝土的和易性，提高混凝土的密实度。

（3）采用水胶比小、单位水泥用量较大的混凝土配合比。

（4）在钢筋混凝土结构中采用适当的保护层，使碳化深度在建筑物设计年限内达不到钢筋表面。

（5）加强施工质量控制，加强养护，保证振捣质量，减少或避免混凝土出现蜂窝等质量事故。

（6）在混凝土表面涂刷保护层，防止二氧化碳侵入。

5. 混凝土的抗碱-集料反应

混凝土的抗碱-集料反应是指水泥中的碱（Na_2O、K_2O）与集料中的活性二氧化硅发生化学反应，在集料表面生成复杂的碱-硅酸凝胶，凝胶吸水后体积膨胀（体积可以增加3倍以上），从而导致混凝土膨胀开裂而破坏。混凝土发生碱－集料反应必须具备以下三个条件：

（1）水泥中碱含量高。水泥中的总含碱量（按 $Na_2O_2+0.658K_2O$ 计）>0.6%。

（2）砂、石集料中含有活性二氧化硅成分。含活性二氧化硅的矿物有蛋白石、玉髓和鳞石英等。

（3）有水存在。在干燥状态下，混凝土不会发生碱-集料反应。

在实际工程中，为抑制碱-集料反应，可采取的措施：控制水泥总含碱量不超过0.6%；选用非活性集料；降低混凝土的单位水泥用量，以降低单位混凝土的碱含量；在混凝土中掺入火山灰质混合材料，以减少膨胀值，防止水分侵入，设法使混凝土处于干燥状态。

6. 提高混凝土耐久性的措施

混凝土所处的环境和使用条件不同，对其耐久性的要求也不同，应根据其具体的条件采取相应措施以提高混凝土的耐久性。混凝土的密实程度是影响耐久性的主要因素，其次是混凝土的组成材料性质、施工质量等。提高混凝土耐久性的主要措施有以下几项：

（1）合理选择水泥品种，根据混凝土工程的特点和所处的环境条件选用水泥。

（2）控制水胶比及保证足够的胶凝材料用量是保证混凝土密实度并满足混凝土耐久性

的关键。《普通混凝土配合比设计规程》（JGJ 55—2011）规定，除配制 C15 及其以下强度等级的混凝土外，混凝土的最小胶凝材料用量应符合表 1-4 的规定。

（3）选用质量良好、级配良好的砂、石集料，并尽量采用合理砂率。

（4）掺入减水剂或引气剂，可以减少水胶比，改善混凝土的孔结构，对提高混凝土的抗渗性和抗冻性具有良好作用。

（5）在混凝土施工中，应搅拌均匀、振捣密实、加强养护，增加混凝土密实度，提高混凝土质量。

表 1-4　混凝土的最大水胶比和最小水泥用量

设计抗冻等级	最大水胶比		最小胶凝材料用量 ／（kg·m⁻³）
	无引气剂时	掺引气剂时	
F50	0.55	0.60	300
F100	0.50	0.55	320
不低于 F150	—	0.50	350

第三节　其他结构材料

一、砌筑材料

砌筑材料是指用来砌筑、拼装或用其他方法构成承重或非承重墙体或构筑物的材料。

（一）墙体砖

墙体砖是指以黏土、工业废渣及其他资源为主要原材料，按不同工艺制成的，在建筑上用来砌筑墙体的砖。在当前的墙体材料改革过程中，为实现材料的可持续发展，以及建筑节能的目标，墙体材料必须向节能、利废、隔热、高强、空心、大块方向发展。

1. 混凝土实心砖

混凝土实心砖是指以水泥、集料，以及根据需要加入的掺合料、外加剂等，经加水搅拌、成型、养护制成的。混凝土实心砖的主规格尺寸为 240 mm×115 mm×53 mm。其他规格由供、需双方协商确定。混凝土实心砖按混凝土自身的密度分为 A 级、B 级和 C 级三个密度等级。混凝土实心砖的强度可分为 MU40、MU35、MU30、MU25、MU20、MU15 六个等级。

2. 混凝土多孔砖

混凝土多孔砖是指承重混凝土多孔砖的简称，是由水泥、砂、石等为主要原材料，经配料、搅拌、成型、养护制成，用于承重结构的多排孔混凝土砖。混凝土多孔砖的外形为直角六面体，常用砖型的规格尺寸见表 1-5。其他规格尺寸可由供、需双方协商确定。采用薄灰缝砌筑的块型，相关尺寸可做相应调整。按抗压强度可分为 MU15、MU20、MU25 三个等级。

表 1-5 混凝土多孔砖的常用规格 mm

长度	宽度	高度
360，290，240，190，140	240，190，115，90	115，90

3. 蒸压灰砂砖

蒸压灰砂砖是指以石灰和砂为主要原料，允许掺入颜料和外加剂，经坯料制备、压制成型、蒸压养护而成的实心灰砂砖。蒸压灰砂砖的外形为直角六面体，其长度为 240 mm，宽度为 115 mm，高度为 53 mm，生产其他规格尺寸产品，由用户与生产厂协商确定。根据蒸压灰砂砖的颜色分为彩色灰砂砖（Co）和本色灰砂砖（N）。蒸压灰砂砖根据尺寸偏差和外观质量、强度及抗冻性可分为优等品（A）、一等品（B）和合格品（C）。蒸压灰砂砖根据抗压强度和抗折强度分为 MU25、MU20、MU15、MU10 四个等级，MU25、MU20、MU15 的砖可用于基础及其他建筑，MU10 的砖仅可用于防潮层以上的建筑。蒸压灰砂砖不得用于长期受热 200 ℃以上、受急冷急热和由酸性介质侵蚀的建筑部位。

4. 蒸压灰砂多孔砖

蒸压灰砂多孔砖是指以砂、石灰为主要原材料，允许掺入颜料和外加剂，经坯料制备、压制成型、高压蒸汽养护而制成的多孔砖，按尺寸允许偏差和外观质量可将其分为优等品（A）和合格品（C）；按抗压强度分为 MU30、MU25、MU20、MU15 四个等级。蒸压灰砂多孔砖规格及公称尺寸见表 1-6。

表 1-6 蒸压灰砂多孔砖的规格及公称尺寸 mm

长度	宽度	高度
240	115	90
240	115	115

注：1. 经供需双方协商可生产其他规格的产品；
2. 对于不符合表 1-6 尺寸的砖，用长度×宽度×高度的尺寸来表示。

5. 蒸压粉煤灰砖

蒸压粉煤灰砖是指以粉煤灰、生石灰为主要原料，可掺加适量石膏等外加剂和其他集料，经坯料制备、压制成型、高压蒸汽养护而制成的砖。蒸压粉煤灰砖的外形为直角六面体，其公称尺寸为：长度 240 mm、宽度 115 mm、高度 53 mm。其他规格尺寸由供需双方协商后确定。蒸压粉煤灰砖按强度可分为 MU10、MU15、MU20、MU25、MU30 五个等级。

6. 炉渣砖

炉渣砖是指以炉渣（煤燃烧后的残渣）为主要原料，掺入适量（水泥、电石渣）石灰、石膏经混合、压制成型、蒸养或蒸压养护而成的实心炉渣砖。炉渣砖主要用于一般建筑物的墙体和基础部位。炉渣砖的外形为直角六面体，其公称尺寸为：长度 240 mm，宽度 115 mm，高度 53 mm。其他规格尺寸由供需双方协商确定。炉渣砖按抗压强度分为 MU25、MU20、MU15 三个等级。

7. 非烧结垃圾尾矿砖

非烧结垃圾尾矿砖是指以淤泥、建筑垃圾、焚烧垃圾等为主要原料，掺入少量水泥、石膏、石灰、外加剂、胶粘剂等胶凝材料，经粉碎、搅拌、压制成型、蒸压、蒸养或自然养护而成的一种实心非烧结垃圾尾矿砖。非烧结垃圾尾矿砖可作为一般房屋建筑墙体的材料。非烧结垃圾尾矿砖的外形为矩形，砖的公称尺寸为：长度 240 mm，宽度 115 mm，高度 53 mm。其他规格尺寸由供需双方协商确定。非烧结垃圾尾矿砖按抗压强度分为 MU25、MU20、MU15 三个等级。

（二）建筑砌块

1. 普通混凝土小型砌块

普通混凝土小型砌块是以水泥、矿物掺合料、砂、石、水等为原材料，经搅拌、振动成型、养护等工艺制成的小型砌块。砌块按空心率可分为空心砌块（空心率不小于25%）和实心砌块（空心率小于25%）；按使用时砌筑墙体的结构和受力情况可分为承重结构用砌块和非承重结构用砌块。

普通混凝土小型砌块的外形宜为直角六面体，常用块型的规格尺寸见表1-7，砌块按抗压强度分级见表1-8。

表1-7　普通混凝土小型砌块常用块型的规格　　　　mm

长度	宽度	高度
390	90, 120, 140, 190, 240, 290	90, 140, 190
注：其他规格尺寸可由供需双方协商确定，采用薄灰缝砌筑的块型，相关尺寸可作相应调整。		

表1-8　普通混凝土小型砌块的强度等级　　　　MPa

砌块种类	承重砌块	非承重砌块
空心砌块	7.5, 10.0, 15.0, 20.0, 25.0	5.0, 7.5, 10.0
实心砌块	15.0, 20.0, 25.0, 30.0, 35.0, 40.0	10.0, 15.0, 20.0

2. 轻集料混凝土小型空心砌块

轻集料混凝土是指用粗集料、轻砂（或普通砂）、水泥和水等原材料配制而成的干表观密度不大于 1 950 kg/m³ 的混凝土。轻集料混凝土小型空心砌块是指用轻集料混凝土制成的小型空心砌块。按砌块孔的排数分类为单排孔、双排孔、三排孔、四排孔等。

轻集料混凝土小型空心砌块的主规格尺寸为 390 mm×190 mm×190 mm。其他规格尺寸可由供需双方商定。

轻集料混凝土小型空心砌块密度等级可分为 700、800、900、1 000、1 100、1 200、

1 300、1 400 八个等级（注：除自然煤矸石掺量不小于砌块质量 35% 的砌块外，其他砌块的最大密度等级为 1 200）。轻集料混凝土小型空心砌块强度可分为 MU2.5、MU3.5、MU5.0、MU7.5、MU10.0 五个等级。

3. 粉煤灰混凝土小型空心砌块

粉煤灰混凝土小型空心砌块是指以粉煤灰、水泥、集料、水为主要组分（也可加入外加剂等）制成的混凝土小型空心砌块，按砌块的排数可分为单排孔、双排孔和多排孔三类。粉煤灰混凝土小型空心砌块的主规格尺寸为 390 mm × 190 mm × 190 mm，其他规格尺寸可由供需双方商定。

粉煤灰混凝土小型空心砌块的密度等级可分为 600、700、800、900、1 000、1 200 和 1 400 七个等级；抗压强度可分为 MU3.5、MU5、MU7.5、MU10、MU15 和 MU20 六个等级。

4. 蒸压加气混凝土砌块

蒸压加气混凝土砌块用于民用与工业建筑物承重和非承重墙体及保温隔热使用。砌块按尺寸偏差与外观质量、干密度、抗压强度和抗冻性可分为优等品、合格品两个等级。

蒸压加气混凝土砌块的规格尺寸见表 1-9。

表 1-9　蒸压加气混凝土砌块的规格尺寸　　　　　　　　　　　　　　　　　mm

长度	宽度	高度
600	100, 120, 125 150, 180, 200 240, 250, 300	200, 240, 250, 300
注：如需要其他规格，可由供需双方协商解决。		

蒸压加气混凝土砌块的强度有 A1、0，A2.0、A2.5、A3.5、A5.0、A7.5、A10 七个级别。蒸压加气混凝土砌块的干密度有 B03、B04、B05、B06、B07、B08 六个级别。

5. 石膏砌块

石膏砌块是指以建筑石膏为主要原料，经加水搅拌、浇筑成型和干燥制成的建筑石膏制品，其外形为长方体，纵横边缘分别设有榫头和榫槽，生产中允许加入纤维增强材料或其他集料，也可加入发泡剂、憎水剂。

石膏砌块按其结构不同分为空心石膏砌块（带有水平或垂直方向预制孔洞的砌块）和实心石膏砌块（无预制孔洞的砌块）；按其防潮性能分为普通石膏砌块（在成型过程中未做防漏处理的砌块）和防潮石膏砌块（在成型过程中经过防潮处理，具有防潮性能的砌块）。

石膏砌块的规格见表 1-10。若有其他规格，可由供需双方商定。

表 1-10　石膏砌块的规格尺寸

项目	公称尺寸/mm
长度	600, 666

续表

项目	公称尺寸/mm
宽度	500
高度	80，100，120，150

6. 泡沫混凝土砌块

泡沫混凝土砌块是指用物理方法将泡沫剂水溶液制备成泡沫，再将泡沫加入由水泥基胶凝材料、集料、掺合料、外加剂和水等制成的料浆中，经混合搅拌、浇筑成型、自然或蒸汽养护而成的轻质多孔混凝土砌块，也称发泡混凝土砌块。

泡沫混凝土砌块按砌块立方体抗压强度分为 A0.5、A1.0、A1.5、A2.5、A3.5、A5.0、A7.5 七个等级；按砌块干表观密度分为 B03、B04、B05、B06、B07、B08、B09、B10 八个等级；按砌块尺寸偏差和外观质量分为一等品和合格品两个等级。

泡沫混凝土砌块的规格尺寸见表 1-11，其他规格尺寸由供需双方协商确定。

表 1-11　泡沫混凝土砌块的规格尺寸

mm

长度	宽度	高度
400，600	100，150，200，250	200，300

二、水泥

水泥是指呈粉末状，加水拌和成为塑性浆体，能够胶结砂、石等粒或块状材料并能在空气和水中凝结硬化、保持和发展强度的无机水硬性胶凝材料。水泥是土木工程中最为重要的材料之一，水泥的品种繁多，土木工程中常用的水泥有通用硅酸盐水泥、铝酸盐水泥和其他品种水泥等。

（一）通用硅酸盐水泥

通用硅酸盐水泥是指以硅酸盐水泥熟料和适量的石膏，及规定的混合材料制成的水硬性胶凝材料。通用硅酸盐水泥按混合材料的品种和掺量可分为硅酸盐水泥、普通硅酸盐水泥、矿渣硅酸盐水泥、火山灰质硅酸盐水泥、粉煤灰硅酸盐水泥和复合硅酸盐水泥。

1. 硅酸盐水泥

凡以硅酸钙为主的硅酸盐水泥熟料，5% 以下的石灰石或粒化高炉矿渣，适量石膏磨细制成的水硬性胶凝材料，统称为硅酸盐水泥。硅酸盐水泥的组分见表 1-12。

表 1-12　硅酸盐水泥的组分

代号	代号	组分（质量分数）		
		熟料＋石膏	粒化高炉矿渣	石灰石
硅酸盐水泥	P·Ⅰ	100	—	—
	P·Ⅱ	≥95	≤5	—
		≥95	—	≤5

（1）硅酸盐水泥的强度等级。其强度可分为 42.5、42.5R、52.5、52.5R、62.5、62.5R 六个等级。

（2）硅酸盐水泥的化学性质。

1）硅酸盐水泥的化学指标应符合表 1-13 的要求。

表 1-13 硅酸盐水泥的化学指标

代号	不溶物（质量分数）	烧失量（质量分数）	三氧化硫（质量分数）	氧化镁（质量分数）	氯离子（质量分数）
P·Ⅰ	≤0.75%	≤3.0%	≤3.5%	≤5.0%[①]	≤0.06%[②]
P·Ⅱ	≤1.50%	≤3.5%			
①如果水泥压蒸试验合格，则水泥中氧化镁的含量允许放宽至 6.0%；②当有更低要求时，该指标由买卖双方协商确定。					

2）硅酸盐水泥的碱含量（选择性指标）按 $Na_2O + 0.658K_2O$ 计算值表示。如果使用活性集料，用户要求提供低碱水泥时，水泥中的含碱量应不大于 0.60% 或由买卖双方协商确定。

（3）硅酸盐水泥的物理性质。

1）细度。水泥细度是指水泥颗粒粗细的程度。细度是影响水泥性能的重要指标。水泥细度通常采用筛析法或比表面积法进行测定。水泥与水的反应是从水泥颗粒表面开始，逐渐深入到颗粒内部的。水泥颗粒越细，其比表面积越大，与水的接触面越多，水化反应进行得越快、越充分。一般认为，粒径小于 40 μm 的水泥颗粒才具有较高的活性；粒径大于 90 μm 的水泥颗粒，则几乎接近惰性。因此，水泥的细度对水泥的性质有很大影响。通常水泥越细，凝结硬化越快，强度（特别是早期强度）越高，收缩也增大。但水泥越细，越容易吸收空气中的水分而受潮形成絮凝团，反而会使水泥活性降低。另外，提高水泥的细度要增加粉磨时的能耗，降低粉磨设备的生产率，增加成本。硅酸盐水泥的细度用比表面积表示，其比表面积不小于 300 m^2/kg。同时，水泥细度只是硅酸盐水泥技术要求中的选择性指标，不作为判定水泥合格与否的标准。

2）凝结时间。水泥从加水开始到失去流动性，即从可塑性状态发展到固体状态所需要的时间称为凝结时间。凝结时间又可分为初凝时间和终凝时间。初凝时间是指从水泥加水拌和起到水泥浆开始失去塑性所需的时间；终凝时间是指从水泥加水拌和时起到水泥浆完全失去可塑性，并开始具有强度的时间。初凝时间不能过短，是为了保证施工过程能从容地在水泥浆初凝前完成。因此，初凝不符合标准要求应作废品处理。终凝时间不宜过长，因为水泥终凝后才开始产生强度，而水泥制品遮盖浇水养护及下面工序的进行，需要待其具有一定强度后方可进行。硅酸盐水泥初凝时间不小于 45 min，终凝时间不大于 390 min。

3）体积安定性。水泥的体积安定性是指水泥在凝结硬化过程中体积变化的均匀性。当水泥浆体硬化过程发生不均匀变化时，会导致膨胀开裂、翘曲，称为安定性不良。安定性不合格的水泥应作废品处理，不得用于建筑工程。硅酸盐水泥的安定性应采用沸煮法检验，并合格。

4）强度。水泥作为胶凝材料，强度是最重要的性质之一，也是划分强度等级的依据。水泥强度是指水泥胶砂的强度，是评定水泥强度等级的依据。硅酸盐水泥的强度不仅与熟料的矿物质成分，混合材料的品种、数量及水泥的细度等有关，还与水泥的水胶比，试件的制作方法、养护条件等有关。不同等级的硅酸盐水泥的各龄期抗压、抗折强度见表1-14。

表1-14 不同等级硅酸盐水泥的各龄期抗压、抗折强度   MPa

强度等级	抗压强度		抗折强度	
	3 d	28 d	3 d	28 d
42.5	≥17.0	≥42.5	≥3.5	≥6.5
42.5R	≥22.0		≥4.0	
52.5	≥23.0	≥52.5	≥4.0	≥7.0
52.5R	≥27.0		≥5.0	
62.5	≥28.0	≥62.5	≥5.0	≥8.0
62.5R	≥32.0		≥5.5	

2. 普通硅酸盐水泥

凡由硅酸盐水泥熟料、混合材料和适量石膏磨细制成的水硬性胶凝材料，称为普通硅酸盐水泥，简称普通水泥。普通硅酸盐水泥的代号、组分见表1-15。

表1-15 普通硅酸盐水泥的代号、组分   %

代号	组分				
	熟料+石膏	粒化高炉矿渣	火山灰质混合材料	粉煤灰	石灰石
P·O	≥80且<95	>5且≤20			

（1）普通硅酸盐水泥的化学指标见表1-16。

表1-16 普通硅酸盐水泥的化学指标   %

代号	不溶物（质量分数）	烧失量（质量分数）	三氧化硫（质量分数）	氧化镁（质量分数）	氯离子（质量分数）
P·O	—	≤5.0	≤3.5	≤5.0[①]	≤0.06[②]

①如果水泥压蒸试验合格，则水泥中氧化镁的含量（质量分数）允许放宽至6.0%。

②当有更低要求时，该指标由买卖双方确定。

（2）细度（选择性指标）。普通水泥比表面积不小于300 m^2/kg，用比表面积法测定。

（3）凝结时间。普通水泥初凝时间不小于45 min，终凝时间不大于600 min。

（4）体积安定性。沸煮法检验必须合格。标准规定普通水泥中 MgO 的含量和 SO_3 的含量须符合表1-16的要求。

（5）强度等级。普通水泥根据 3 d 和 28 d 的抗折强度和抗压强度可分为 42.5、42.5 R、52.5、52.5R 四个强度等级。各龄期强度不得低于表 1-17 规定的数值。

表 1-17　不同强度等级普通水泥的各龄期强度

强度等级	抗压强度/MPa		抗折强度/MPa	
	3 d	28 d	3 d	28 d
42.5	≥17.0	≥42.5	≥3.5	≥6.5
42.5R	≥22.0		≥4.0	
52.5	≥23.0	≥52.5	≥4.0	≥7.0
52.5R	≥27.0		≥5.0	

3. 矿渣硅酸盐水泥

凡由硅酸盐水泥熟料和粒化高炉矿渣、适量石膏磨细制成的水硬性胶凝材料称为矿渣硅酸盐水泥，简称矿渣水泥。其可分为 A 型矿渣水泥（P·S·A）和 B 型矿渣水泥（P·S·B）。矿渣硅酸盐水泥的代号及组分见表 1-18。

表 1-18　矿渣硅酸盐水泥的代号及组分　　　　　　　　　　　　　　　　　%

代号	组分				
	熟料 + 石膏	粒化高炉矿渣	火山灰质混合材料	粉煤灰	石灰石
P·S·A	≥50 且 <80	>20 且 ≤50	—	—	—
P·S·B	≥30 且 <50	>50 且 ≤70	—	—	—

（1）矿渣水泥的化学指标见表 1-19。

表 1-19　矿渣水泥的化学指标　　　　　　　　　　　　　　　　　%

代号	不溶物（质量分数）	烧失量（质量分数）	三氧化硫（质量分数）	氧化镁（质量分数）	氯离子（质量分数）
P·S·A	—	—	≤4.0	≤6.0[①]	≤0.06[②]
P·S·B	—	—		—	
①如果水泥中氧化镁的含量（质量分数）大于 6.0% 时，需进行水泥压蒸安定性试验并合格。					
②当有更低要求时，该指标由买卖双方确定。					

（2）细度（选择性指标）。以筛余表示，其 80 μm 方孔筛筛余不大于 10% 或 45 μm 方孔筛筛余不大于 30%。

（3）凝结时间。矿渣水泥初凝时间不小于 45 min，终凝时间不大于 600 min。

（4）体积安定性。沸煮法检验必须合格。矿渣水泥中 MgO 的含量和 SO_3 的含量须符合相关要求。

（5）强度等级。矿渣水泥根据 3 d 和 28 d 的抗折强度和抗压强度可分为 32.5、32.5R、42.5、42.5R、52.5、52.5R 六个强度等级。各龄期强度不得低于表 1-20 规定的数值。

表1-20　不同强度等级矿渣水泥的各龄期强度　　　　　　　MPa

品种	强度等级	抗压强度		抗折强度	
		3 d	28 d	3 d	28 d
矿渣硅酸盐水泥	32.5	≥10.0	≥32.5	≥2.5	≥5.5
	32.5R	≥15.0		≥3.5	
火山灰质硅酸盐水泥	42.5	≥15.0	≥42.5	≥3.5	≥6.5
粉煤灰硅酸盐水泥	42.5R	≥19.0		≥4.0	
复合硅酸盐水泥	52.5	≥21.0	≥52.5	≥4.0	≥7.0
	52.5R	≥23.0		≥4.5	

4. 火山灰质硅酸盐水泥

凡由硅酸盐水泥熟料、火山灰质混合材料、适量石膏磨细制成的水硬性胶凝材料称为火山灰质硅酸盐水泥。火山灰质硅酸盐水泥的代号及组分见表1-21。

表1-21　火山灰质硅酸盐水泥的代号及组分　　　　　　　　%

代号	组分				
	熟料+石膏	粒化高炉矿渣	火山灰质混合材料	粉煤灰	石灰石
P·P	≥60且<80	—	>20且≤40	—	—

（1）火山灰质硅酸盐水泥的化学指标见表1-22。

表1-22　火山灰质硅酸盐水泥的化学指标　　　　　　　　　%

品种	代号	不溶物（质量分数）	烧失量（质量分数）	三氧化硫（质量分数）	氧化镁（质量分数）	氯离子（质量分数）
火山灰质硅酸盐水泥	P·P	—	—	≤3.5	≤6.0[①]	≤0.06[②]
粉煤灰硅酸盐水泥	P·F	—	—			
复合硅酸盐水泥	P·C	—	—			

①如果水泥中氧化镁的含量（质量分数）大于6.0%，需进行水泥压蒸安定性试验并合格。
②当有更低要求时，该指标由买卖双方确定。

（2）细度（选择性指标）。以筛余表示，其80 μm方孔筛筛余不大于10%或45 μm方孔筛筛余不大于30%。

（3）凝结时间。火山灰质硅酸盐水泥初凝时间不小于45 min，终凝时间不大于600 min。

（4）体积安定性。沸煮法检验必须合格。标准规定火山灰质硅酸盐水泥中MgO的含量和SO_3的含量须符合相关要求。

（5）强度等级。火山灰质硅酸盐水泥根据3 d和28 d的抗折强度和抗压强度可分为32.5、32.5R、42.5、42.5R、52.5、52.5R六个强度等级。

5. 粉煤灰硅酸盐水泥

凡由硅酸盐水泥熟料、粉煤灰、适量石膏磨细制成的水硬性胶凝材料称为粉煤灰硅酸盐水泥，简称粉煤灰水泥。粉煤灰硅酸盐水泥的代号及组分见表 1-23。

表 1-23　粉煤灰硅酸盐水泥的代号及组分　　　　　　　　　　　　　　　%

代号	组分				
	熟料 + 石膏	粒化高炉矿渣	火山灰质混合材料	粉煤灰	石灰石
P·F	≥60 且 <80	—	—	>20 且 ≤40	—

（1）粉煤灰水泥的化学指标见表 1-22。

（2）细度（选择性指标）。以筛余表示，其 80 μm 方孔筛筛余不大于 10% 或 45 μm 方孔筛筛余不大于 30%。

（3）凝结时间。粉煤灰水泥初凝时间不小于 45 min，终凝时间不大于 600 min。

（4）体积安定性。沸煮法检验必须合格。粉煤灰水泥中 MgO 的含量和 SO_3 的含量须符合相关要求。

（5）强度等级。粉煤灰水泥根据 3 d 和 28 d 的抗折强度和抗压强度可分为 32.5、32.5R、42.5、42.5R、52.5、52.5R 六个强度等级。

6. 复合硅酸盐水泥

凡由硅酸盐水泥熟料、规定的混合材料、适量石膏磨细制成的水硬性胶凝材料称为复合硅酸盐水泥，简称复合水泥。复合硅酸盐水泥的代号及组分见表 1-24。

表 1-24　复合硅酸盐水泥的代号及组分　　　　　　　　　　　　　　　%

代号	组分				
	熟料 + 石膏	粒化高炉矿渣	火山灰质混合材料	粉煤灰	石灰石
P·C	≥50 且 <80	>20 且 ≤50			

（1）复合硅酸盐水泥的化学指标见表 1-22。

（2）细度（选择性指标）。以筛余表示，其 80 μm 方孔筛筛余不大于 10% 或 45 μm 方孔筛筛余不大于 30%。

（3）凝结时间。复合水泥初凝时间不小于 45 min，终凝时间不大于 600 min。

（4）体积安定性。用沸煮法检验必须合格。复合水泥中 MgO 的含量和 SO_3 的含量须符合相关要求。

（5）强度等级。复合水泥根据 3 d 和 28 d 的抗折强度和抗压强度可分为 32.5、32.5R、42.5、42.5R、52.5、52.5R 六个强度等级。

（二）铝酸盐水泥

铝酸盐水泥是指以钙质和铝质为主要原料，按适当比例配制成生料，经煅烧至全部或部分熔融，得到以铝酸钙为主要矿物组成的产物，经磨细制成的水硬性胶凝材料，代号为 CA。

（1）铝酸盐水泥分类。铝酸盐水泥按 Al_2O_3 的含量（质量分数）可分为四类，即 CA50（$50\% \leqslant Al_2O_3 < 60\%$）、CA60（$60\% \leqslant Al_2O_3 < 68\%$）、CA70（$68\% \leqslant Al_2O_3 < 77\%$）、CA80（$Al_2O_3 \geqslant 77\%$）。

（2）铝酸盐水泥的矿物组成。铝酸盐水泥的主要矿物组成为铝酸一钙（$CaO \cdot Al_2O_3$，简写为 CA，其含量约占 70%）、二铝酸一钙（$CaO \cdot 2Al_2O_3$，简写为 CA_2）和硅铝酸二钙（$2CaO \cdot Al_2O_3 \cdot SiO_2$，简写为 C_2AS），有时还含有很少量硅酸二钙（$2CaO \cdot SiO_2$，简写为 C_2S）和其他铝酸盐等。由于水泥中 Al_2O_3 的含量较高，通常又称为高铝水泥。

（3）铝酸盐水泥的特性。

1）快硬早强，后期强度下降。铝酸盐水泥加水后，迅速与水发生水化反应。其 1 d 强度可达到极限强度的80%左右，在低温环境下（5~10 ℃）能很快硬化，强度高，而在温度超过30 ℃的环境下，强度反而下降。因此，铝酸盐水泥适用于紧急抢修、低温季节施工、早期强度要求高的特殊工程。不宜在高温季节施工。

2）耐热性强。铝酸盐水泥有较高的耐热性，如采用耐火粗集料、细集料（如铬铁矿等）可制成使用温度达 1 300~1 400 ℃的耐热混凝土。

3）水化热高，放热快。水化热高，且放热速度快，1 d 内即可放出水化热总量的70%~80%，因此，铝酸盐水泥适用于冬期施工的混凝土工程，不宜用于大体积混凝土工程。

4）耐硫酸盐腐蚀性强。铝酸盐水泥水化生成铝胶，硬化后水泥石结构密实，抗渗性好。产物不含氢氧化钙和水化铝酸三钙，耐水、酸、盐溶液，具有很高的抗硫酸盐性和抗海水的侵蚀能力，甚至比抗硫酸盐水泥还好，适用于受软水、海水和酸性水腐蚀及受硫酸盐腐蚀的工程。

5）耐碱性差。铝酸盐水泥与硅酸盐水泥或石灰等析出 Ca（OH）₂ 的材料混合使用，不但发生闪凝无法施工，而且生成高碱性水化铝酸钙，使混凝土开裂破坏。因此，施工时除不得与石灰和硅酸盐水泥混合外，也不得与尚未硬化的硅酸盐水泥接触使用。铝酸盐水泥耐碱性极差，与碱性溶液接触，甚至在混凝土集料内含有少量碱性化合物，都会引起不断侵蚀。因此，不得将其用于接触碱性溶液的工程。

（三）其他品种的水泥

1. 砌筑水泥

凡由一种或一种以上的水泥混合材料，加入适量硅酸盐水泥熟料和石膏，经磨细制成的工作性能较好的水硬性胶凝材料，称为砌筑水泥，代号 M。砌筑水泥主要用于砌筑和抹面砂浆、垫层混凝土等，不应用于结构混凝土。

砌筑水泥可分为12.5、22.5和32.5三个强度等级。不同强度等级的砌筑水泥各龄期强度应符合表1-25的规定。

砌筑水泥中三氧化硫含量不大于3.5%，其细度应用 80 μm 方孔筛筛余不大于10.0%。砌筑水泥的初凝时间不早于 60 min，终凝时间不迟于 720 min。砌筑水泥安定性应经沸煮法检验合格。其保水率应不低于80%。

表 1-25 不同强度等级的砌筑水泥各龄期强度   MPa

水泥等级	抗压强度/MPa			抗折强度 MPa		
	3 d	7 d	28 d	3 d	7 d	28 d
12.5	—	≥7.0	≥12.5	—	≥1.5	≥3.0
22.5	—	≥10.0	≥22.5	—	≥2.0	≥4.0
32.5	≥10.0	—	≥32.5	≥2.5	—	≥5.5

2. 道路硅酸盐水泥

道路硅酸盐水泥是指由道路硅酸盐水泥熟料、适量石膏、加入规定的一些特殊材料磨细制成的水硬性胶凝材料,简称道路水泥,代号 P·R。

道路水泥抗折性高,耐磨性、抗冲击性、抗冻性好,干缩率小,抗硫酸盐腐蚀较强,适用于道路路面、机场跑道、城市人流较多的广场等面层混凝土工程中。

3. 硫铝酸盐水泥

硫铝酸盐水泥是指以适当成分的生料,经煅烧所得以无水硫铝酸钙和硅酸二钙为主要矿物成分的水泥熟料掺加不同量的石灰石、适量石膏共同磨细制成,具有水硬性的胶凝材料。

硫铝酸盐水泥可分为快硬硫铝酸盐水泥、低碱度硫铝酸盐水泥、自应力硫铝酸盐水泥三种。

(1) 快硬硫铝酸盐水泥:是指由适当成分的硫铝酸盐水泥熟料和少量石灰石、适量石膏共同磨细制成的,具有早期强度高的水硬性胶凝材料,代号 R·SAC。

(2) 低碱度硫铝酸盐水泥:是指由适当成分的硫铝酸盐水泥熟料和较多量石灰石、适量石膏共同磨细制成的,具有碱度低的水硬性胶凝材料,代号 L·SAC。

(3) 自应力硫铝酸盐水泥:是指由适当成分的硫铝酸盐水泥熟料加入适量石膏磨细制成的,具有膨胀性的水硬性胶凝材料,代号 S·SAC。

硫铝酸盐水泥系列单独使用或配合 ZB 型硫铝酸盐水泥专用外加剂使用,广泛应用于抢修抢建工程、预制构件、GRC 制品、低温施工工程、抗海水腐蚀工程等。

4. 白色与彩色硅酸盐水泥

(1) 白色硅酸盐水泥:是指由氧化铁含量少的硅酸盐水泥熟料、适量石膏及规定的混合材料磨细制成的水硬性胶凝材料,简称白水泥,代号 P·W。

白色硅酸盐水泥具有强度高、色泽洁白等特点,在建筑装饰工程中常用来配制彩色水泥浆,用于建筑物内、外墙的粉刷及天棚、柱子的粉刷,还可以用于贴面装饰材料的勾缝处理,配制各种彩色砂浆用于抹灰,如常用于水刷石、斩假石等。可以模仿天然石材的色彩、质感,具有较好的装饰效果,还可以配制彩色混凝土,制作彩色水磨石等。

(2) 彩色硅酸盐水泥:是指由硅酸盐水泥热料及适量石膏(或白色硅酸盐水泥)、混合材料及着色剂磨细或混合制成的带有色彩的水硬性胶凝材料。

三、建筑砂浆

建筑砂浆是由胶凝材料、细集料、掺合料、水和外加剂配制而成的建筑工程材料。在建筑工程中起粘结、衬垫和传递应力的作用。砂浆的种类很多，根据用途不同可分为砌筑砂浆、抹面砂浆及其他建筑砂浆。

1. 砌筑砂浆

砌筑砂浆一般可分为水泥砂浆、混合砂浆、石灰砂浆及其他砂浆。

砌筑砂浆起到粘结砖、石及砌块构成砌体，传递荷载，并使应力的分布较为均匀，起到协调变形的作用，是砌体的重要组成部分。按《砌筑砂浆配合比设计规程》（JGJ/T 98—2010）的规定，砌筑砂浆需符合以下技术条件：

（1）水泥砂浆及预拌砌筑砂浆的强度等级为 M5、M7.5、M10、M15、M20、M25、M30；水泥混合砂浆的强度等级为 M5、M7.5、M10、M15。

（2）砌筑砂浆拌合物的表观密度宜符合表 1-26 的规定。

表 1-26　砌筑砂浆拌合物的表观密度　　　　　　kg/m³

砂浆种类	表观密度
水泥砂浆	≥1 900
水泥混合砂浆	≥1 800
预拌砌筑砂浆	≥1 800

（3）砌筑砂浆的稠度、保水率、试配抗压强度应同时满足要求。

（4）砌筑砂浆的施工稠度宜按表 1-27 选用。

表 1-27　砌筑砂浆的施工稠度　　　　　　mm

砌筑种类	施工稠度
烧结普通砖砌体、粉煤灰砖砌体	70～90
混凝土砖砌体、普通混凝土小型空心砌块砌体、灰砂砖砌体	50～70
烧结多孔砖砌体、烧结空心砖砌体、轻集料混凝土小型空心砌块砌体、蒸压加气混凝土砌块砌体	60～80
石砌体	30～50

（5）砌筑砂浆的保水率应符合表 1-28 的规定。

表 1-28　砌筑砂浆的保水率　　　　　　%

砂浆种类	保水率
水泥砂浆	≥80
水泥混合砂浆	≥84
预拌砌筑砂浆	≥88

（6）有抗冻性要求的砌体工程，砌筑砂浆应进行冻融试验。砌筑砂浆的抗冻性应符合表 1-29 的规定，且当设计对抗冻性有明确要求时，还应符合设计规定。

表 1-29 砌筑砂浆的抗冻性

使用条件	抗冻指标	质量损失率/%	强度损失率/%
夏热冬暖地区	F15		
夏热冬冷地区	F25	≤5	≤25
寒冷地区	F35		
严寒地区	F50		

（7）砌筑砂浆中的水泥和石灰膏、电石膏等材料的用量可按表 1-30 选用。

表 1-30 砌筑砂浆中水泥和石灰膏、电石膏等材料的用量　　　　　　　$kg \cdot m^{-3}$

砂浆种类	材料用量
水泥砂浆	≥200
水泥混合砂浆	≥350
预拌砌筑砂浆	≥200

注：1. 水泥砂浆中的材料用量是指水泥用量。

2. 水泥混合砂浆中的材料用量是指水泥和石灰膏、电石膏的材料总量。

3. 预拌砌筑砂浆中的材料用量是指胶凝材料用量，包括水泥和替代水泥的粉煤灰等活性矿物掺合料。

（8）砌筑砂浆中可掺入保水增稠材料、外加剂等，掺量应经试配后确定。

（9）砌筑砂浆试配时应采用机械搅拌。搅拌时间应自开始加水算起，并应符合下列规定：

1）对水泥砂浆和水泥混合砂浆，搅拌时间不得少于 120 s；

2）对预拌砌筑砂浆和掺有粉煤灰、外加剂、保水增稠材料等的砂浆，搅拌时间不得少于 180 s。

2. 抹面砂浆

抹面砂浆包括普通抹面砂浆、装饰抹面砂浆、特种砂浆（如防水砂浆、耐酸砂浆、绝热砂浆、吸声砂浆等）。

（1）普通抹面砂浆。普通抹面砂浆的功能是保护建筑物不受风、雨、雪和大气中有害气体的侵蚀，提高砌体的耐久性并使建筑物保持光洁，增加美观。

普通抹灰砂浆所用材料主要有水泥、石灰、石膏、黏土及砂等。

水泥多为普通硅酸盐及矿渣硅酸盐水泥。石灰为熟石灰，且应含有未熟化颗粒。通常是将生石灰熟化 15 d 后过筛而得。石膏应为磨细石膏，且应满足建筑石膏的凝结时间要求。黏土应为砂黏土，砂最好为中砂，其细度模数为 2.3~3.0，也可用中砂、粗砂混合物及膨胀珍珠岩砂等。

抹灰砂浆中有时还掺入麻丝，麻丝长度为 2~3 cm。与砌筑砂浆相比，抹面砂浆具有以下特点：

1）抹面层不承受荷载。

2）抹面层与基底层要有足够的粘结强度，使其在施工中或长期自重和环境作用下不脱落、不开裂。

3）抹面层多为薄层，并分层涂抹，面层要求平整、光洁、细致、美观。

4）多用于干燥环境，大面积暴露在空气中。

（2）装饰砂浆。涂抹在建筑物内、外表面，具有美化装饰、改善功能、保护建筑物等功能的抹灰砂浆称为装饰砂浆。

装饰砂浆所采用的胶凝材料有普通水泥、矿渣水泥、火山灰质水泥和白色硅酸盐水泥、彩色硅酸盐水泥，或在常用的水泥中掺加耐碱矿物颜料配成彩色硅酸盐水泥及石灰、石膏等。集料常采用大理石、花岗岩等带颜色的细石碴或玻璃、陶瓷碎粒。

3. 其他建筑砂浆

（1）防水砂浆。防水砂浆是一种制作防水层的抗渗性高的砂浆。砂浆防水层又称刚性防水层，适用于不受振动和具有一定刚度的混凝土或砖石砌体工程。其适用于地下室、水塔、水池、储液罐等的防水。

防水砂浆可以用普通水泥砂浆制作，也可以在水泥砂浆中掺入防水剂制得。水泥砂浆的配合比一般为水泥：砂 = 1:2.5，水胶比应控制在 0.50~0.60，并应选用强度等级在 42.5 级及以上的普通硅酸盐水泥和级配良好的中砂。

在水泥砂浆中掺入防水剂，可以促使砂浆结构密实，或者堵塞毛细孔。常用的防水剂有氯化物金属盐类防水剂、金属皂类防水剂和水玻璃类防水剂。

防水砂浆的防渗效果，在很大程度上取决于施工质量。一般采用五层做法，每层约为 5 mm，每层在初凝前压实一遍，最后一遍要压光，并精心养护。

（2）保温砂浆。保温砂浆又称绝热砂浆，是采用水泥、石灰、石膏等胶凝材料与膨胀珍珠岩或膨胀蛭石、陶砂等轻质多孔集料按一定比例配合制成的砂浆。保温砂浆具有轻质、保温隔热、吸声等性能。其导热系数为 0.07~0.10 W/（m·K），可用于屋面保温层、保温墙壁及供热管道保温层等处。常用的保温砂浆有水泥膨胀珍珠岩砂浆、水泥膨胀蛭石砂浆、水泥石灰膨胀蛭石砂浆等。

（3）吸声砂浆。一般由轻质多孔集料制成的保温砂浆都具有吸声性能。另外，吸声砂浆也可以用水泥、石膏、砂、锯末（体积比为 1:1:3:5）配制，或者在石灰、石膏砂浆中掺入玻璃纤维、矿棉等松软纤维材料配制。吸声砂浆主要用于室内墙壁和顶棚的吸声。

（4）耐酸砂浆。用水玻璃与氟硅酸钠拌制而成的耐酸砂浆，有时可以加入石英岩、花岗岩、铸石等粉状细集料。水玻璃硬化后具有很好的耐酸性能。耐酸砂浆可用于耐酸地面、耐酸容器基座，以及工业生产中与酸接触的结构部位。在某些有酸雨腐蚀的地区，对建筑物进行外墙装修时，应采用这种耐酸砂浆，对提高建筑物的耐酸雨腐蚀有一定的作用。

（5）防射线砂浆。在水泥砂浆中掺入重晶石粉、重晶石砂，可配制有防 X 射线、γ 射线能力的砂浆。其质量配合比为水泥：重晶石粉：重晶石砂 = 1∶0.25∶（4～5）。例如，在水泥中掺入硼砂、硼化物等，可以配制具有抗中子射线的防射线砂浆。厚重、气密、不易开裂的砂浆，也可阻止地基中土壤或岩石里的氡（具有放射性的惰性气体）向室内迁移或流动。

（6）膨胀砂浆。在水泥砂浆中加入膨胀剂或使用膨胀水泥，可以配制膨胀砂浆。膨胀砂浆具有一定的膨胀特性，可以补充一般水泥砂浆由于收缩而产生的干缩开裂。膨胀砂浆还可以在修补工程和装配式墙板工程中应用，靠其膨胀作用而填充缝隙，以达到粘结密封的目的。

四、钢材

目前，钢材已成为最重要的一种工业建筑材料，其生产量和消费量都非常大。

（一）钢材的分类

（1）按建筑用途分类。按建筑用途分类，钢材可分为碳素结构钢、焊接结构耐候钢、高耐候性结构钢和桥梁用结构钢等专用结构钢。在建筑结构中，较为常用的是碳素结构钢和桥梁用结构钢。

（2）按化学成分分类。按化学成分的不同，还可以将钢分为碳素钢和合金钢两大类。

1）碳素钢。碳素钢是指含碳量小于 1.35%（0.1%～1.2%），含锰量不大于 1.2%，含硅量不大于 0.4%，并含有少量硫磷杂质的铁碳合金。根据钢材含碳量的不同，可以将钢划分为以下三种：

①低碳钢：碳的质量分数小于 0.25% 的钢。

②中碳钢：碳的质量分数为 0.25%～0.60% 的钢。

③高碳钢：碳的质量分数大于 0.60% 的钢。

另外，碳含量小于 0.02% 的钢又称为工业纯铁。建筑钢结构主要使用碳素钢。

2）合金钢。在碳素钢中加入一种或两种合金元素以提高性能的钢，称为合金钢。根据钢中合金元素含量的多少，可分为以下三种：

①低合金钢：合金元素总的质量分数小于 5% 的钢。

②中合金钢：合金元素总的质量分数为 5%～10% 的钢。

③高合金钢：合金元素总的质量分数大于 10% 的钢。

根据钢中所含合金元素种类的多少，又可分为二元合金钢、三元合金钢及多元合金钢等钢种，如锰钢、铬钢、硅锰钢、铬锰钢、铬钼钢等。

（3）按品质分类。根据钢中所含有害杂质的多少，工业用钢通常可分为普通钢、优质钢和高级优质钢三大类。

1）普通钢。一般硫含量不超过 0.050%，但对酸性转炉钢的硫含量可适当放宽，属于这类的如普通碳素钢。普通碳素钢按技术条件又可分为以下三种：

①甲类钢：只保证机械性能的钢。

②乙类钢：只保证化学成分，但不必保证机械性能的钢。

③特类钢：既保证化学成分，又保证机械性能的钢。

2）优质钢。在结构钢中，硫含量不超过0.045%，碳含量不超过0.040%；在工具钢中硫含量不超过0.030%，碳含量不超过0.035%。对于其他杂质，如铬、镍、铜等的含量都有一定的限制。

3）高级优质钢。属于这一类的一般都是合金钢。钢中硫含量不超过0.020%，碳含量不超过0.030%，对其他杂质的含量要求更加严格。

（3）按外形分类。按外形分类，可以将钢分为型材、板材、管材、金属制品四大类，见表1-31。其中，建筑钢结构中使用最多的是型材和板材。

表1-31　钢材的分类

类别	品种	说明
型材	重轨	每米质量大于30 kg的钢轨（包括起重机轨）
	轻轨	每米质量小于或等于30 kg的钢轨
	大型型钢	普通圆钢、方钢、扁钢、六角钢、工字钢、槽钢、等边和不等边角钢及螺纹钢等。按尺寸大小可分为大型、中型、小型
	中型型钢	
	小型型钢	
	线材	直径5~10 mm的圆钢和盘条
	冷弯型钢	将钢材或钢带冷弯成型制成的型钢
	优质型材	优质圆钢、方钢、扁钢、六角钢等
	其他钢材	包括重轨配件、车轴坯、轮箍等
板材	薄钢板	厚度≤4 mm的钢板
	厚钢板	厚度>4 mm的钢板，可分为中板（4 mm<厚度<20 mm）、厚板（20 mm<厚度<60 mm）、特厚板（厚度>60 mm）
	钢带	也称带钢，实际上是长而窄并成卷供应的薄钢板
管材	无缝钢管	用热轧-冷拔或挤压等方法生产的管壁无接缝的钢管
	焊接钢管	将钢板或钢带卷曲成型，然后焊接制成的钢管
金属制品	金属制品	包括钢丝、钢丝绳、钢绞线等

（二）钢材的组成与性能

1. 钢材的化学成分

钢是碳含量小于2.11%的铁碳合金，钢中除铁和碳外，还含有硅、锰、硫、磷、氮、氧、氢等元素，这些元素是原料或冶炼过程中代入的，称为长存元素。为了适应某些使用要求，特意提高硅、锰的含量或特意加进铬、镍、钨、钼、钒等元素，这些特意加进的或提高含量的元素称为合金元素。

2. 钢材的力学性能

（1）屈服强度。对于不可逆（塑性）变形开始出现时金属单位截面上的最低作用外力，定义为屈服强度或屈服点。

钢材在单向均匀拉力作用下，根据应力-应变（σ-ε）曲线图（图1-10），可分为弹性、弹塑性、屈服、强化四个阶段。

钢结构强度校核时，根据荷载计算的应力小于材料的容许应力 $[\sigma_s]$ 时，结构是安全的。容许应力 $[\sigma_s]$ 可用下式计算：

$$[\sigma_s] = \frac{\sigma_s}{K}$$

式中 σ_s——材料屈服强度；

   K——安全系数。

屈服强度是作为强度计算和确定结构尺寸的最基本参数。

（2）抗拉强度。钢材的抗拉强度表示能承受的最大拉应力值（图1-10中的 E 点）。在建筑钢结构中，以规定抗拉强度的上限、下限作为控制钢材冶金质量的一个手段。

1）如抗拉强度太低，意味着钢材的生产工艺不正常，冶金质量不良（钢中气体、非金属夹杂物过多等）；抗拉强度过高，则反映轧钢工艺不当，终轧温度太低，使钢材过分硬化，从而引起钢材塑性、韧性的下降。

2）钢材强度的上限、下限就可以使钢材与钢材之间、钢材与焊缝之间的强度较为接近，使结构具有等强度的要求，避免因材料强度不均而产生过度的应力集中。

3）控制抗拉强度范围还可以避免因钢材的强度过高而给冷加工和焊接带来困难。由于钢材应力超过屈服强度后出现较大的残余变形，在结构中不能正常使用，因此，钢结构设计是以屈服强度作为承载力极限状态的标志值。相应的，在一定程度上的抗拉强度即作为强度储备。其储备率可用抗拉强度与屈服强度的比值强屈比（f_u/f_y）表示，强屈比越大则强度储备越大。所以，钢材除要符合屈服强度要求外，还应符合抗拉强度的要求。

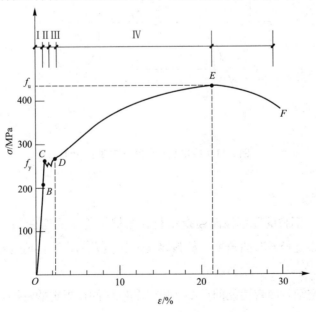

图1-10 低碳钢的应力－应变（σ-ε）曲线图

（3）断后伸长率。断后伸长率是钢材加工工艺性能的重要指标，并显示钢材冶金质量的好坏。伸长率是衡量钢材塑性及延性性能的指标。断后伸长率越大，表示塑性及延性性能越好，钢材断裂前永久塑性变形和吸收能量的能力越强。对建筑结构钢的 δ_5 要求应为 16% ~ 23%。钢材的断后伸长率太低，可能是钢材的冶金质量不好所致；伸长率太高，则可能引起钢材的强度、韧性等其他性能的下降。随着钢的屈服强度等级的提高，断后伸长率的指标可以有少许降低。

（4）耐疲劳性。钢筋混凝土构件在交变荷载的反复作用下，往往在应力远小于屈服点时，发生突然的脆性断裂，这种现象叫作疲劳破坏。

（5）冲击韧性。钢材的冲击韧性是衡量钢材断裂时所做功的指标，以及在低温、应力集中、冲击荷载等作用下，衡量抵抗脆性断裂的能力。钢材中的非金属夹杂物、脱氧不良等都将影响其冲击韧性。为了保证钢结构建筑物的安全，防止低应力脆性断裂，建筑结构钢还必须具有良好的韧性。目前，关于钢材脆性破坏的试验方法较多，冲击试验是最简便的检验钢材缺口韧性的试验方法，也是作为建筑结构钢的验收试验项目之一。

钢材的冲击韧性采用 V 形缺口的标准试件，如图 1-11 所示。冲击韧性指标用冲击荷载使试件断裂时所吸收的冲击功 A_{KV} 表示，单位为 J。

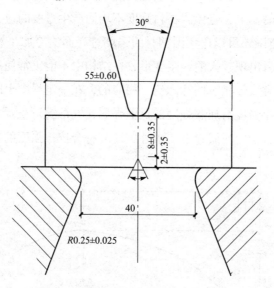

图 1-11　冲击试验示意（单位：cm）

3. 钢材的工艺性能

（1）冷弯性能。钢材的冷弯性能是指钢材在常温下能承受弯曲而不破裂的能力。钢材的弯曲程度常用弯心直径或弯曲角度与材料厚度的比值表示，该比值越小，钢材的冷弯性能越好。

冷弯试验是测定钢材冷弯性能的重要手段。其以试件在规定的弯心直径下弯曲到一定角度不出现裂纹、断裂或分层等缺陷为合格标准。在试验钢材冷弯性能的同时，也可以检验钢材的冶金质量。在冷弯试验中,钢材开始出现裂纹时的弯曲角度及裂纹的扩展情况显示了钢的抗裂能力,在一定程度上反映出钢的韧性。

(2)焊接性能。钢材的焊接性能是指钢材适应焊接工艺和焊接方法的能力。焊接性能好的钢材适应焊接工艺和焊接方法的能力强,可以采用常用的焊接工艺与焊接方法进行焊接。焊接性能差的钢材在焊接时,应注意焊后可能出现的变形、开裂等现象。

(三)常用钢材

1. 建筑常用的碳素结构钢

根据钢材选用的要求,我国现行的《钢结构设计标准》(GB 50017—2017)推荐采用Q235钢,其质量应符合现行国家标准《碳素结构钢》(GB/T 700—2006)的要求。

Q235钢是碳素结构钢,其钢号中的Q代表屈服强度。通常情况下,该钢不经过热处理直接进行使用。Q235钢的质量等级可分为A级、B级、C级、D级四个等级。在建筑结构中,Q235钢的化学成分、特性和用途见表1-32。

表1-32 Q235钢的化学成分、特性和用途

序号	项目	内容					
1	等级与化学成分	化学成分(质量分数)/%,不大于					
		等级	C	Si	Mn	P	S
		A	0.22	0.35	1.4	0.045	0.050
		B	0.20①				0.045
		C	0.17			0.040	0.040
		D				0.035	0.035
2	主要特性	碳含量适中,具有良好的塑性、韧性、焊接性能、冷加工性能,以及一定的强度					
3	用途	大量生产钢板、型钢、钢筋,用以建造厂房屋架、高压输电铁塔、桥梁、车辆等。其C、D级钢硫、磷含量低,相当于优质碳素结构钢,质量好,适用于制造对焊性及韧性要求较高的工程结构机械零部件,如机座、支架、受力不大的拉杆、连杆、销、轴、螺钉(母)、套圈等					
①经需方同意,Q235钢的碳含量可不大于0.22%。							

2. 低合金结构钢

根据钢材选用的要求,我国现行的《钢结构设计标准》(GB 50017—2017)推荐采用Q345、Q390、Q420和Q460钢。其质量应分别符合现行国家标准《低合金高强度结构钢》(GB/T 1591—2018)的规定。

常用的低合金结构钢中的Q345、Q390、Q420和Q460钢的牌号、化学成分及碳当量值应符合表1-33~表1-38的规定。当热机械轧制钢的碳含量不大于0.12%时,宜采用焊接裂纹敏感性指数(Pcm)代替碳当量评估钢材的可焊性,Pcm值应符合表1-38的规定。经供需双方协商,可指定采用碳当量或焊接裂纹敏感性指数评估钢材的可焊性,当未指定时,供方可任选其一。

表 1-33　热轧钢的牌号及化学成分

牌号		化学成分（质量分数）/%													
钢级	质量等级	$C^{①}$ 以下公称厚度或直径/mm 不大于		Si	Mn	$P^{③}$	$S^{⑤}$	$Nb^{④}$	$V^{⑤}$	$Ti^{⑤}$	Cr	Ni	Cu	Mo	$N^{⑥}$	B
		≤40^{②}	>40			不大于										
Q355	B	0.24		0.55	1.60	0.035	0.035	—	—	—	0.30	0.30	0.40		0.012	—
	C	0.20	0.22			0.030	0.030									
	D	0.20	0.22			0.025	0.025								—	
Q390	B	0.20		0.55	1.70	0.035	0.035	0.05	0.13	0.05	0.30	0.50	0.40	0.10	0.015	—
	C					0.030	0.030									
	D					0.025	0.025									
Q420^{⑦}	B	0.20		0.55	1.70	0.035	0.035	0.05	0.13	0.05	0.30	0.80	0.40	0.20	0.015	—
	C					0.030	0.030									
Q460^{⑦}	C	0.20		0.55	1.80	0.030	0.030	0.05	0.13	0.05	0.30	0.80	0.40	0.20	0.015	0.004

①公称厚度大于 100 mm 的型钢，碳含量可由供需双方协商确定；

②公称厚度大于 30 mm 的型钢，碳含量不大于 0.22%；

③对于型钢和棒材，其磷和硫含量上限值可提高 0.005%；

④Q390、Q420 最高可到 0.07%，Q460 最高可到 0.11%；

⑤最高可到 0.20%；

⑥如果钢中酸溶铝 Als 含量不小于 0.015% 或全铝 Alt 含量不小于 0.020%，或添加了其他固氯合金元素，氢元素含量不作限制，固氯元素应在质量证明书中注明；

⑦仅适用于型钢和棒材。

表 1-34　热轧状态交货钢材的碳当量（基于熔炼分析）

牌号		碳当量 CEV（质量分数）/% 不大于				
钢级	质量等级	公称厚度或直径/mm				
		≤30	30~63	63~150	150~250	250~400
Q355^{①}	B	0.45	0.47	0.47	0.49^{②}	—
	C					—
	D					0.49^{③}
Q390	B	0.45	0.47	0.48	—	
	C					
	D					
Q420^{④}	B	0.45	0.47	0.48	0.49^{b}	—
	C					

续表

牌号		碳当量CEV（质量分数）/% 不大于				
Q460④	C	0.47	0.49	0.49	—	—
钢级	质量等级	公称厚度或直径/mm				
		≤30	>30~63	>63~150	>150~250	>250~400

注：①当需对硅含量控制时（例如热浸镀锌涂层），为达到抗拉强度要求而增加其他元素如碳和锰的含量，表中最大碳当量值的增加应符合下列规定：

对于Si≤0.030%，碳当量可提高0.02%；

对于Si≤0.25%，碳当量可提高0.01%。

②对于型钢和棒材，其最大碳当量值可到0.54%。

③只适用于质量等级为D的钢板。

④只适用于型钢和棒材。

表1-35　正火、正火轧制的牌号及化学成分

牌号		化学成分（质量分数）/%													
钢级	质量等级	C	Si	Mn	P①	S①	Nb	V	Ti③	Cr	Ni	Cu	Mo	N	Als④
		不大于			不大于					不大于					不小于
Q355N	B	0.20	0.50	0.90~1.65	0.035	0.035	0.005~0.05	0.01~0.12	0.006~0.05	0.30	0.50	0.40	0.10	0.015	0.015
	C				0.030	0.030									
	D				0.030	0.025									
	E	0.18			0.025	0.020									
	F	0.16			0.020	0.010									
Q390N	B	0.20	0.50	0.90~1.70	0.035	0.035	0.01~0.05	0.01~0.20	0.006~0.05	0.30	0.50	0.40	0.10	0.015	0.015
	C				0.030	0.030									
	D				0.030	0.025									
	E				0.025	0.020									
Q420N	B	0.20	0.60	1.00~1.70	0.035	0.035	0.01~0.05	0.01~0.20	0.006~0.05	0.30	0.80	0.40	0.10	0.015	0.015
	C				0.030	0.030									
	D				0.030	0.025									
	E				0.025	0.020									0.025
Q460N②	C	0.20	0.60	1.00~1.70	0.030	0.030	0.01~0.05	0.01~0.20	0.006~0.05	0.30	0.80	0.40	0.10	0.015	0.015
	D				0.030	0.025									
	E				0.025	0.020									0.025

钢中应至少含有铝、铌、钒、钛等细化晶粒元素中的一种，单独或组合加入时，应保证其中至少一种合金元素含量不小于表中规定含量的下限。

牌号		化学成分（质量分数）/%												
钢级	质量等级	C	Si	Mn	P^a	S^a	Nb	V	Ti^c	Cr	Ni	Cu	Mo	N	Als^d
		不大于			不大于					不大于					不小于

①对于型钢和棒材，磷和硫含量上限值可提高 0.005%。

②V + Nb + Ti≤0.22%，Mo + Cr≤0.30%。

③最高可到 0.20%。

④可用全铝 Alt 替代，此时全铝最小含量为 0.020%。当钢中添加了铌、钒、钛等细化晶粒元素且含量不小于表 1-35 中规定含量的下限时，铝含量下限值不限。

表1-36 正火、正火轧制状态交货钢材的碳当量（基于熔炼分析）

牌号		碳当量 CEV（质量分数）/% 不大于			
钢级	质量等级	公称厚度或直径/mm			
		≤63	63 ~ 100	100 ~ 250	250 ~ 400
Q355N	B、C、D、E、F	0.43	0.45	0.45	协议
Q390N	B、C、D、E	0.46	0.48	0.49	协议
Q420N	B、C、D、E	0.48	0.50	0.52	协议
Q460N	C、D、E	0.53	0.54	0.55	协议

表1-37 热机械轧制钢的牌号及化学成分

牌号		化学成分（质量分数）/%													
钢级	质量等级	C	Si	Mn	$P^①$	$S^①$	Nb	V	$Ti^②$	Cr	Ni	Cu	Mo	N	B	$Als^③$
		不大于														不小于
Q355M	B	$0.14^④$	0.50	1.60	0.035	0.035	0.01 ~ 0.05	0.01 ~ 0.10	0.006 ~ 0.05	0.30	0.50	0.40	0.10	0.015	—	0.015
	C				0.030	0.030										
	D				0.030	0.025										
	E				0.025	0.020										
	F				0.020	0.010										
Q390M	B	$0.15^④$	0.50	1.70	0.035	0.035	0.01 ~ 0.05	0.01 ~ 0.12	0.006 ~ 0.05	0.30	0.50	0.40	0.10	0.15	—	0.015
	C				0.030	0.030										
	D				0.030	0.030										
	E				0.025	0.020										
Q420M	B	$0.16^④$	0.50	1.70	0.035	0.035	0.01 ~ 0.05	0.01 ~ 0.12	0.006 ~ 0.05	0.30	0.80	0.40	0.20	0.015	—	0.015
	C				0.030	0.030										
	D				0.030	0.025										
	E				0.025	0.020								0.025		
Q460M	C	$0.16^④$	0.60	1.70	0.030	0.030	0.01 ~ 0.05	0.01 ~ 0.12	0.006 ~ 0.05	0.30	0.80	0.40	0.20	0.015	—	0.015
	D				0.030	0.025										
	E				0.025	0.020								0.025		

续表

牌号		化学成分（质量分数）/%														
钢级	质量等级	C	Si	Mn	P①	S①	Nb	V	Ti②	Cr	Ni	Cu	Mo	N	B	Als③
					不大于											不小于
Q500M	C	0.18	0.60	1.80	0.030	0.030	0.01~0.11	0.01~0.12	0.006~0.05	0.60	0.80	0.55	0.20	0.015	0.004	0.015
	D				0.030	0.025										
	E				0.025	0.020								0.025		
Q550M	C	0.18	0.60	2.00	0.030	0.030	0.01~0.11	0.01~0.12	0.006~0.05	0.80	0.80	0.80	0.30	0.015	0.004	0.015
	D				0.030	0.025										
	E				0.025	0.020								0.025		
Q620M	C	0.18	0.60	2.60	0.030	0.030	0.01~0.11	0.01~0.12	0.006~0.05	1.00	0.80	0.80	0.30	0.015	0.004	0.015
	D				0.030	0.025										
	E				0.025	0.020								0.025		
Q690M	C	0.18	0.60	2.00	0.030	0.030	0.01~0.11	0.01~0.12	0.006~0.05	1.00	0.80	0.80	0.30	0.015	0.004	0.015
	D				0.030	0.025										
	E				0.025	0.020								0.025		

钢中应至少含有铝、铌、钒、钛等细化晶粒元素中的一种，单独或组合加入时，应保证其中至少一种合金元素含量不小于表中规定含量的下限。

①对于型钢和棒材，磷和硫含量上限值可提高 0.005%。

②最高可到 0.20%。

③可用全铝 Alt 替代，此时全铝最小含量为 0.020%。当钢中添加了铌、钒、钛等细化晶粒元素且含量不小于表中规定含量的下限时，铝含量下限值不限。

④对于型钢和棒材，Q355M、Q390M、Q420M 和 Q460M 的最大碳含量可提高 0.02%。

表 1-38　热机械轧制或热机械轧制加回火状态交货钢材的碳当量及焊接裂纹敏感性指数（基于熔炼分析）

牌号		碳当量 CEV（质量分数）/% 不大于					焊接裂纹敏感性指数 Pcm
钢级	质量等级	公称厚度或直径/mm					（质量分数）/% 不大于
		≤16	>16~40	>40~63	>63~120	>120~150①	
Q355M	B、C、D、E、F	0.39	0.39	0.40	0.45	0.45	0.20
Q390M	B、C、D、E	0.41	0.43	0.44	0.46	0.46	0.20
Q420M	B、C、D、E	0.43	0.45	0.46	0.47	0.47	0.20
Q460M	C、D、E	0.45	0.46	0.47	0.48	0.48	0.22
Q500M	C、D、E	0.47	0.47	0.47	0.48	0.48	0.25
Q550M	C、D、E	0.47	0.47	0.47	0.48	0.48	0.25
Q620M	C、D、E	0.48	0.48	0.48	0.49	0.49	0.25
Q690M	C、D、E	0.49	0.49	0.49	0.49	0.49	0.25

①适用于棒材。

3. 建筑用型钢

（1）尺寸、外形及允许偏差。常用型钢主要有角钢、工字钢、槽钢、H 型钢、圆（方）钢、钢管等，如图 1-12 所示。型钢的尺寸、外形及允许偏差应符合表 1-39、表 1-40 的规定，根据需方要求，型钢的尺寸、外形及允许偏差也可以按照供需双方协议规定。工字钢的腿端外缘钝化、槽钢的腿端外缘和肩钝化不应使直径等于 $0.18t$ 的圆棒通过；角钢的边端外角和顶角钝化不应使直径等于 $0.18t$ 的圆棒通过。工字钢、槽钢的外缘斜度和弯腰挠度、角钢的顶端直角在距离端头不小于 750 mm 处检查。工字钢、槽钢的腿中间厚度（t）的允许偏差为 $\pm0.06t$，型钢不应有明显的扭转。

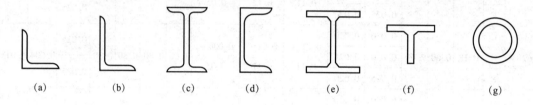

图 1-12　热轧型钢截面

（a）等边角钢；（b）不等边角钢；（c）工字钢；

（d）槽钢；（e）H 型钢；（f）T 型钢；（g）圆钢

表 1-39　工字钢和槽钢尺寸、外形及允许偏差　　　　　mm

项目		允许偏差	图示
高度 （h）	$h < 100$	±1.5	
	$100 \leq h < 200$	±2.0	
	$200 \leq h < 400$	±3.0	
	$h \geq 400$	±4.0	
腿宽度 （b）	$h < 100$	±1.5	
	$100 \leq h < 150$	±2.0	
	$150 \leq h < 200$	±2.5	
	$200 \leq h < 300$	±3.0	
	$300 \leq h < 400$	±3.5	
	$h \geq 400$	±4.0	
腰厚度 （d）	$h < 100$	±0.4	
	$100 \leq h < 200$	±0.5	
	$200 \leq h < 300$	±0.7	
	$300 \leq h < 400$	±0.8	
	$h \geq 400$	±0.9	

项目		允许偏差	图示
外缘斜度 (T_1、T_2)		T_1、$T_2 \leqslant 1.5\% b$ $T_1 + T_2 \leqslant 2.5\% b$	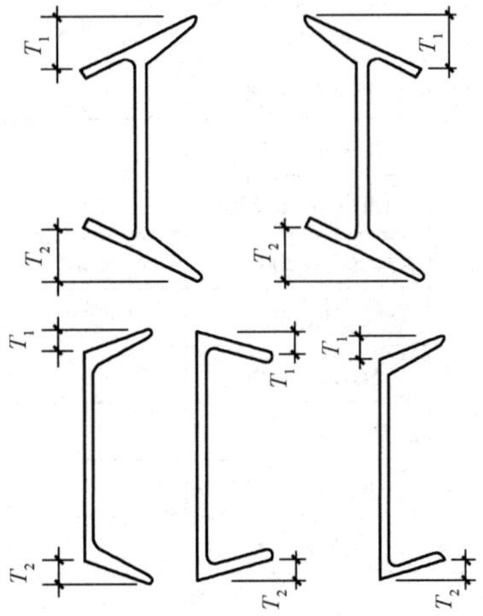
弯腰挠度 (W)		$W \leqslant 0.15d$	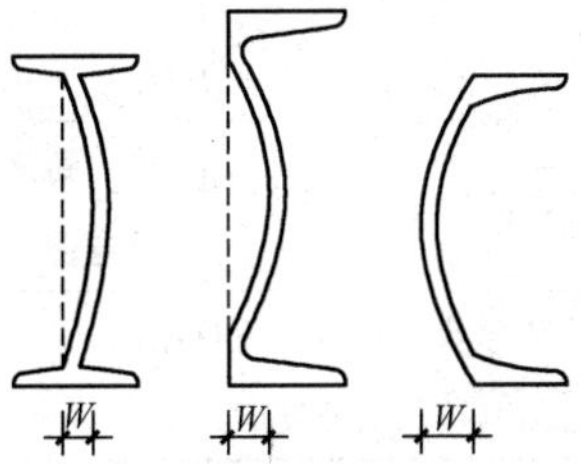
弯曲度	工字钢	每米弯曲度≤2 mm 总弯曲度≤总长度的0.20%	适用于上下、左右大弯曲
	槽钢	每米弯曲度≤3 mm 总弯曲度≤总长度的0.30%	
中心偏差 (S)	工字钢	$h < 100$	± 1.5	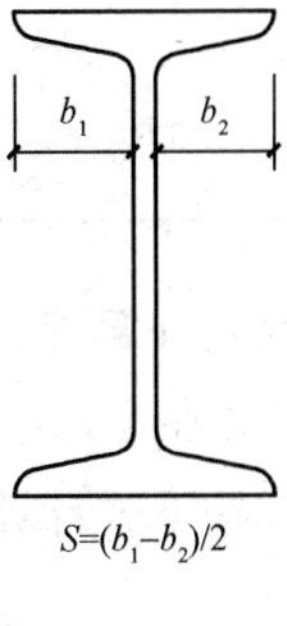 $S=(b_1-b_2)/2$
		$100 \leqslant h < 150$	± 2.0	
		$150 \leqslant h < 200$	± 2.5	
		$200 \leqslant h < 300$	± 3.0	
		$300 \leqslant h < 400$	± 3.5	
		$h \geqslant 400$	± 4.0	
注：尺寸和形状的测量部位见图示。			

表 1-40　角钢尺寸、外形及允许偏差　　　　　　　　　　　　mm

项目		允许偏差		图示
		等边角钢	不等边角钢	
边宽度 （B、b）	$b^* \leq 56$	±0.8	±0.8	
	$56 < b^* \leq 90$	±1.2	±1.5	
	$90 < b^* \leq 140$	±1.8	±2.0	
	$140 < b^* \leq 200$	±2.5	±2.5	
	$b^* > 200$	±3.5	±3.5	
边厚度 （d）	$b^* \leq 56$	±0.4		
	$56 < b^* \leq 90$	±0.6		
	$90 < b^* \leq 140$	±0.7		
	$140 < b^* \leq 200$	±1.0		
	$b^* > 200$	±1.4		
顶端直角		$a \leq 50^*$		
弯曲度		每米弯曲度≤3 mm 总弯曲度≤总长度的0.30%		适用于上下、左右大弯曲

注：尺寸和形状的测量部位见图示。

　　* 不等边角钢按长度宽度 B。

　　（2）长度及允许偏差。型钢的交货长度应在合同中注明，其长度允许偏差应符合表 1-41 规定。

表 1-41　型钢的长度允许偏差　　　　　　　　　　　　mm

长度	允许偏差
≤8 000	+50 0
>8 000	+80 0

　　（3）重量及允许偏差。型钢应按理论重量交货，理论重量按密度为 7.85 g/cm^3 计算。经供需双方协商并在合同中注明，也可按实际重量交货。型钢重量允许偏差不应超过 ±5%。重量偏差（%）按下式计算：

$$重量偏差 = \frac{实际重量 - 理论重量}{理论重量} \times 100\%$$

　　重量允许偏差适用于同一尺寸且质量超过 1 t 的一批，当一批同一尺寸的质量不大于 1 t 但根数大于 10 根时也适用。型钢的截面面积计算公式见表 1-42。

表 1-42 型钢的截面面积计算方法

型钢种类	计算公式
工字钢	$hd + 2t(b-d) + 0.577(r^2 - r_t^2)$
槽钢	$hd + 2t(b-d) + 0.339(r^2 - r_1^2)$
等边角钢	$d(2b-d) + 0.215(r^2 - r_1^2)$
不等边角钢	$d(B+b-d) + 0.215(r^2 - r_t^2)$

（4）表面质量。

1）型钢表面不应有裂缝、折叠、结疤、分层和夹杂。

2）型钢表面允许有局部发纹、凹坑、麻点、划痕和氧化薄钢板压入等缺陷存在，但不应超出型钢尺寸的允许偏差。

3）型钢表面缺陷允许清除，清除处应圆滑无棱角，但不应进行横向清除。清除宽度不应小于清除深度的五倍，清除后的型钢尺寸不应超出尺寸的允许偏差。

4）型钢端部不应有大于 5 mm 的毛刷。

5）根据供需双方协议，表面质量也可按《热轧型钢表面质量一般要求》（YB/T 4427—2014）的规定执行。

4. 建筑用钢板

建筑钢结构使用的钢板（钢带）根据轧制方法可分为冷轧板和热轧板。其中，热轧钢板是建筑钢结构中应用最多的钢材之一。

钢板和钢带的不同主要体现在其成品形状上。钢板是指平板状、矩形的，可以直接轧制或由宽钢带剪切而成的板材。一般情况下，钢板是指一种宽厚比和表面积都很大的扁平钢材。钢带一般成卷交货。

（1）钢板、钢带的规格。

1）根据钢板的薄厚程度，钢板大致可分为薄钢板（厚度≤4 mm）和厚钢板（厚度>4 mm）两种。在实际工作中，常将厚度为 4~20 mm 的钢板称为中板；将厚度为 20~60 mm 的钢板称为厚板；将厚度>60 mm 的钢板称为特厚板。成张钢板的规格以符号"—"加"宽度×厚度×长度"或"宽度×厚度"的毫米数表示，如—450×10×300、—450×10。

2）钢带也可分为两种，当宽度大于或等于 600 mm 时，为宽钢带；当宽度小于 600 mm 时，为窄钢带。钢带的规格以"厚度×宽度"的毫米数表示。

（2）花纹钢板的厚度允许偏差。花纹钢板的厚度允许偏差见表 1-43。

表 1-43 花纹钢板的厚度允许偏差　　　　mm

厚度	2.5	3.0	3.5	4.0	4.5	5.0	5.5	6.0	7.0	8.0
允许偏差	±0.3	±0.3	±0.3	±0.4	±0.4	+0.4 −0.5	+0.4 −0.5	+0.5 −0.6	+0.6 −0.7	+0.6 −0.8

（3）冷轧、热轧钢板和钢带厚度允许偏差。冷轧、热轧钢板和钢带厚度允许偏差见表 1-44 和表 1-45。

表 1-44　冷轧钢板和钢带厚度允许偏差

公称厚度	允许偏差			
	A 精度		B 精度	
	公称宽度			
	≤1 500	1 500 ~ 2 000	≤1 500	1 500 ~ 2 000
0.2 ~ 0.5	±0.04	—	±0.05	—
0.5 ~ 0.65	±0.05	—	±0.06	—
0.65 ~ 0.9	±0.06	—	±0.07	—
0.9 ~ 1.1	±0.07	±0.09	±0.09	±0.11
1.1 ~ 1.2	±0.07	±0.10	±0.10	±0.12
1.2 ~ 1.4	±0.10	±0.12	±0.11	±0.14
1.4 ~ 1.5	±0.11	±0.13	±0.12	±0.15
1.5 ~ 1.8	±0.12	±0.14	±0.14	±0.16
1.8 ~ 2.0	±0.13	±0.15	±0.15	±0.17
2.0 ~ 2.5	±0.14	±0.17	±0.16	±0.18
2.5 ~ 3.0	±0.16	±0.19	±0.18	±0.20
3.0 ~ 3.5	±0.18	±0.20	±0.20	±0.21
3.5 ~ 4.0	±0.19	±0.21	±0.22	±0.24
4.0 ~ 5.0	±0.20	±0.22	±0.23	±0.25

表 1-45　热轧钢板和钢带厚度允许偏差

公称厚度	允许偏差	允许偏差									
		宽度									
		1 000 ~1 200	1 200 ~1 500	1 500 ~1 700	1 700 ~1 800	1 800 ~2 000	2 000 ~2 300	2 300 ~2 500	2 500 ~2 600	2 600 ~2 800	2 800 ~3 000
13 ~ 25	−0.8	+0.2	+0.2	+0.3	+0.4	+0.6	+0.8	+0.8	+1.0	+1.1	+1.2
25 ~ 30	−0.9	+0.2	+0.2	+0.3	+0.4	+0.6	+0.8	+0.9	+1.0	+1.1	+1.2
30 ~ 34	−1.0	+0.2	+0.3	+0.3	+0.4	+0.6	+0.8	+0.9	+1.0	+1.2	+1.3
34 ~ 40	−1.1	+0.3	+0.4	+0.5	+0.6	+0.7	+0.9	+1.0	+1.1	+1.3	+1.4
40 ~ 50	−1.2	+0.4	+0.5	+0.6	+0.7	+0.8	+1.0	+1.1	+1.2	+1.4	+1.5
50 ~ 60	−1.3	+0.6	+0.7	+0.8	+0.9	+1.0	+1.1	+1.1	+1.3	+1.3	+1.5
60 ~ 80	−1.8	—	—	+1.0	+1.0	+1.0	+1.0	+1.1	+1.8	+1.3	+1.3
80 ~ 100	−2.0	—	—	+1.2	+1.2	+1.2	+1.2	+1.3	+2.0	+1.3	+1.4
100 ~ 150	−2.2	—	—	+1.3	+1.3	+1.3	+1.4	+1.5	+2.2	+1.6	+1.6
150 ~ 200	−2.6	—	—	+1.5	+1.5	+1.5	+1.6	+1.7	+2.6	+1.7	+1.8

5. 建筑用冷弯型钢

冷弯型钢也称为钢制冷弯型材或冷弯型材，是以热轧或冷轧钢带为坯料经弯曲成型制成的各种截面形状尺寸的型钢。建筑中常用的厚度为 1.5～5 mm 薄钢板或钢带（一般采用 Q235 钢或 Q345 钢）经冷轧（弯）或模压而成的，故也称为冷弯薄壁型钢，是一种经济的截面轻型薄壁钢材，广泛用于矿山、建筑、农业机械、交通运输、桥梁、石油化工、轻工、电子等工业。

薄壁型钢的表示方法为：字母 B 或 BC 加"截面形状符号"加"长边宽度×短边宽度×卷边宽度×壁厚"，单位为"mm"。常用的截面形式有等肢角钢、卷边等肢角钢、Z 型钢、卷边 Z 型钢、槽钢、卷边槽钢（C 型钢）、钢管等，如图 1-13 所示。

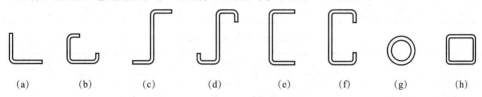

图 1-13 冷弯薄壁型钢截面

(a) 等肢角钢；(b) 卷边等肢角钢；(c) Z 型钢；
(d) 卷边 Z 型钢；(e) 槽钢；(f) 卷边槽钢；(g) 焊接薄钢管；(h) 方钢管

冷弯型钢具有以下特点：

（1）截面经济合理，节省材料。冷弯型钢的截面形状可以根据需要设计，结构合理，单位质量的截面系数高于热轧型钢。在同样负荷下，可减轻构件质量，节约材料。冷弯型钢用于建筑结构相较热轧型钢可节约金属 38%～50%，方便施工，降低综合费用。因而，其在轻钢结构中得到广泛应用。

（2）品种繁多。可以生产用一般热轧方法难以生产的壁厚均匀、截面形状复杂的各种型材和各种不同材质的冷弯型钢。产品表面光洁，外观好，尺寸精确，而且长度也可以根据需要灵活调整，全部按定尺或倍尺供应，提高材料的利用率。

（3）生产中还可以与冲孔等工序相配合，以满足不同的需要。冷弯型钢品种繁多，按截面形状分，有开口的、半闭口的和闭口的，通常生产的冷弯型钢，厚度在 6 mm 以下，宽度在 500 mm 以下。

6. 建筑用钢管

钢管是一种具有中空截面的长条形管状钢材，与圆钢等实心钢材相比，在抗弯抗扭强度相同时，重量较轻，是一种经济的钢材，广泛用于制造结构构件和各种机械零件。

钢管有无缝钢管和焊接钢管两种。无缝钢管用符号"ϕ"后面加"外径×厚度"表示，如 $\phi400\times6$ 为外径 400 mm、厚度 6 mm 的钢管。

《直缝电焊钢管》（GB/T 13793—2016）一般以钢管的外径 D、内径和壁厚 t 的毫米数标定。其壁厚和截面尺寸允许偏差见表 1-46 和表 1-47。

表 1-46 直缝电焊钢管的外径允许偏差   mm

外径（D）	普通精度（PD·A）[1]	较高精度（PD·B）	高精度（PD·C）
5～20	±0.30	±0.15	±0.05
20～35	±0.40	±0.20	±0.10
35～50	±0.50	±0.25	±0.15
50～80		±0.35	±0.25
80～114.3		±0.60	±0.40
114.3～168.3	±1%D	±0.70	±0.50
168.3～219.1		±0.80	±0.60
219.1～711		±0.75%D	±0.5%D
①不适用于带式输送机托辊用钢管。			

表 1-47 钢管壁厚允许偏差   mm

壁厚（t）	普通精度（PT·A）[1]	较高精度（PT·B）	高精度（PT·C）	壁厚不均[2]
0.50～0.70		±0.04	±0.03	
>0.70～1.0	±0.10	±0.05	±0.04	
>1.0～1.5		±0.06	±0.05	
>1.5～2.5		±0.12	±0.06	
>2.5～3.5		±0.16	±0.10	≤7.5%t
>3.5～4.5	±10%t	±0.22	±0.18	
>4.5～5.5		±0.26	±0.21	
>5.5		±7.5%t	±5.0%t	
①不适用于带式输送机托辊用钢管。				
②不适用于普通精度钢管。壁厚不均是指同一截面上实测壁厚的最大值与最小值之差。				

五、木材

纵观古建筑的发展历史，我国的古建筑以木质材料为主体，并通过历代能工巧匠的不断创造、发展而日趋完善。当今涉及环保方面的争论使建筑资源在结构方面更倾向于选择木质材料。相应的，鉴于木材对建筑生命周期评估的利好作用，建筑界对这种材料的需求与日俱增。目前，木材正向迄今为止难以企及的领域进军，即城市环境和大型的多层公寓这一领域。

建筑常用的木材包括胶合板、纤维板、刨花板和细木工板等。

1. 胶合板

胶合板是指用原木旋切成薄片，经干燥处理后，再用胶粘剂按奇数层数，以各层纤维互相垂直的方向，黏合热压而成的人造板材。一般为 3～13 层。工程中常用的是三合板和五合板。针叶树和阔叶树均可以制作胶合板。

胶合板的特点是：材质均匀，强度高，无明显纤维饱和点存在，吸湿性小，不翘曲开裂，无疵病，幅面大，使用方便，装饰性好。胶合板广泛用作建筑室内隔墙板、护壁板、天花板、门面板及各种家具和装修材料。

胶合板的幅面尺寸应符合表 1-48 的要求，厚度尺寸由供需双方协商确定。

表 1-48 胶合板的幅面尺寸 mm

宽度	长度				
915	915	1 220	1 830	2 135	—
1 220		1 220	1 830	2 135	2 440

注：特殊尺寸由供需双方协议。

（1）含水率。胶合板含水率应符合表 1-49 的规定。

表 1-49 胶合板含水率要求 %

胶合板材树种	类别	
	Ⅰ、Ⅱ类	Ⅲ类
阔叶树材（含热带阔叶树材）	5 ~ 14	5 ~ 16
针叶树材		

（2）胶合强度。胶合板的胶合强度指标应符合表 1-50 的规定。对用不同树种搭配制成的胶合板的胶合强度指标值，应取各树种中胶合强度指标值要求最小的指标值。例如，测定胶合强度试件的平均木材破坏率超过 80% 时，则胶合强度指标值可比表 1-50 所规定的指标值低 0.20 MPa。其他各国产阔叶树材或针叶树材制成的胶合板，其胶合强度指标值可根据其密度分别比照表 1-50 所规定的椴木、水曲柳或马尾松的指标值；其他热带阔叶树材制成的胶合板，其胶合强度指标值可根据树种的密度比照表 1-50 的规定，密度自 0.60 g/m³ 以下的采用柳安的指标值，超过的则采用阿必东的指标值。供需双方对树种的密度有争议时，按《木材密度测定方法》（GB/T 1933—2019）的规定测定。

表 1-50 胶合板的胶合强度要求 MPa

树种名称/木材名称/国外商品材名称	类别	
	Ⅰ、Ⅱ类	Ⅲ类
椴木、杨木、拟赤杨、泡桐、橡胶木、柳安、奥克榄、白梧桐、异翅香、海棠木、桉木	≥0.70	
水曲柳、荷木、枫香、槭木、榆木、柞木、阿必东、克隆、山樟	≥0.80	≥0.70
桦木	≥1.00	
马尾松、云南松、落叶松、云杉、辐射松	≥0.80	

（3）浸渍剥离。当胶合板相邻层单板木纹方向相同时，应进行浸渍剥离试验。每个试件同一胶层每边剥离长度累计不超过 25 mm。

（4）静曲强度和弹性模量。胶合板静曲强度和弹性模量指标值应大于或等于表 1-51 的规定。

表1-51　胶合板静曲强度和弹性模量要求　　　　　　　　　MPa

试验项目		公称厚度 t/mm				
		$7 \leqslant t \leqslant 9$	$9 < t \leqslant 12$	$12 < t \leqslant 15$	$15 < t \leqslant 21$	$t > 21$
静曲强度	顺纹	32.0	28.0	24.0	22.0	24.0
	横纹	12.0	16.0	20.0	20.0	18.0
弹性模量	顺纹	5 500	5 000	5 000	5 000	5 500
	横纹	2 000	2 500	3 500	4 000	3 500

2. 纤维板

纤维板是指将树皮、刨花、树枝等废料，经破碎浸泡、研磨成木浆，加入胶粘剂或利用木材自身的胶粘物质，再经过热压成型、干燥处理而制成的人造板材。纤维板根据结构类型不同可分为普通纤维板、定向纤维板和模压浮雕纤维制品；根据密度不同可分为非压缩型和压缩型两类。

（1）纤维板作为代替实体木材的人造板，受到制造工艺和成型方法的影响，具有以下特点：

1）优点。

①纤维板很容易进行涂饰加工，各种涂料、油漆类均可均匀地涂在密度板上，是做油漆效果的首选基材。

②纤维板很容易进行贴面加工。各种木皮、胶纸薄膜、饰面板、轻金属薄板、三聚氰胺板等材料均可以胶贴在纤维板表面上。

③纤维板的物理性能极好，材质均匀。

④纤维板可以作为基材开发功能性材料。硬质密度板经冲刷、钻孔，还可以制成吸声板，应用于建筑的装饰工程中。

2）缺点。

①不防潮，吸水膨胀率大。在用纤维板做踢脚板、门套板、窗台板时应该注意六面密封，这样才不会变形。

②握螺钉力差。由于纤维板的纤维非常细致，使纤维板握螺钉力比实木板、刨花板都要差很多，不适合反复装配。

（2）纤维板的物理力学性能主要包括强度、弹性模量、内结合强度和吸水厚度膨胀率。根据《中密度纤维板》（GB/T 11718—2009）中对纤维板性能指标的要求，在不同使用条件下，纤维板的性能要求见表1-52～表1-54。

表1-52　干燥状态下使用的普通型中密度纤维板（MDF－GP REG）性能要求

性能	单位	公称厚度范围/mm						
		1.5～3.5	3.5～6	6～9	9～13	13～22	22～34	34
静曲强度	MPa	27.0	26.0	25.0	24.0	22.0	20.0	17.0

续表

性能	单位	公称厚度范围/mm						
		1.5~3.5	3.5~6	6~9	9~13	13~22	22~34	34
弹性模量	MPa	2 700	2 600	2 500	2 400	2 200	1 800	1 800
内结合强度	MPa	0.60	0.60	0.60	0.50	0.45	0.40	0.40
吸水厚度膨胀率	%	45.0	35.0	20.0	15.0	12.0	10.0	8.0

表1-53　潮湿状态下使用的普通型中密度纤维板（MDF－GP MR）性能要求

性能		单位	公称厚度范围/mm						
			1.5~3.5	3.5~6	6~9	9~13	13~22	22~34	34
静曲强度		MPa	27.0	26.0	25.0	24.0	22.0	20.0	17.0
弹性模量		MPa	2 700	2 600	2 500	2 400	2 200	1 800	1 800
内结合强度		MPa	0.60	0.60	0.60	0.50	0.45	0.40	0.40
吸水厚度膨胀率		%	32.0	18.0	14.0	12.0	9.0	9.0	7.0
防潮性能	选项1：循环试验后内结合强度	MPa	0.35	0.30	0.30	0.25	0.20	0.15	0.10
	循环试验后吸水厚度膨胀率	%	45.0	25.0	20.0	18.0	18.0	12.0	10.0
	选项2：沸腾试验后内结合强度	MPa	0.20	0.18	0.16	0.15	0.12	0.10	0.10
	选项3：湿静曲强度（70℃热水浸泡）	MPa	8.0	7.0	7.0	6.0	5.0	4.0	4.0

表1-54　高湿度状态下使用的普通型中密度纤维板（MDF－GP HMR）性能要求

性能		单位	公称厚度范围/mm						
			1.5~3.5	3.5~6	6~9	9~13	13~22	22~34	34
静曲强度		MPa	28.0	26.0	25.0	24.0	22.0	20.0	18.0
弹性模量		MPa	2 800	2 600	2 500	2 400	2 000	1 800	1 800
内结合强度		MPa	0.60	0.60	0.60	0.50	0.45	0.40	0.40
吸水厚度膨胀率		%	20.0	14.0	12.0	10.0	7.0	6.0	5.0
防潮性能	选项1：循环试验后内结合强度	MPa	0.40	0.35	0.35	0.30	0.25	0.20	0.18
	循环试验后吸水厚度膨胀率	%	25.0	20.0	17.0	15.0	11.0	9.0	7.0
	选项2：沸腾试验后内结合强度	MPa	0.25	0.20	0.20	0.18	0.15	0.12	0.10
	选项3：湿静曲强度（70℃热水浸泡）	MPa	12.0	10.0	9.0	8.0	8.0	7.0	7.0

3. 刨花板

刨花板又称实木颗粒板，是将木材等原材料切削成一定规格的碎片，经过干燥，拌以胶粘剂、硬化剂、防水剂，在一定的温度下压制而成的一种人造板材。刨花板按用途可分为：P1型（干燥状态下使用的普通型刨花板）、P2型（干燥状态下使用的家具型刨花板）、P3

型（干燥状态下使用的承载型刨花板）、P4 型（干燥状态下使用的重载型刨花板）、P5 型（潮湿状态下使用的普通型刨花板）、P6 型（潮湿状态下使用的家具型刨花板）、P7 型（潮湿状态下使用的承载型刨花板）、P8 型（潮湿状态下使用的重载型刨花板）、P9 型（高湿状态下使用的普通型刨花板）、P10 型（高湿状态下使用的家具型刨花板）、P11 型（高湿条件下使用的承载型刨花板）、P12 型（高湿状态下使用的重载型刨花板）；按功能可分为：阻燃刨花板、防虫害刨花板、抗真菌刨花板等。

（1）刨花板的特点。

1）优点。

①有良好的吸声和隔热能力；

②内部为交叉错落结构的颗粒状，力学性质均匀，承重力好；

③砂光后表现平整，可进行各种饰面装饰；

④在生产过程中，用胶量较小，环保系数相对较高。

2）缺点。

①刨花板内部为颗粒状结构，不易于成型加工；

②切削加工时容易造成边部刨花脱落的现象，部分工艺对加工设备要求较高，不宜现场制作；

③握螺钉力较低。

（2）刨花板的物理力学性能。刨花板板面严整挺实，特别适合制作各种木器家具，目前国内的板式家具绝大多数是利用刨花板制作的。刨花板面幅度较大，握螺钉力强，可开榫打眼，加工性良好，物理及力学强度高，且纵向与横向强度一致，还可以根据需要生产出不同厚度、密度和强度的刨花板，并可经特殊处理，加工成防水、防霉、隔声等不同性能的板材。经二次加工和表面处理后的刨花板更具广泛的用途。

4. 细木工板

细木工板是综合利用木材而加工的人造板材。芯板用木板条拼接而成，两个表面为胶贴木质单板的实心板材。按其结构可分为芯板条不胶拼的细木工板、芯板条胶拼的细木工板；按表面加工状况可分为单面砂光细木工板、双面砂光细木工板、不砂光细木工板；按所使用的胶粘剂可分为 I 类胶细木工板、II 类胶细木工板。

细木工板的材质和加工工艺质量分一、二、三等。各类细木工板的规格尺寸见表 1-55。

表 1-55 细木工板规格尺寸
mm

长度						宽度	厚度	
915	1 200	1 520	1 830	2 135	2 440			
915	—	—	1 830	2 135	—	915	16	16
—	1 220	—	1 830	2 135	2 440	1 220	22	25

细木工板的技术性能指标：含水率为 6% ~ 14%；横向静曲强度，当板厚度为 16 mm 时，不低于 15 MPa，当板厚度小于 16 mm 时，不低于 12 MPa；胶层剪切强度不低于 1 MPa。细木工板具有吸声、绝热、质坚、易加工等特点，主要适用于家具、车厢和建筑室内装修等。

第四节 功能材料

一、防水材料

防水材料是建筑工程不可缺少的主要建筑材料之一。其在建筑物中起防止雨水、地下水与其他水分渗透的作用。建筑工程防水技术按其构造做法可分为两大类，即构件自身防水和采用不同材料的防水层防水。采用不同材料的防水层防水又可分为刚性材料防水和柔性材料防水。前者采用涂抹防水砂浆、浇筑掺入外加剂的混凝土或预应力混凝土等做法；后者采用铺设防水卷材、涂敷各种防水涂料等做法；多数建筑物采用柔性材料防水做法。

1. 沥青防水材料

目前，国内外最常用的主要是沥青类防水材料。沥青材料是一种有机胶凝材料。其是由高分子碳氢化合物及其非金属（氧、硫、氮等）衍生物组成的复杂混合物。

（1）石油沥青。石油沥青是原油加工过程中产生的一种产品，在常温下是黑色或黑褐色的黏稠的液体、半固体或固体，主要含有可溶于三氯乙烯的烃类及非烃类衍生物。石油沥青牌号主要根据针入度指标范围及相应的软化点和延伸度来划分，见表 1-56。石油沥青主要用途是作为基础建设材料、原料和燃料，应用范围如交通运输（道路、铁路、航空等）、建筑业、农业、水利工程、工业（采掘业、制造业）、民用等各部门。

表 1-56 建筑石油沥青技术标准

项目	质量指标		
	10 号	30 号	40 号
针入度（25 ℃，100 g，5 s）/（1/10 mm）	10 ~ 25	26 ~ 35	36 ~ 50
延度（25 ℃，5 cm/min）/cm≥	1.5	2.5	3.5
软化点（环球法）/℃ ≥	95	75	60
溶解度（三氯乙烯）/% ≥	99.0		
蒸发后质量变化（163 ℃，5 h）/% ≤	1		
蒸发后 25 ℃针入度比/% ≥	65		
闪点（开口标法）/℃ ≥	260		

（2）煤沥青。煤沥青是指烟煤炼焦炭或制煤气时，将干馏挥发物中冷凝得到的煤焦油

继续蒸馏出轻油、中油、重油后所剩的残渣。煤沥青具有很好的防腐能力和良好的粘结能力。因此，其可用于木材防腐，路面铺设，配制防腐涂料、胶粘剂、防水涂料、油膏及制作油毡等。

2. 防水卷材

防水卷材是一种可卷曲的片状防水材料，是建筑防水材料的重要品种。目前，防水卷材的主要品种为沥青防水卷材、高聚物改性沥青防水卷材和合成高分子防水卷材三大类。

（1）沥青防水卷材。凡用原纸或玻璃布、石棉布、棉麻织品等胎料浸渍石油沥青（或焦油沥青）制成的卷状材料，均称为浸渍卷材（有胎卷材）。将石棉、橡胶粉等掺入沥青材料中，经碾压制成的卷状材料称为辊压卷材（无胎卷材）。这两种卷材通称为沥青防水卷材。

（2）高聚物改性沥青防水卷材。高聚物改性沥青防水卷材是以合成高分子聚合物改性沥青为涂盖层，纤维织物或纤维毡为胎体，粉状、粒状、片状或薄膜材料为覆面材料制成的可卷曲片状防水材料。高聚物改性沥青防水卷材克服了传统沥青防水卷材温度稳定性差、延伸率小的不足，具有高温不流淌、低温不脆裂、拉伸强度高、延伸率较大等优异性能，且价格适中，在我国属中、高档防水卷材。

（3）合成高分子防水卷材。合成高分子防水卷材是以合成树脂、合成橡胶或橡胶-塑料共混体等为基料，加入适量的化学助剂和添加剂，经过混炼（塑炼）压延或挤出成形、定形、硫化等工序制成的防水卷材。其技术性能好，耐久性好，但是价格高昂，适用于单层防水的重要工程中。

3. 防水涂料

防水涂料是以沥青、合成高分子等为主体，在常温下呈无定形流态或半固态，涂布在构筑物表面，通过溶剂挥发或反应固化后能形成坚韧防水膜的材料的总称。防水涂料按主要成膜物质可分为沥青类、高聚物改性沥青类、合成高分子类、水泥类四种；按涂料的液态类型可分为溶剂型、水乳型、反应型三种；按涂料的组分可分为单组分和双组分两种。

（1）沥青类防水涂料。沥青类防水涂料的主要成膜物质是沥青，包括溶剂型和水乳型两种。其主要品种有冷底子油、沥青胶、水性沥青基防水涂料。

（2）高聚物改性沥青类防水涂料。高聚物改性沥青类防水涂料是以高聚物改性沥青为基料，制成的水乳型或溶剂型防水涂料，有再生胶改性沥青防水涂料、氯丁橡胶改性沥青防水涂料等。

（3）合成高分子类防水涂料。合成高分子类防水涂料是以合成橡胶或合成树脂为主要成膜物质，加入其他辅料配成的单组分或多组分防水涂料，主要有聚氨酯（单、多组分）、硅橡胶、水乳型丙烯酸酯、聚氯乙烯、水乳型三元乙丙橡胶防水涂料等。

（4）聚合物水泥基防水涂料。聚合物水泥基防水涂料是以丙烯酸酯等聚合物乳液和水泥为主要原料，加入其他外加剂制得的双组分水性防水涂料。其可分为Ⅰ型和Ⅱ型两种。Ⅰ型是以聚合物为主的防水涂料，适用于非长期浸水环境下的建筑防水工程；Ⅱ型是以水泥为主的防水涂料，适用于长期浸水环境下的建筑防水工程。

二、绝热材料

在建筑学中，将用于控制室内热量外流的材料称为保温材料；将阻止室外热量进入室内的材料称为隔热材料；将保温、隔热材料统称为绝热材料。建筑物选择合适的绝热材料，既可以保证室内有适宜的温度，为人们构筑一个温暖、舒适的环境，从而提高人们的生活质量，又可以减少建筑物的采暖和空调能耗而节约能源。

建筑常用绝热保温材料的主要组成、特性和应用见表1-57。

表1-57　常用绝热保温材料的主要组成、特性和应用

品　种	主要组成材料	主 要 性 质	主 要 应 用
矿渣棉	熔融矿渣用离心法制成的纤维絮状物	体积密度为 110～130 kg/m³，导热系数小于 0.044 W/（m·K），最高使用温度为 600 ℃	绝热保温填充材料
岩棉	熔融岩石用离心法制成的纤维絮状物	体积密度为 80～150 kg/m³，导热系数小于 0.044 W/（m·K）	绝热保温填充材料
沥青岩棉毡	以沥青粘结岩棉，经压制而成	体积密度为 130～160 kg/m³，导热系数为 0.049～0.052 W/（m·K），最高使用温度为 250 ℃	墙体、屋面、冷藏库等
岩棉板（管壳、毡、带等）	以酚醛树脂粘结岩棉，经压制而成	体积密度为 80～160 kg/m³，导热系数为 0.040～0.050 W/（m·K），最高使用温度为 400～600 ℃	墙体、屋面、冷藏库、热力管道等
玻璃棉	熔融玻璃用离心法等制成的纤维絮状物	体积密度为 8～40 kg/m³，导热系数为 0.040～0.050 W/（m·K），最高使用温度为 400 ℃	绝热保温填充材料
玻璃棉毡（带、毯、管壳）	玻璃棉、树脂胶等	体积密度为 8～120 kg/m³，导热系数为 0.040～0.058 W/（m·K），最高使用温度为 350～400 ℃	墙体、屋面等
膨胀珍珠岩	珍珠岩等经焙烧、膨胀而得	体积密度为 40～300 kg/m³，导热系数为 0.025～0.048 W/（m·K），最高使用温度为 800 ℃	保温绝热填充材料
膨胀珍珠岩制品（块、板、管壳等）	以水玻璃、水泥、沥青等胶结膨胀珍珠岩而成	体积密度为 200～500 kg/m³，导热系数为 0.055～0.116 W/（m·K），抗压强度为 0.2～1.2 MPa，以水玻璃胶结膨胀珍珠岩制品的性能较好	屋面、墙体、管道等，但沥青珍珠岩制品仅适合在常温或负温下使用
膨胀蛭石	蛭石经焙烧、膨胀而得	体积密度为 80～200 kg/m³，导热系数为 0.046～0.070 W/（m·K），最高使用温度为 1 000～1 100 ℃	保温绝热填充材料

品　种	主要组成材料	主　要　性　质	主　要　应　用
膨胀蛭石制品（块、板、管壳等）	以水泥、水玻璃等胶结膨胀蛭石而成	体积密度为 300 ~ 400 kg/m³，导热系数为 0.076 ~ 0.105 W/（m·K），抗压强度为 0.2 ~ 1.0 MPa	屋面、管道等
泡沫玻璃	碎玻璃、发泡剂等经熔化、发泡而得，气孔直径为 0.1 ~ 5 mm	体积密度为 150 ~ 600 kg/m³，导热系数为 0.054 ~ 0.128 W/（m·K），抗压强度为 0.8 ~ 15 MPa，吸水率小于 0.2%，抗冻性高，最高使用温度为 500 ℃，为高效保温绝热材料	墙体或冷藏库等
聚苯乙烯泡沫塑料	聚苯乙烯树脂、发泡剂等经发泡而得	体积密度为 15 ~ 50 kg/m³，导热系数为 0.030 ~ 0.047 W/（m·K），抗折强度为 0.15 MPa，吸水率小于 0.03 g/cm²，耐腐蚀性高，最高使用温度为 80 ℃，为高效保温绝热材料	墙体、屋面、冷藏库等
硬质聚氨酯泡沫塑料	异氰酸酯和聚醚或聚酯等经发泡而得	体积密度为 30 ~ 45 kg/m³，导热系数为 0.017 ~ 0.026 W/（m·K），抗压强度为 0.25 MPa，耐腐蚀性高，体积吸水率小于 1%，使用温度为 −60 ~ 120 ℃，可现场浇筑发泡，为高效保温绝热材料	墙体、屋面、冷藏库、热力管道等
塑料蜂窝板	蜂窝状芯材两面各粘贴一层薄板而成	导热系数为 0.046 ~ 0.058 W/（m·K），抗压强度与抗折强度高，抗震性好	围护结构

三、吸声、隔声材料

目前，人们已经普遍关注住宅、工厂、影剧院等的声学问题，在建筑内合理控制声音可以给人们提供一个安全、舒适的工作、生活、娱乐环境。建筑声学材料通常可分为吸声材料和隔声材料。

1. 建筑上常用的吸声材料

建筑上常用吸声材料的主要性质见表 1-58。表中主要为多孔吸声材料，同时，也给出了常用的两种穿孔吸声板。

表 1-58　建筑上常用吸声材料的主要性质

品　　种	厚度 /cm	体积密度 /（kg·m⁻³）	不同频率（Hz）下的吸声系数						其他性质	装置情况
			125	250	500	1 000	2 000	4 000		
石膏砂浆（掺有水泥、玻璃纤维）	2.2		0.24	0.12	0.09	0.30	0.32	0.83		粉刷在墙上

续表

品　种	厚度 /cm	体积密度 /(kg·m⁻³)	不同频率（Hz）下的吸声系数						其他性质	装置情况
			125	250	500	1 000	2 000	4 000		
水泥膨胀珍珠岩板	2	350	0.16	0.46	0.64	0.48	0.56	0.56	抗压强度为0.2～1.0 MPa	贴实
岩棉板	2.5	80	0.04	0.09	0.24	0.57	0.93	0.97		贴实
	2.5	150	0.07	0.10	0.32	0.65	0.95	0.95		
	5.0	80	0.08	0.22	0.60	0.93	0.98	0.99		
	5.0	150	0.11	0.33	0.73	0.90	0.80	0.96		
	10	80	0.35	0.64	0.89	0.90	0.96	0.98		
	10	150	0.43	0.62	0.73	0.82	0.90	0.95		
矿渣棉	3.13	210	0.10	0.21	0.60	0.95	0.85	0.72		贴实
	8.0	240	0.35	0.65	0.65	0.75	0.88	0.92		
玻璃棉 超细玻璃棉	5.0	80	0.06	0.08	0.18	0.44	0.72	0.82		贴实
	5.0	130	0.10	0.12	0.31	0.76	0.85	0.99		
	5.0	20	0.10	0.35	0.85	0.85	0.86	0.86		
	15.0	20	0.50	0.80	0.85	0.85	0.86	0.80		
脲醛泡沫塑料	5.0	20	0.22	0.29	0.40	0.68	0.95	0.94	抗压强度大于0.2 MPa	贴实
软质聚氨酯 泡沫塑料	2.0	30～40			0.11	0.17		0.72		贴实
	4.0	30～40			0.24	0.43		0.74		
	6.0	30～40			0.40	0.68		0.97		
	8.0	30～40			0.63	0.93		0.93		
吸声泡沫玻璃	4.0	120～180	0.11	0.32	0.52	0.44	0.52	0.33	开口孔隙率达40%～60%，吸水率高，抗压强度为0.8～4.0 MPa	贴实
地毯	厚			0.20		0.30		0.50		铺于木搁棚楼板上
帷幕	厚			0.10		0.50		0.60		有折叠、靠墙装置
☆装饰吸声石膏板（穿孔板）	1.2	750～800		0.08～0.12	0.60	0.40	0.34		防火性、装饰性好	后面有5～10 cm的空气层
☆铝合金穿孔板	0.1								孔径为6 mm，孔距为10 mm，耐腐蚀、防火、装饰性好	后面有5～10 cm的空气层

注：1. 数值为驻波管法测得的结果。
　　2. 材料名称前有☆者为穿孔板吸声结构。

2. 隔声材料

建筑上将主要起到隔绝声音作用的材料称为隔声材料。隔声材料主要用于外墙、门窗、隔墙、隔断、地面等。

隔声可分为隔绝空气声（通过空气传播的声音）和隔绝固体声（通过撞击或振动传播的声音）。两者的隔声原理截然不同。

（1）对隔绝空气声，主要服从质量定律，即材料的体积密度越大，隔声性能越好。因此，应选用密实的材料作为隔声材料，如砖、混凝土、钢板等。如采用轻质材料时，需要辅以多孔吸声材料或采用夹层结构。

（2）对隔绝固体声，主要采用具有一定柔性、弹性或弹塑性的材料。利用它们能够产生一定的变形来减小撞击声，并在构造上使之成为不连续结构。例如，在墙壁和承重梁之间、墙壁和楼板之间加设弹性垫层，或在楼板上铺设弹性面层。常用的弹性垫层材料有橡胶、毛毡、地毯等。

固体声的隔绝主要是吸收，这与吸声材料的原理是一致的。而空气声的隔绝主要是反射，隔声原理与材料的吸声原理不同。隔空气声材料的表面比较坚硬密实，对于入射其上的声波具有较强的反射，使投射的声波大大减少，从而起到隔声作用；而吸声材料的表面一般是多孔松软的，对入射其上的声波具有较强的吸收和投射，使反射的声波大大减少。这是吸声材料和隔声材料的主要区别，因此，吸声效果好的多孔材料，其隔声效果也一定好。

四、复合材料

新型复合材料是在传统板材基础上产生的新一代材料。其是复合材料的一种，也是目前结构材料发展的重点之一。复合材料包括有机材料与无机材料的复合、金属材料与非金属材料的复合及同类材料之间的复合等。复合材料使土木工程材料的品种和功能更加多样化，具有广阔的发展前景。纵观多种新兴的复合材料（如高分子复合材料、金属基复合材料、陶瓷基复合材料）的优异性能，人类于材料应用上正在从钢铁时代进入复合材料时代。

1. 钢丝网水泥类夹芯复合板材（泰柏板）

泰柏板是以两片钢丝网将聚氨酯、聚苯乙烯、脲醛树脂等泡沫塑料、轻质岩棉或玻璃棉等芯材夹在中间，两片钢丝网之间以斜穿过芯材的"之"字形钢丝相互连接，形成稳定的三维桁架结构，然后再用水泥砂浆在两侧抹面，或进行其他饰面装饰。其结构如图 1-14 所示。

泰柏板充分利用了芯材保温隔热和轻质的特点，两侧又具有混凝土的性能，具有较节能、质量轻、强度高、防火、抗震、隔热、隔声、抗风化、耐腐蚀的优良性能，并有组合性强、易于搬运、适用面广、施工简便等特点。其是目前取代轻质墙体最理想的材料。

2. 彩钢夹芯板材

彩钢夹芯板材是以硬质泡沫塑料或结构岩棉为芯材，在两侧粘上彩色压型镀锌钢板，并对其中外露的彩色钢板表面涂以高级彩色塑料涂层，使其具有良好的耐候性和抗腐蚀能力。其结构如图 1-15 所示。

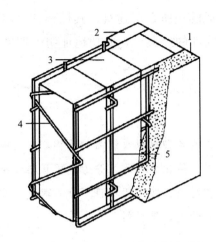
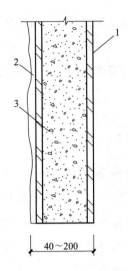

1—外侧砂浆层（厚22 mm）；2—内侧砂浆层（厚22 mm）；
3—泡沫塑料层；4—连接钢丝；5—钢丝网。

图1-14 泰柏板的结构

1—彩色镀锌钢板；2—涂层；
3—硬质泡沫塑料或结构岩棉。

图1-15 彩钢夹芯板材的结构

3. 碳纤维材料

碳纤维树脂复合材料（CFRP）是一种力学性能优异的新材料，它的密度不到钢的1/4，抗拉强度一般都在3 500 MPa以上，是钢的7~9倍，其弹性模量为23 000~43 000 MPa，也高于钢。因此，CFRP的比强度（材料的强度与其密度之比）可达到2 000 MPa/（g·cm^{-3}），其比模量也比钢高（材料的比强度越高，则构件质量越小；比模量越高，则构件的刚度越大）。

碳纤维成品在土木工程中的应用主要有纤维布、纤维板、棒材、型材、短纤维等，各有不同的使用范围，而当前加固工程中用量最大和最普遍的还是碳纤维布（片）。碳纤维布常用的规格是200 g/m^{2}和300 g/m^2，厚度分别是0.111 mm和0.167 mm；碳纤维复合板厚度一般是1.2~1.4 mm，由3层或4层碳纤维布经过树脂浸渍固化而成。结构加固主要是利用碳纤维的高抗拉性能，广泛用于钢筋混凝土结构的梁、板、柱和构架的节点加固，也适用于点加固，以及古建筑物或砌体结构的维修加固，恢复和提高结构的承载能力与抗裂性能。国内、外成功的应用实例已不胜枚举。

碳纤维整体上无疑是一种轻质高强、性能优异的新兴建材，但其也有自身的特点或缺点。碳纤维的抗剪强度很低，延伸率小，还不到一般钢材的1/10，应力-应变关系曲线近乎直线，没有塑性平台，从这个意义上看，碳纤维是一种脆性材料，在设计和构造上应予注意。碳纤维用于普通钢筋混凝土结构受弯构件中，受极限应变0.01的限制，实际可采用的设计强度还不到其极限强度的70%，颇有大材小用之感，或者说只有用作预应力筋或斜拉桥的拉索，才能充分发挥碳纤维的抗拉性能。

4. 玻璃纤维增强塑料

以玻璃纤维或其制品作为增强材料，合成树脂作为基体材料的增强塑料，称为玻璃纤维增强塑料（玻璃钢）。由于所使用的树脂品种不同，又有聚酯玻璃钢、环氧玻璃钢、酚醛玻璃钢之称。1999 年，在瑞士巴塞尔建成的一座 5 层建筑，其框架、门窗及部分室内设施完全由玻璃钢组成，为使用复合材料构件的经典。它成功地证明了玻璃钢可以用于中型建筑。

本章小结

建筑材料是指建造建筑物或构筑物所使用的各种材料及制品的总称。其组成包括化学组成、矿物组成和相组成。建筑材料的种类繁多，按化学性质可分为无机材料和有机高分子材料；按性能可分为结构材料、功效材料和围护材料；按工程项目可分为建筑主体材料和装修材料；按技术发展方向可分为传统建筑材料和新型建筑材料。

土木工程中常用的材料包括以下几项：

（1）混凝土。混凝土是由胶凝材料、水和粗、细集料按适当比例配合，拌制成拌合物，经一定时间硬化而成的人造石材。普通混凝土由水泥、水、砂和石子组成，另外，还常掺入适量的外加剂和掺合料。

（2）砌筑材料。砌筑材料是指用来砌筑、拼装或用其他方法构成承重或非承重墙体或构筑物的材料。其包括砖、砌块等。

（3）水泥。水泥呈粉末状，加水拌和成为塑性浆体，是能够胶结砂、石等粒或块状材料并能在空气和水中凝结硬化、保持和发展强度的无机水硬性胶凝材料。土木工程中常用的水泥有通用硅酸盐水泥、铝酸盐水泥和其他品种水泥等。

（4）砂浆。砂浆是由胶凝材料、细集料、掺合料、水和外加剂配制而成的建筑工程材料，在建筑工程中起粘结、衬垫和传递应力的作用。砂浆的种类很多，根据用途不同，可分为砌筑砂浆，抹面砂浆及其他建筑砂浆。

（5）钢材。土木工程中常用的钢材包括碳素结构钢、低合金结构钢、型钢、钢板、钢管等。

（6）木材。建筑常用木材包括胶合板、纤维板、刨花板和细木工板等。

（7）防水材料。防水材料是建筑工程不可缺少的主要建筑材料之一，其在建筑物中起防止雨水、地下水与其他水分渗透的作用。常用的防水材料包括沥青防水材料、防水卷材、防水涂料等。

（8）绝热材料。在建筑学中，将用于控制室内热量外流的材料称为保温材料；将阻止室外热量进入室内的材料称为隔热材料；将保温、隔热材料统称为绝热材料。

（9）吸声隔声材料。吸声材料、隔声材料是建筑常用的声学材料。

（10）复合材料。新型复合材料是在传统板材基础上产生的新一代材料。其是复合材料的一种，也是目前结构材料发展的重点之一。复合材料包括有机材料与无机材料的复合、金属材料与非金属材料的复合、同类材料之间的复合等。

思考题

一、填空题

1. 建筑材料的化学组成决定着建筑材料的_____、_____、_____等性质。

2. _____是指构成建筑材料的矿物种类和数量。

3. _____是指用于建造建筑物主体工程所使用的材料。

4. _____和_____在混凝土中起骨架作用。

5. _____是能使混凝土迅速凝结硬化的外加剂。

6. 混凝土工程中常用的膨胀剂有_____、_____、_____等。

7. 混凝土凝结时间可分为_____和_____。

8. 混凝土的变形包括_____和_____。

9. 混凝土产生冻融破坏有两个必要条件：一是_____；二是_____。

10. 混凝土实心砖的主规格尺寸为_____。

11. 钢材的弯曲程度常用_____表示。

12. 矿物组成是指构成建筑材料的矿物_____和_____。

二、选择题

1. 结构材料不包括（　　　）。

A. 水泥
B. 混凝土
C. 砌块
D. 防水卷材

2. （　　　）是混凝土组成材料中最重要的材料，也是影响混凝土强度、耐久性、经济性的最重要的因素。

A. 水泥
B. 粗集料
C. 细集料
D. 掺合料

3. （　　　）主要用于喷射混凝土、砂浆及堵漏抢险工程。

A. 早强剂
B. 减水剂
C. 速凝剂
D. 引气剂

4. （　　　）是指能降低混凝土在静水压力下的透水性的外加剂。

A. 减水剂
B. 防水剂
C. 速凝剂
D. 引气剂

5. 混凝土的抗拉强度只有抗压强度的（　　　）。

A. 1/30～1/20
B. 1/30～1/10
C. 1/20～1/10
D. 1/40～1/30

6. 混凝土的抗冻性用抗冻等级（　　　）表示。

A. F
B. D
C. G
D. E

三、问答题

1. 混凝土外加剂的类型有哪些?
2. 改善新拌混凝土和易性的措施有哪些?
3. 混凝土离析造成的危害有哪些?
4. 混凝土泌水的解决措施有哪些?
5. 如何提高混凝土强度?
6. 影响混凝土徐变的因素是什么?
7. 提高混凝土耐久性的措施有哪些?
8. 如何按照化学成分的不同对钢进行分类?
9. 防水涂料的类型有哪些?

第二章

建筑工程

第一节　建筑与建筑工程概述

一、建筑的概念及基本属性

建筑是建筑物与构筑物的总称，是人们为了满足社会生活需要，利用所掌握的物质技术手段，并运用一定的科学规律、风水理念和美学法则创造的人工环境。

建筑的基本属性如下：

1. 物质及空间属性

人们常提到"建筑形式"，严格地讲，它是由空间、体形、轮廓、虚实、凹凸、色彩、质地、装饰等种种要素的集合形成的复合概念。根据建筑物的不同功能，其面积、空间形状均要有所变化，采光、通风、日照条件也要进行相应的处理。

2. 精神属性

从建筑物的精神功能来看，建筑包含一定的技术上或者精神上的重要意义。世界上的建筑丰富多彩，不同地域、不同民族、不同文化都会产生自己的建筑杰作。

3. 建筑的实体属性

（1）围合体的物理功能。建筑围合体的尺度包括厚度、高度及宽度三个方向度量。材料尺度的变化对围合体的物理性能也起着关键的作用，从南到北建筑围合体的厚度都不相同，而对内部空间来讲，不同的材料形成的围合体其长度和宽度方向的变化又会对室内的声和光环境产生较大的影响。

（2）建筑的结构体系。一方面，建筑结构应具备稳固性与安全性，具有抵抗倒塌、扭曲、局部破坏和变形的能力；另一方面，建筑应具备美感，表达其内在的精神内涵。

二、建筑工程的概念及基本属性

由于建筑工程主要涉及房屋等建筑物，因此，建筑工程是房屋建筑工程，即兴建房屋的规划、勘察、设计（建筑、结构和设备）、施工的总称。

建筑工程的基本属性如下：

（1）社会性。建筑工程是伴随人类社会的进步而发展起来的，因此，所建造的建筑物和构筑物均可反映出不同历史时期社会、经济、文化、科学、技术和艺术发展的全貌。

（2）综合性。建筑工程项目的建设一般都要经过勘察、设计和施工等阶段。每一个阶段的实施过程都需要运用工程地质勘探、工程设计、工程测量、建筑结构、建筑材料、建筑经济等学科，以及施工技术、施工组织等不同领域的知识。

（3）实践性。建筑工程涉及的领域非常广泛，因此，影响建筑工程的因素必然众多且复杂，使得建筑工程对实践的依赖性很强。

（4）统一性。建筑工程是为人类需要服务的，所以，它是技术、经济和艺术统一的结果。

第二节　建筑的构成要素、分类及分级

一、建筑的构成要素

总结人类的建筑活动经验，构成建筑的主要因素有建筑功能、建筑的物质技术条件和建筑形象三个方面。

1. 建筑功能

建筑功能是人们建造房屋的目的和使用要求的综合体现。建筑功能是建筑的目的，是主导因素，它在建筑中起决定性的作用，对建筑平面布局组合、结构形式、建筑体型等方面都有极大的影响。人们建筑房屋不仅要满足生产、生活、居住等要求，也要适应社会的需求。各类房屋的建筑功能并不是一成不变的，随着科学技术的发展、经济的繁荣、物质和文化水平的提高，人们对建筑功能的要求也将日益提高。

2. 建筑的物质技术条件

建筑的物质技术条件是建筑发展的重要因素，是达到建筑目的的手段，包括建筑材料、结构与构造、设备、施工技术等有关方面的内容。建筑水平的提高，离不开物质技术条件的发展，而物质技术条件的发展，又与社会生产力水平的提高、科学技术的进步有关。建筑技术的进步、建筑设备的完善，以及新材料的出现、新结构体系的不断产生，有效地促进了建筑朝着大空间、大高度、新结构形式的方向发展。

3. 建筑形象

建筑形象是建筑的功能和技术的综合反映，是建筑内、外感观的具体体现，因此，必

须符合美学的一般规律。其包含建筑形体、空间、线条、色彩、材料质感、细部的处理及装修等方面。由于时代、民族、地域、文化、风土人情的不同，人们对建筑形象的理解也各不相同，于是，出现了不同风格且具有不同使用要求的建筑，如庄严雄伟的执法机构建筑、古朴大方的学校建筑、简洁明快的居住建筑等。成功的建筑应当反映时代特征、民族特点、地方特色和文化色彩，应有一定的文化底蕴，并与周围的建筑和环境有机融合与协调。所以，在一定功能和技术条件下，应充分发挥设计者的主观作用，使建筑形象更加美观。

建筑的构成三要素是密不可分的，它们相互制约、相互依存，彼此之间是辩证统一的关系。

二、建筑的分类

建筑物可以从多方面进行分类，一般有以下几种分类方式。

1. 按使用功能分类

建筑按使用功能通常可分为民用建筑、工业建筑和农业建筑三大类。

（1）民用建筑。民用建筑是指供人们居住和进行公共活动的建筑。民用建筑又可分为居住建筑和公共建筑。居住建筑是供人们居住使用的建筑，包括住宅、公寓、宿舍等；而公共建筑则是供人们进行社会活动的建筑，包括行政办公建筑、文教建筑、科研建筑、托幼建筑、医疗福利建筑、商业建筑、旅馆建筑、体育建筑、展览建筑、文艺观演建筑、邮电通信建筑、园林建筑、纪念建筑、娱乐建筑等。

（2）工业建筑。工业建筑是指供人们进行工业生产的建筑，包括生产用建筑及生产辅助用建筑，如生产车间、动力车间及仓库等。它们往往有很大的荷载、沉重的撞击和强烈振动，需要巨大的空间，而且经常有湿度、温度、防爆、防尘、防菌、洁净等特殊要求，以及要考虑生产产品的起吊运输设备和生产路线等。

（3）农业建筑。农业建筑是指供人们进行农牧业种植、养殖、贮存等用途的建筑，以及农业机械用建筑，如种植用的温室大棚、养殖用的鱼塘和畜舍、贮存用的粮仓等。

2. 按层数和高度分类

建筑按层数和高度可分为低层建筑、多层建筑、中高层建筑、高层建筑。低层为 1～3 层；多层为 4～6 层；中高层为 7～9 层；10 层以上为高层。

建筑物总高度在 24 m 以下者为非高层建筑；总高度在 24 m 以上者为高层建筑（不包括高度超过 24 m 的单层主体建筑）。无论住宅或公共建筑，超过 100 m 均为超高层。

3. 按规模和数量分类

建筑按规模和数量可分为大量性建筑和大型性建筑。

（1）大量性建筑是指量大面广，与人们生活、生产密切相关的建筑，如住宅、幼儿园、学校、商店、医院、中小型厂房等。这些建筑在城市和乡村都是不可缺少的，修建数量很大。

（2）大型性建筑是指规模宏大、耗资较多的建筑，如大型体育馆、大型影剧院、大型车站、航空港、展览馆、博物馆等。这类建筑与大量性建筑相比，虽然修建数量有限，但对城市的景观和面貌影响较大。

4. 按承重结构材料分类

建筑的承重结构是指由水平承重构件和垂直承重构件组成的承重骨架。建筑按承重结构材料可分为砖木结构建筑、砖混结构建筑、钢筋混凝土结构建筑、钢结构建筑。

砖木结构建筑是指由砖墙、木屋架组成承重结构的建筑；砖混结构建筑是指由钢筋混凝土梁、楼板、屋面板作为水平承重构件，砖墙（柱）作为垂直承重构件的建筑，适用于多层以下的民用建筑；钢筋混凝土结构建筑是指水平承重构件和垂直承重构件都由钢筋混凝土组成的建筑；钢结构建筑是指水平承重构件和垂直承重构件全部采用钢材的建筑。钢结构具有质量轻、强度高的特点，但耐火能力较差。

5. 按承重结构形式分类

建筑按承重结构形式可分为砖墙承重结构、框架结构、框架－剪力墙结构、筒体结构、空间结构及混合结构。

（1）砖墙承重结构。砖墙承重结构是指由砖墙承受建筑的全部荷载，并将荷载传递给基础的承重结构。这种承重结构形式适用于开间较小、建筑高度较小的低层和多层建筑。

（2）框架结构。框架结构是指由钢筋混凝土或型钢组成的梁柱体系承受建筑的全部荷载，墙体只起围护和分隔作用的承重结构。这种结构适用于跨度大、荷载大、高度大的建筑。

（3）框架-剪力墙结构。由钢筋混凝土梁柱组成的承重体系承受建筑的荷载时，由于建筑荷载分布及地基的不均匀性，在建筑物的某些部位产生不均匀剪力，为抵抗不均匀剪力且保证建筑物的整体性，在建筑物不均匀剪力足够大的部位的柱与柱之间设钢筋混凝土剪力墙，这种结构称为框架-剪力墙结构。

（4）筒体结构。因剪力墙在建筑物的中心形成了筒体而得名。

（5）空间结构。由钢筋混凝土或型钢组成，承受建筑的全部荷载，如网架、悬索、壳体等。这种结构适用于大空间建筑，如大型体育场馆、展览馆等。

（6）混合结构。混合结构是指同时具备上述两种或两种以上的承重结构，如建筑内部采用框架承重结构，四周用外墙承重结构。

三、建筑物的分级

1. 建筑物的耐久年限

建筑物的耐久年限是指建筑物的使用年限。使用年限的长短由建筑物的性质决定。影响建筑物使用寿命的主要因素是结构构件的材料和结构体系。建筑主体结构的耐久年限见表2-1。

表2-1　建筑主体结构的耐久年限

级别	耐久年限/年	适用范围
一级	100 以上	重要建筑物和高层建筑
二级	50 ~ 100	一般性建筑
三级	25 ~ 50	次要建筑
四级	15 以下	临时建筑

2. 建筑物的耐火极限

民用建筑的耐火等级可分为一、二、三、四级。除另有规定外，不同耐火等级建筑相应构件的燃烧性能和耐火极限不应低于表2-2的规定。

表2-2　不同耐火等级建筑相应构件的燃烧性能和耐火极限　　　　　　　　　h

构件名称		耐　火　等　级			
		一级	二级	三级	四级
墙	防火墙	不燃性 3.00	不燃性 3.00	不燃性 3.00	不燃性 3.00
	承重墙	不燃性 3.00	不燃性 2.50	不燃性 2.00	难燃性 0.50
	非承重外墙	不燃性 1.00	不燃性 1.00	不燃性 0.50	可燃性
	楼梯间和前室的墙、电梯井的墙、住宅建筑单元之间的墙和分户墙	不燃性 2.00	不燃性 2.00	不燃性 1.50	难燃性 0.50
	疏散走道两侧的隔墙	不燃性 1.00	不燃性 1.00	不燃性 0.50	难燃性 0.25
	房间隔墙	不燃性 0.75	不燃性 0.50	难燃性 0.50	难燃性 0.25
柱		不燃性 3.00	不燃性 2.50	不燃性 2.00	难燃性 0.50
梁		不燃性 2.00	不燃性 1.50	不燃性 1.00	难燃性 0.50
楼板		不燃性 1.50	不燃性 1.00	不燃性 0.50	可燃性
屋顶承重构件		不燃性 1.50	不燃性 1.00	可燃性 0.50	可燃性
疏散楼梯		不燃性 1.50	不燃性 1.0	不燃性 0.50	可燃性
吊顶（包括吊顶搁栅）		不燃性 0.25	难燃性 0.25	难燃性 0.15	可燃性

第三节　木结构建筑

一、木结构的概念及优、缺点

木结构是指单纯由木材或主要由木材承受荷载的结构，通过各种金属连接件或榫卯手段进行连接和固定。木结构建筑以木结构体系为主，与钢筋混凝土及砖石结构房屋相比，木结构房屋具有以下几个突出的特点。

1. 使用寿命长

在美国，已有百年历史的木屋随处可见，年代最久远的木结构房屋的历史可以追溯到18世纪，这是因为美国有一套经过长期实践总结出来的严格的建筑标准作保证。一般情况下，木材是一种非常稳定、寿命长、耐久性强的天然可再生无污染材料。

2. 施工简易、工期短

木结构房屋施工简易，除土地配套设施外，施工现场没有成堆的砖头、钢筋、水泥和尘土，木结构房屋所用的结构构件和连接件都是在工厂按标准加工生产，再运到工地，经过拼装即可以建成一座漂亮的木房子。木结构房屋施工安装速度远远快于混凝土和砖石结构建筑，大大缩短了工期，节省了人工成本，使施工质量得以保证。

3. 良好的抗震性

木结构房屋有良好的抗震性能。木结构房屋由于自身质量轻，地震时吸收的地震力也相对较少，由于楼板和墙体体系组成的空间箱形结构使构件之间能够相互作用，具有较强的抵抗重力、风和地震的能力。

4. 建造成本相当

虽然建造木结构房屋所用的木材料成本比混凝土或砖石结构房屋要高，但由于盖房的工人数量少，施工时间短，人工成本低，故装修费用也低。

5. 个性化室内设计

木结构房屋室内的内隔墙一般较少用于承重，内隔墙的位置可以随意改变，使得室内设计完全可以依据个人的喜好，按照不同时期的需求改变房屋内的空间组合，可以采用开放式或传统隔板，门窗可以安装在任何方便使用的地方，这也是其他建筑结构所无法相比的。对追求时尚、个性化的年轻家庭极具诱惑力。

6. 防潮耐腐性

木结构房屋是能做到不被腐蚀和不受潮的，因为对所有建筑用材进行烘干处理后，这些木材已预先干燥至含水率为19%以下，它的防潮性能甚至可以达到砖混结构的10倍左右。同时，对木材采用ACQ、BAC等防腐剂进行浸渍的防腐处理，采用天然植物油做表面涂层，来防止水侵蚀。事实上，与其他常用建筑材料相比，木材更不容易因为偶尔浸湿而受到永久损坏。在多雨或潮湿地方的木建筑物可以有长期毫无问题的性能表现。

7. 保温节能性

木结构房屋保温（隔热）性能优异，比普通砖混结构房屋节省能源超过 40%。其保温性能是钢材的 400 倍，混凝土的 16 倍。研究表明，150 mm 厚的木结构墙体，其保温性能相当于 610 mm 厚的砖墙。

8. 绿色环保性

木材是"绿色建筑"的首选建材。制造木结构建筑材料的能耗低于钢材或混凝土，后两者都需要高温精炼和制造。木结构房屋采用全实木材料，室内空气中含有大量的芬多精和被称为"空气维生素"的负离子，能有效杀死空气中的细菌，遏制疾病，增强免疫力，对保持大脑清醒、提高注意力、降低血压、安定神经等具有明显功效。木结构房屋中的有害气体氡的放射量极低，对人体无害；木材对能耗、空气污染和水污染及温室气体排放等因素的相对影响极小。

同时，木结构房屋也有很多缺点：易遭受火灾、白蚁侵蚀、雨水腐蚀，相比砖石建筑维持时间不长；成材的木料由于施工量的增加而紧缺；梁架体系较难实现复杂的建筑空间等。

二、木结构的结构形式

一般来说，木结构的结构形式主要有梁柱结构体系与轻型结构体系两种。

1. 梁柱结构体系

梁柱结构是一种传统的建设形式，由跨距较大的梁、柱结构形成主要的传力体系。

梁柱结构通常采用实木（原木或方木）、胶合木等材料制作梁、柱、檩条，用木基结构板材作为楼盖与屋盖的覆板。目前，广泛采用金属紧固件来连接构件的各个部分。在金属件出现之前，连接部件靠细木工技术，采用榫卯方式连接，接头处有时会用木销子，无任何金属件。

梁柱式木结构被广泛用于宗教、居住、工业、商业、学校、体育、娱乐、车库等建筑中，是我国传统的木建筑结构形式。

2. 轻型结构体系

轻型结构体系是由构件断面较小的规格材均匀密布连接组成的一种结构形式。目前，在我国建成的木结构住宅主要应用轻型木结构。该结构体系具有节能、保温、隔声、环保、抗震，设计合理、功能齐全、居住舒适、造型美观、建造工期短等优点，使越来越多的消费者接受并喜欢上了木结构住宅。

三、著名木结构建筑物掠影

1. 悬空寺

悬空寺（图 2-1）呈"一院两楼"布局，总长约为 32 m，楼阁殿宇为 40 间，建成于 1400 年前的北魏后期，是我国仅存的佛、道、儒三教合一的独特寺庙。悬空寺的总体布局为寺院、禅房、佛堂、三佛殿、太乙殿、关帝庙、鼓楼、钟楼、伽蓝殿、送子观音殿、地藏王菩萨殿、千手观音殿、释迦殿、雷音殿、三官殿、纯阳宫、栈道、三教殿、五佛殿等。南北两座雄伟的三檐歇山顶高楼好似凌空相望，悬挂在刀劈般的悬崖峭壁上，三面的环廊合抱，六座殿阁相互交叉，栈道飞架，各个相连，高低错落。全寺初看去只有十几根大约碗口粗的木柱支撑，最高处距离地面 50 m，其中的力学原理是以半插横梁为基础，借助岩石的托扶，回廊栏杆，上、下梁柱左右紧密相连形成了一整个木质框架式结构。

2. 应县木塔

应县木塔（图 2-2）全名为佛宫寺释迦塔，位于山西省应县县城内西北角的佛宫寺院内，是佛宫寺的主体建筑。建于辽清宁二年（公元 1056 年），金明昌六年（公元 1195 年）增修完毕。其是我国现存最古老、最高大的纯木结构楼阁式建筑，是我国古建筑中的瑰宝，也是世界木结构建筑的典范。

图 2-1　悬空寺（北魏晚期）

图 2-2　应县木塔（辽代）

第四节　砌体结构建筑

一、砌体结构的概念及优、缺点

砌体是将砖、石或砌块等块体用砂浆粘结砌筑而成的。由砌体构成墙、柱作为建筑物主要受力构件的结构称为砌体结构。

1. 砌体结构的优点

（1）砌体结构的材料方便就地取材和环境保护。砌体结构常用石材、黏土、砂等天然材料，易于就地取材。另外，煤矸石、粉煤灰、页岩等制作块材的原料都来源于工业废料，不仅有利于环境保护，还可以降低工程造价。

（2）砌体结构施工方便。砌体结构施工不要求特殊的技术设备，操作简单快捷。另外，与现浇钢筋混凝土结构相比，砌体结构还可以节约水泥、钢材和木材等。

（3）砌体结构使用年限长。砌体结构具有较好的耐火性和耐久性，使用年限更长。

（4）施工进度快。采用砌块或大型板材作为墙体时，可减轻结构质量，加快施工进度，进行工业化生产和施工。采用配筋混凝土砌块的高层建筑较现浇钢筋混凝土高层建筑可节省模板，加快施工进度。

（5）抗震效果好。随着高强度混凝土砌块等块体的开发和利用，专用砌筑砂浆和灌孔混凝土材料的发展，配筋砌块砌体剪力墙结构在等厚度墙体内可以随平面和高度方向改变质量、刚度、配筋，有利于抗震。

（6）保温隔热效果好。砌体结构特别是砖砌体结构的保温、隔热效果良好，砖墙房屋还能够调节室内的湿度。

2. 砌体结构的缺点

（1）施工工艺落后，急需改进。一方面，砌体结构所用黏土砖的制作往往需要占用农田，不但影响农业生产还不利于生态平衡，因此，需要大力发展砌块、煤矸石砖、粉煤灰砖等；另一方面，砌体结构砌筑施工基本采用手工方式砌筑，劳动量大，生产效率也低，因此，需要进一步推广砌块、振动砖墙板和混凝土空心墙板等工业化的施工方法。

（2）砌体结构材料用量较多。砌体结构截面尺寸一般较大，材料用量较多。

（3）砌体结构强度不高。砌体结构的质量大，抗拉、抗剪及抗弯强度都比较低。

（4）砌体结构延性差。砂浆和砖、石、砌块之间的粘结力较弱，结构延性差，必要时可采用配筋砌体或高粘性砂浆来提高结构的承载力和延性。

二、著名砌体结构建筑物掠影

1. 赵州桥

赵州桥（图 2-3）建于公元 605 年，距今已有 1400 多年历史，是当今世界上现存最早、保存最完整的古代敞肩石拱桥。赵州桥为敞肩圆弧石拱，拱圈并列 28 道，净跨为 37.02 m，拱高只有 7.25 m，上狭下宽，总宽度为 9 m。在主拱圈两侧，各开两个净跨分别为 3.8 m 和 2.85 m 的小拱，以泄洪水，减轻自重。

2. 长城

长城（图 2-4）又称万里长城，始建于周朝。国家文物局 2012 年宣布我国历代长城总长度为 21 196.18 km，分布于北京、天津、河北、山西、内蒙古、辽宁、吉林、黑龙江、山东、河南、陕西、甘肃、青海等 15 个省区，包括长城墙体、壕堑、单体建筑、关堡和相关设施等长城遗产 43 721 处。

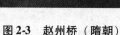

图2-3　赵州桥（隋朝）

图2-4　长城

第五节　钢-混凝土组合结构建筑

一、混凝土结构建筑的概念及特点

混凝土结构是指按设计要求，将钢筋和混凝土两种材料利用模板浇筑而成的各种形状和大小的构件或结构。

混凝土结构建筑是以混凝土为主制作结构的建筑。其主要包括素混凝土结构、钢筋混凝土结构和预应力混凝土结构三种。一般来说，其具有以下特点：

（1）原材料均是地方性材料，其资源丰富，又能利用工业废料，成本和能耗较低。

（2）能与钢筋、型钢很好地粘结，发挥各自优良的力学性能，共同工作。

（3）整体性、刚性、耐久性、抗火性均比其他常规工程材料更佳。

（4）应用范围广。

二、钢-混凝土组合结构的概念及分类

1. 钢-混凝土组合结构的概念

钢-混凝土组合结构是指采用钢构件和钢筋混凝土构件，或钢-混凝土组合构件共同组成的承重结构体系或抗侧力结构体系。

组合结构的种类繁多，从广义上讲，组合结构是指两种或多种不同材料组成一个结构或构件而共同工作的结构。钢-混凝土组合结构是继木结构、砌体结构、钢筋混凝土结构和钢结构之后发展兴起的第五大类结构。从广义概念上看，钢筋混凝土结构就是具有代表性的组合结构的一种。

钢-混凝土组合结构在结构体系中可充分发挥两种材料的优良力学性能，各自取长补短，

达到良好的技术经济效果。

2. 钢-混凝土组合结构的分类

一般来说，国内外常用的钢-混凝土组合结构主要包括以下五大类：

（1）压型钢板混凝土组合板。

（2）钢-混凝土组合梁。

（3）钢骨混凝土结构（也称为型钢混凝土结构或劲性混凝土结构）。

（4）钢管混凝土结构。

（5）外包钢混凝土结构。

三、著名钢-混凝土组合结构建筑物掠影

1. 上海金贸大厦

上海金贸大厦（图2-5），地上为88层，地下为3层，总高度为420.5 m，居国内第一位，世界第三位。上海金贸大厦的主体结构采用了核心筒加圈复合巨形柱的方案。在主体核心筒外围4个立面处，成对规则布置的8根巨形柱是由宽翼H型钢、钢筋、高强度混凝土复合而成，其截面尺寸为1 500 mm×5 000 mm（3～31层）。复合巨形柱内的H型钢相隔一定高度与外伸桁架的钢梁和斜撑相连接，因而既能承受重力，又能抵抗横向风荷载和地震作用。

2. 北京香格里拉饭店

北京香格里拉饭店（图2-6），地上为24层，地下为2层，总高为82.75 m，结构形式为框架-剪力墙体系，其框架柱均采用了型钢混凝土结构。

图2-5 上海金贸大厦

图2-6 北京香格里拉饭店

第六节　钢结构建筑

一、钢结构的概念及特点

钢结构是指由钢构件经焊接、螺栓连接或铆钉连接而成的结构，是建筑工程结构的主要形式之一，被广泛应用于房屋建筑、地下建筑、桥梁、塔桅、矿山建筑及容器管道中。与其他材料的结构相比，钢结构的特点如下。

1. 钢结构的优点

（1）材性好，可靠性高。钢材生产时，质量控制严格，材质均匀性好，具有良好的塑性和韧性，比较符合理想的各向同性弹塑性材料要求。所以，目前采用的计算理论能够较好地反映钢结构的实际工作性能，可靠性高。

（2）工业化程度高，工期短。钢结构具备成批大件生产和成品精度高等特点；采用工厂制造、工地安装的施工方法，能够有效地缩短工期，为降低造价、发挥投资的经济效益创造条件。

（3）强度高，质量轻。与混凝土、木材相比，钢虽然密度较大，但强度较混凝土和木材高出很多，密度与强度的比值一般比混凝土和木材小。因此，在同样受力的情况下，与钢筋混凝土结构和木结构相比，钢结构具有构件较小、质量较轻的特点。例如，在跨度和荷载都相同时，普通钢屋架的质量只有钢筋混凝土屋架的 1/4～1/3，如果采用薄壁型钢屋架，则轻得更多。钢结构适宜建造大跨度和超高、超重型的建筑物。另外，钢结构便于运输和吊装，可减轻下部基础和结构的负担。

（4）耐热性好。温度在 250 ℃以内，钢材性质变化很小。当温度达到 300 ℃以上时，强度逐渐下降；当温度达到 600 ℃时，强度几乎为零，在这种情况下，对钢结构必须采取保护措施。

（5）抗震性能好。由于质量轻和结构体系相对较柔，钢结构受到的地震作用较小，又具有较高的抗拉强度和抗压强度及较好的塑性与韧性。因此，在国内外的历次地震中，钢结构是损坏最轻的结构，被公认为是抗震设防地区特别是强震地区的最合适结构。

（6）密封性好。钢结构采用焊接连接后，可以做到安全密封，能够满足要求气密性和水密性好的高压容器、大型油库、气柜油罐与管道等。

（7）材质均匀。钢材的内部组织均匀，接近各向同性体，在一定的应力范围内，属于理想弹性工件，符合工程力学所采用的基本假定。

（8）建筑平面布置灵活。与其他材料的结构相比，钢结构能更好地满足大开间灵活分隔的要求，并可通过因自身强度高而减少柱的截面面积和使用轻质墙板来提高面积使用率。

（9）环保效果好。钢结构施工所用的材料主要是钢材，砂、石、水泥的用量极少。在建筑物拆除时，大部分材料可以回收再利用，不会造成太多垃圾，这就使钢结构具有绿色环保的特点。

2. 钢结构的缺点

（1）耐锈蚀性差。一般钢材在湿度大和有侵蚀性介质的环境中容易锈蚀，须采取除锈、刷油漆等防锈措施。新建造的钢结构一般隔一定时间都要重新刷涂料，维护费用较高。目前，国内外正在发展各种高性能的涂料和不易锈蚀的耐候钢，可有望解决钢结构耐锈蚀性差的问题。

（2）钢材价格相对较高。采用钢结构后，结构造价会略有增加，但实际上结构造价占工程总投资的比例是很小的，采用钢结构与采用钢筋混凝土结构之间的费用差价占工程总投资的比例就更小。因此，结构造价单一不应作为决定采用何种材料的主要依据，而应综合考虑各种因素，尤其是工期优势。钢结构将日益受到重视。

（3）耐火性差。钢结构耐火性较差，在火灾中，未加防护的钢结构一般只能维持20 min左右。因此，需要防火时应采取防火措施，如在钢结构外面包裹混凝土或其他防火材料，或在构件表面喷涂防火涂料等。

二、著名钢结构建筑物掠影

1. 埃菲尔铁塔

埃菲尔铁塔（图2-7）从1887年始建，是位于法国巴黎战神广场上的镂空结构铁塔，高为300 m，天线高为24 m，总高为324 m。其可分为三楼，分别在距离地面57.6 m、115.7 m和276.1 m处。其中，一楼、二楼设有餐厅，三楼建有观景台。埃菲尔铁塔从塔座到塔顶共有1 711级阶梯，共用钢铁7 000 t，12 000个金属部件，259万只铆钉，极为壮观华丽。埃菲尔铁塔设计新颖独特，是世界建筑史上的杰作。因而，成为法国和巴黎的一个重要景点和突出标志。

图2-7　埃菲尔铁塔

2. 日本明石海峡大桥

日本明石海峡大桥（图2-8）用钢量为30万t，是目前世界上主跨最长的悬桥，全长3 911 m，主跨长1 991 m，将日本的本州、九州、北海道和四国岛连接在一起。该桥可以承受里氏8.5级的强烈地震和80 m/s的暴风。

图 2-8 日本明石海峡大桥

第七节 索膜结构建筑

一、索膜结构的概念及分类

1. 索膜结构的概念

索膜结构是用高强度柔性薄膜材料经受其他材料的拉压作用而形成稳定曲面，因而能承受一定外荷载的空间结构形式。其造型自由、轻巧、柔美，充满力量感，具有阻燃、制作简易、安装快捷、节能、使用安全等特点，为建筑结构的创新提供了更多的发展空间。另外，值得一提的是，在阳光的照射下，由膜覆盖的建筑物内部充满自然漫射光，无强反差的着光面与阴影的区分，使室内的空间视觉环境开阔而和谐；夜晚，建筑物内的灯光透过屋盖的膜照亮夜空，使建筑物的体型显现出梦幻般的效果。这种结构形式特别适用于大型体育场馆、入口廊道、小品、公众休闲娱乐广场、展览会场、购物中心等领域，因而，在世界各地得到了广泛应用。

2. 索膜结构的分类

索膜结构从结构上可分为骨架式膜结构、张拉式膜结构、充气式膜结构三种形式。

（1）骨架式膜结构。以钢或集成材构成的屋顶骨架，在其上方张拉膜材的构造形式。其具有下部支撑结构安定性高，屋顶造型比较单纯，开口部不易受限制，且经济效益高等特点，广泛适用于任何大、小规模的空间。

（2）张拉式膜结构。以膜材、钢索及支柱构成，利用钢索与支柱在膜材中导入张力以达到安定的形式。除可实现创意、创新且美观的造型外，其也是最能展现膜结构精神的构造形式。大型跨距空间也多采用以钢索与压缩材构成钢索网来支撑上部膜材的形式。因为施工精度要求高，结构性能强，且具有丰富的表现力，所以，其造价略高于骨架式膜结构。

（3）充气式膜结构。充气式膜结构是将膜材固定于屋顶结构周边，利用送风系统让室内气压上升到一定压力后，使屋顶内外产生压力差，以抵抗外力的构造形式。因利用气压来支撑，以及钢索作为辅助材料，充气式膜结构无须任何梁、柱支撑，即可得更大的空间。其具有施工快捷、经济效益高的特点，但需要进行 24 h 送风机运转，在持续运行及机器维护费用的成本上较高。

二、著名索膜结构建筑物掠影

1. 水立方

水立方（图 2-9）是世界上最大的膜结构工程。水立方整体建筑由 3 000 多个气枕组成，气枕大小不一、形状各异，覆盖面积达到 10 万 m²，堪称世界之最。除地面外，水立方的外表都采用了膜结构。安装成功的气枕将通过事先安装在钢架上的充气管线充气变成"气泡"，整个充气过程由计算机智能监控，并根据当时的气压、光照等条件使"气泡"保持最佳状态。如果出现外膜破裂，根据应急预案，可在 8 h 内将破损的外膜修好或换新。水立方晶莹剔透的外衣上面还点缀着无数白色的亮点，被称为镀点，它们可以改变光线的方向，起到隔热散光的效果。目前，世界上只有三家企业能够完成这种索膜结构。

2. 上海世博园区世博轴索膜结构

世博轴是上海世博会主入口和主轴线，地下、地上各两层，为敞开式建筑。其是由 13 根大型桅杆、数十根斜拉索和巨大的幕布巧妙组成的十分罕见的索膜结构建筑，如图 2-10 所示。6 个形似喇叭的"阳光谷"，其中最大的上面直径为 99 m，下面直径为 20 m，其钢结构由 1 700 个单元构建而成，每个单元又由 3 个杆件和 1 个节点组成，节点误差小于 5 mm。

图 2-9　水立方

图 2-10　上海世博园区世博轴索膜结构

第八节　特种结构建筑

特种结构是指具有特种用途的工程结构。其主要包括高耸结构、海洋工程结构、管道结构、容器结构和核电站结构等。下面介绍工业中几种常用的特种结构。

一、烟囱

烟囱是工业中常用的构筑物，也是最古老、最重要的防污染装置之一，是将烟气排入高空的高耸结构，能改善燃烧条件，减轻烟气对环境的污染。烟囱按建筑材料可分为砖烟囱、钢筋混凝土烟囱和钢烟囱三类。

1. 砖烟囱

砖烟囱的高度一般不超过 50 m，多数呈圆锥形，用烧结普通砖和水泥石灰砂浆砌筑。其优点是：可以就地取材，节省钢材、水泥和模板；砖的耐热性能比普通钢筋混凝土更佳；由于砖烟囱体积较大，重心较其他材料建造的烟囱低，故稳定性较好。其缺点是：质量重，材料数量多，整体性和抗震性较差；在温度应力作用下易开裂；施工较复杂，手工操作多，且需要技术较熟练的工人。

2. 钢筋混凝土烟囱

多用于高度超过 50 m 的烟囱。其优点是质量较轻，造型美观，整体性，抗风、抗震性好，施工简便，维修量小。钢筋混凝土烟囱的外形多为圆锥形，一般采用滑模施工。按内衬布置方式不同，其可分为单筒式、双筒式和多筒式。目前，我国最高的单筒式钢筋混凝土烟囱为 210 m，最高的多筒式钢筋混凝土烟囱是秦岭电厂 212 m 高的四筒式烟囱。目前，世界上已建成的高度超过 300 m 的烟囱达数十座，其中，米切尔电站的单筒式钢筋混凝土烟囱高达 368 m。

3. 钢烟囱

钢烟囱质量轻，有韧性，抗震性能好，适用于地基差及耐腐蚀性差的场地，需要经常维护。

二、水塔

水塔是给水排水工程结构常用的构筑物，是用于储水和配水，以及保持与调节给水管网中的水量和水压的高耸结构。水塔主要由水柜、基础和连接两者的支筒或支架组成。在工业与民用建筑中，水塔是一种比较常见而又特殊的建筑物。其施工需要特别精心和讲究技艺，如果施工质量不好，轻则造成永久性渗漏水，重则报废不能使用。水塔基础有钢筋混凝土圆板基础、环板基础、单个锥壳与组合锥壳基础和桩基础。当水塔容量较小、高度不大时，也可以采用砖石材料砌筑的刚性基础。

水塔按建筑材料可分为钢筋混凝土水塔、钢水塔、砖石支筒与钢筋混凝土水柜组合的水塔。水柜也可用钢丝网水泥、玻璃钢和木材建造。

钢筋混凝土水柜按形式可分为圆柱壳式和倒锥壳式，如图 2-11 所示。在我国这两种形式应用最多，另外，还有球形、箱形、碗形和水珠形等多种。水柜由顶盖、柜壁和柜底组成。顶盖采用平板、正圆锥壳或球形壳，周边设置上环梁；柜壁为圆柱形壳；柜底的外伸段是倒锥形壳，中间段采用球形壳，外伸段尺寸按两种壳的水平分力接近平衡来确定。倒锥壳式水柜采用倒置的截头圆锥壳柜壁，但不设柜底，由下环梁与支筒壁封住。顶盖做法与圆柱壳式水柜相似。倒锥壳柜壁由于水深近似地与圆周直径成反比，因此，柜壁环向拉力比较均匀，受力状态较好。其中，支筒一般用钢筋混凝土或砖石做成圆筒形，支架多数用钢筋混凝土刚架或钢构架。

(a)　　　　　　　　　　　　(b)

图 2-11　钢筋混凝土水柜

（a）圆柱壳式；（b）倒锥壳式

三、筒仓

　　筒仓是用于储存散装物料的仓库，可分为农业筒仓和工业筒仓两大类。农业筒仓用来储存粮食、饲料等粒状和粉状物料；工业筒仓用来储存焦炭、水泥、食盐、食糖等散装物料。

　　筒仓的平面形状有正方形、矩形、多边形和圆形等。圆形筒仓的仓壁受力合理，用料经济，所以应用最为广泛。当储存的物料品种单一或储量较小时，用独立仓或单列布置。当储存的物料品种较多或储量大时，则布置成群仓。圆筒群仓的总长度一般不超过 60 m，方形群仓的总长度一般不超过 40 m。群仓长度过大或受力和地基情况较复杂时应采取适当措施，如设置伸缩缝以消除混凝土的收缩应力和温度应力所产生的影响；设置沉降缝以避免由于结构本身不同部分之间存在较大荷载差或地基土承载能力有明显差别等因素而导致的不均匀沉降的影响；设防震缝以减轻震害等。

　　筒仓根据所用材料不同可分为钢筋混凝土筒仓（图 2-12）、钢结构筒仓、砖砌筒仓。小型筒仓也可用塑料制造。砖砌筒仓具有取材方便、造价低廉、施工简便等特点，因此，应用广泛。高度较大的砖砌筒仓，配置环向钢筋或每隔一定高度设置钢筋混凝土圈梁，以承受环向拉力。砖砌筒仓的直径多在 6 m 以下，高度不超过 20 m。钢筋混凝土结构适用于容量较大的筒仓，其直径在群仓中可达 12 m，在独立仓中可达 18 m 以上，其高度根据提升设备的能力和经济效益而定，一般为 35 m，用气流输送入仓的水泥筒仓可达 50 m。钢材一般仅用来制造筒仓的漏斗。

图 2-12　钢筋混凝土筒仓

四、塔桅

塔桅是一种高度相对于横截面尺寸很大，水平风荷载起主要作用的自立式结构。根据其结构形式可分为自立式塔式结构和拉线式桅式结构。

20 世纪随着无线电广播和电视事业的发展，世界各地建造了大量较高的无线电塔和电视塔。电力、冶金、石油、化工等企业也建造了很多高耸结构，如输电线路塔、石油钻井塔、炼油化工塔、风动机塔、排气塔、水塔、烟囱等。在邮电、交通、运输等部门中也兴建了电信塔、导航塔、航空指挥塔、雷达塔、灯塔。被誉为"西部第一塔"的四川广播电视塔（图 2-13），在经历了 11 年的建设后，终于完成了施工最关键、技术最难的环节——插上钢桅杆。电视塔陡然增高，总高度达到了 339 m。其中，钢桅杆由三大部分 13 节组成，有发射天

图 2-13　四川广播电视塔

线、避雷针等部件。钢桅杆全长为 87.5 m，重为 186 t。在施工中，采用吊装工程，将钢桅杆从塔身内部，经过焊接、组装等程序，用穿心式千斤顶，一步步顶升出塔身，形成塔顶部分。要将这样庞大的物体吊装上塔顶，其施工难度居全国第一位。

本章小结

建筑是建筑物与构筑物的总称，是人们为了满足社会生活需要，利用所掌握的物质技术手段，并运用一定的科学规律、风水理念和美学法则创造的人工环境。构成建筑的主要因素有建筑功能、建筑技术和建筑形象三个方面。建筑工程是房屋建筑工程，即兴建房屋的规划、勘察、设计（建筑、结构和设备）、施工的总称。

常见的建筑结构形式包括木结构、砌体结构、混凝土结构、钢结构、索膜结构及特种结构等。

（1）木结构是指单纯由木材或主要由木材承受荷载的结构，通过各种金属连接件或榫卯手段进行连接和固定。

（2）砌体是将砖、石或砌块等块体用砂浆粘结砌筑而成的。由砌体构成墙、柱作为建筑物主要受力构件的结构称为砌体结构。

（3）混凝土结构是指按设计要求，将钢筋和混凝土两种材料利用模板浇筑而成的各种形状和大小的构件或结构。混凝土结构建筑是以混凝土为主制作结构的建筑，主要包括素混凝土结构、钢筋混凝土结构和预应力混凝土结构三种。

（4）钢结构是由钢构件经焊接、螺栓连接或铆钉连接而成的结构，是建筑工程结构的主要形式之一，被广泛用于房屋建筑、地下建筑、桥梁、塔桅、矿山建筑及容器管道中。

（5）索膜结构是用高强度柔性薄膜材料经受其他材料的拉压作用而形成稳定曲面，因而能承受一定外荷载的空间结构形式。其造型自由、轻巧、柔美，充满力量感，具有阻燃、制作简易、安装快捷、节能、使用安全等特点，为建筑结构的创新提供了更多的发展空间。

（6）特种结构是指具有特种用途的工程结构，主要包括高耸结构、海洋工程结构、管道结构、容器结构和核电站结构等。

思考题

一、填空题

1. ＿＿＿＿＿＿＿＿＿是人们建造房屋的目的和使用要求的综合体现。

2. 建筑按使用功能通常可分为＿＿＿＿＿＿、＿＿＿＿＿＿＿＿和＿＿＿＿＿＿三大类。

3. 大量性建筑是指＿＿＿＿＿＿＿＿＿＿＿＿＿的建筑。

4. 大型性建筑是指＿＿＿＿＿＿＿＿＿＿＿＿＿的建筑。

5. 砖墙承重结构指＿＿＿＿＿＿＿＿＿＿＿＿＿。

6. 建筑物的＿＿＿＿＿＿＿是指建筑物的使用年限。

7. 民用建筑的耐火等级可分为＿＿＿＿＿＿。

8. 一般来说，木结构的结构形式主要有＿＿＿＿＿与＿＿＿＿＿两种。

9. ＿＿＿＿＿＿＿＿位于山西省应县县城内西北角的佛宫寺院内，是佛宫寺的主体建筑。

10. 索膜结构从结构上可分为_____、_____、_____三种形式。

二、选择题

1. 下列不属于农业建筑的是（　　）。

A. 温室大棚　　　　　B. 鱼塘　　　　　C. 粮仓　　　　　D. 园林建筑

2. 下列关于木结构建筑的特点的描述错误的是（　　）。

A. 使用寿命短　　　　B. 施工简单　　　C. 抗震性良好　　D. 建造成本相当

3. 木结构房屋保温（隔热）性能优异，比普通砖混结构房屋节省能源超过（　　）。

A. 10%　　　　　　　B. 20%　　　　　　C. 30%　　　　　D. 40%

4. 砖烟囱的高度一般不超过（　　）m。

A. 20　　　　　　　　B. 30　　　　　　　C. 40　　　　　　D. 50

5. 圆筒群仓的总长度一般不超过（　　）m。

A. 20　　　　　　　　B. 40　　　　　　　C. 60　　　　　　D. 80

三、问答题

1. 建筑的实体属性是什么？

2. 建筑工程的基本属性是什么？

3. 砌体结构的优点是什么？

4. 国内外常用的钢-混凝土组合结构的主要类型有哪些？

5. 索膜结构是如何分类的？

第三章

桥梁工程

第一节　桥梁工程概述

一、桥梁的基本组成

桥梁就是供车辆（汽车、列车）和行人等跨越河流、山谷、海湾或其他线路等障碍的工程建筑物。简单来说，桥梁就是跨越障碍的通道。

桥梁由上部结构（桥跨结构）、下部结构（桥墩和桥台）和桥梁基础组成，如图3-1所示。

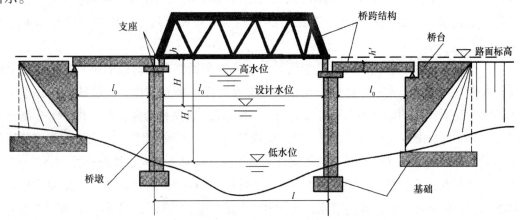

图 3-1　桥梁的基本组成

注：低水位——枯水季节河流的最低水位；

高水位——洪峰季节河流的最高水位；设计水位——按规定设计洪水频率算得的水位

（1）上部（桥跨结构）。上部结构（桥跨结构）是线路中断时跨越障碍的主要承重结构。其不仅需要承受桥梁自身的恒荷载，而且还需要承受很大的车辆荷载。

（2）下部结构（桥墩和桥台）。下部结构（桥墩和桥台）是支撑桥跨结构并将恒荷载和车辆等活荷载传递至地基的建筑物。

（3）桥梁基础。桥梁基础是桥墩、桥台埋入土中的扩大部分。其作用是使桥上的全部荷载传递至地基。

二、桥梁的主要类型

桥梁有各种不同的分类方式，每一种分类方式均反映出桥梁在某一方面的特征。

1. 按工程规模划分

按工程规模划分，有特大桥、大桥、中桥、小桥等，见表 3-1。

表 3-1　桥梁的分类

分类	公路桥涵		铁路桥涵
	多孔跨径总长 L/m	单孔跨径 L_k/m	桥长 L_1/m
特大桥	$L > 1\,000$	$L_k > 150$	$L_1 > 500$
大桥	$100 \leqslant L \leqslant 1\,000$	$40 \leqslant L_k \leqslant 150$	$100 < L_1 \leqslant 500$
中桥	$30 < L < 100$	$20 \leqslant L_k < 40$	$20 < L_1 \leqslant 100$
小桥	$8 \leqslant L \leqslant 30$	$5 \leqslant L_k < 20$	$L_1 \leqslant 20$
涵洞	—	$L_k < 5$	$L_1 < 6$ 且顶上有填土者

2. 按其使用功能划分

（1）铁路桥。铁路桥专供铁路列车行驶，桥的宽度和跨度有限，其所承受的车辆活荷载相对较大。由于铁路迂回运输不易实现，因此，铁路桥必须结实耐用且易于修复。

（2）公路桥。与铁路桥相比，公路桥的车辆活荷载相对较小，桥的宽度和跨度相对较大。

（3）公铁两用桥。公铁两用桥是指同时承受公路和铁路车辆荷载的桥。我国长江上的主要特大桥（如武汉、南京、枝城、九江、芜湖等大桥）都是如此。一般认为，在增加费用不多的情况下（桥的墩台和基础可以共用），将公路、铁路桥合建，就可将专为公路建桥的时间大为提前。随着经济不断发展，公路交通量剧增，专为公路修建特大桥的事现已屡见不鲜。通常，除高速公（铁）路上的桥梁外，其他桥梁均具备行人过桥的通道。

（4）人行桥。人行桥（也称天桥）是指专供行人（有时包括非机动车）使用的桥。其跨越城市繁忙街道处，或市区内河流，或封闭的高速公路，为行人（及行车）提供方便。

（5）农桥。农桥原指在南方水网地区专为农用机械越过沟渠而建的小桥。现在，这一名词已无实用意义。

3. 按主要承重结构所用材料划分

按主要承重结构所用材料划分，有钢桥、钢筋混凝土桥、预应力混凝土桥、结合梁桥，以及用砖、石、素混凝土块等砌体材料建造的拱桥，木桥等。

（1）钢桥。钢桥具有较大的跨越能力，在跨度上处于领先地位。在我国，由于钢材具有匀质性好、强度高、质量轻等优点。因而，传统上铁路桥采用钢桥（钢板梁桥、钢桁梁桥）较多。近年来，随着大跨度公路悬索桥和斜拉桥的发展，公路桥采用钢桥也越来越多。

（2）钢筋混凝土桥和预应力混凝土桥。钢筋混凝土桥和预应力混凝土桥的建造费用较少，养护维修方便，是目前应用最为广泛的桥梁。在中、小跨度范围内其已逐步取代钢桥，在大跨度范围内其也具有较强的竞争力。

（3）结合梁桥。结合梁桥主要是指钢梁与钢筋混凝土桥面板组合形成的梁桥或加劲梁桥。

（4）用砖、石、素混凝土块等砌体材料建造的拱桥。用砖、石、素混凝土块等砌体材料建造的拱桥主要是指石拱桥，其取材方便，构造简单，适用于跨度不大、取材方便的山区。

（5）木桥。在结构钢出现之后，除临时性桥梁和林区桥梁外，一般不采用木桥。

4. 按跨越障碍物性质划分

按跨越障碍物性质划分，有跨河桥、跨谷桥、跨线桥、立交桥、地道桥、旱桥、跨海桥等。

（1）跨河桥。大部分桥梁是跨越河流的。修建跨河桥，不可以使河流功能受到损害。为此，必须遵循桥梁勘测设计规范的要求，使桥的孔径、跨度、桥面高程、基础埋置深度等既能保证桥在排洪和通航时的安全，又不碍及河流的功能。

（2）跨谷桥。跨谷桥是指跨越谷地的桥梁。谷地的特点是地形变化大、地质变化大、水流变化大，谷底至桥面较高，不适用于采用跨度小、跨数多、桥墩高的结构形式。通常，对于较窄的河谷，可以考虑采用一跨结构（如拱或斜腿刚架）作为正桥越过，避免修建高桥墩；对于较为开阔平坦的河谷，可以考虑采用跨度较大的多跨连续梁（刚构）桥。

（3）跨线桥。跨线桥主要是指直接跨越其他线路（公路、铁路、城市道路等）的桥。

（4）立交桥。立交桥是指当跨线桥还需要与其所跨越的线路互通时形成的桥。跨线桥和立交桥多建于城区，由于桥下净空和桥面高程的要求，容许建筑高度有限，需要考虑采用建筑高度小的桥跨结构。

（5）地道桥。当桥梁采用下降方式（而不是架空方式），从被跨越线路的下方穿过时，因其主要部分是位于地下，故称为地道桥。

（6）旱桥。旱桥是指建在无水地面的桥。其跨度一般不大，桥墩截面形状无须适应水流需要。对于引桥的不过水区段，有时用此名称。

（7）跨海桥。跨海桥泛指跨越海峡、海湾或为连接近海中岛屿而在海上建造的桥。在通航频繁的狭窄海峡或海上航道处，多采用特大跨度的悬索桥或斜拉桥作为正桥；对水域相对宽阔的海面，引桥可以采用多跨的预应力混凝土梁。跨海桥的长度，为几千米至几十千米。需要在自然条件复杂的海洋环境中施工，对质量（尤其对材料耐久性和防腐蚀）的要求高，应采用以大吨位预制、浮运架设为主的施工方法，尽量减少海上作业量及对海洋环境的影响。

三、著名桥梁掠影

1. 福建泉州东郊万安桥（洛阳桥）

福建泉州东郊万安桥（洛阳桥）是世界上最长和工程最艰巨的古代石梁桥，始建于宋代，桥长达 800 多米，共 47 孔，跨径为 11～17 m（图 3-2）。该桥位于洛阳江的入海口处，由于入海口江面波涛汹涌，水深不可测，基础施工条件异常艰巨。建造时先以磐石遍铺江底，并巧妙地利用养殖海生牡蛎的方法，将江底石块牢固地胶结在一起，同时，将桥墩和基础也牢固地胶结成整体来共同抵抗风浪。该桥的桥基形式是近代筏形基础的开端，施工中采用的牡蛎固基法及利用海水涨落的浮运架梁法，是当时世界上绝无仅有的桥梁建造技术。其充分体现了我国古代劳动人民的勤劳勇敢和聪明智慧，现为国家重点保护文物。类似的石梁桥还有修建于 1240 年的福建漳州虎渡桥，此桥总长为 335 m，最大石梁长达 13.7 m，高为 1.9 m，宽为 1.7 m，重达 200 t。这些巨大的石梁，在当时没有起重设备的情况下，是巧妙地利用潮水涨落浮运架设的。

2. 悉尼大桥

悉尼大桥（图 3-3）具有许多重要的意义，其是连接港口南、北两岸的重要桥梁，是悉尼歌剧院明信片的完美背景，也是摄取港口全景的绝佳地点。这座世界上最长的长翼桥于 1932 年 3 月通车，长为 502.9 m，宽为 48.8 m，有 8 个车道、2 条铁轨、1 条自行车道及 1 条人行道。游客可以开车、搭乘巴士或坐火车越过大桥，感受各自的不同。

图 3-2　福建泉州东郊万安桥（洛阳桥）

图 3-3　悉尼大桥

第二节　桥墩、桥台与桥梁基础

一、桥墩

桥墩是承受上部结构荷载、流水压力、风力、冰压力和撞击力的结构。其作用是支撑在它左右两跨的上部结构通过支座传来的竖直力和水平力。

桥墩在结构上必须有足够的强度和稳定性，在布设上需要考虑桥墩与河流的相互影响，即水流冲刷桥墩和桥墩壅水的问题。在空间上应满足通航和通车的要求。

桥墩根据其结构形式，可分为实体式（重力式）桥墩、空心式桥墩和桩（柱）式桥墩。

（1）实体式（重力式）桥墩［图3-4（a）］。实体式（重力式）桥墩的主要特点是依靠自身质量来平衡外力而保持稳定。其一般适宜荷载较大的大、中型桥梁，或流冰、漂浮物较多的江河之中。此类桥墩的最大缺点是圬工体积较大，因而其质量重，阻水面积也较大。有时为了减小墩身体积，将墩顶部分做成悬臂形式。

（2）空心式桥墩［图3-4（b）～（e）］。空心式桥墩克服了实体式桥墩在许多情况下材料强度得不到充分发挥的缺点，而将混凝土或钢筋混凝土桥墩做成空心薄壁结构等形式，这样可以节省圬工材料，还减轻质量。其缺点是经不起漂浮物的撞击。

（3）桩（柱）式桥墩。由于大孔径钻孔灌注桩基础的广泛使用，使得桩式桥墩在桥梁工程中得到普遍采用。这种结构是将桩基一直向上延伸到桥跨结构下面，桩顶浇筑墩帽，桩作为墩身的一部分，桩和墩帽均由钢筋混凝土制成。这种结构一般用于桥跨不大于30 m、墩身不高于10 m的情况。例如，在桩顶上修筑承台，在承台上修筑立柱作墩身，则称为柱式桥墩［图3-4（f）～（h）］。柱式桥墩可以是单柱，也可以是双柱或多柱形式，视结构需要而定。

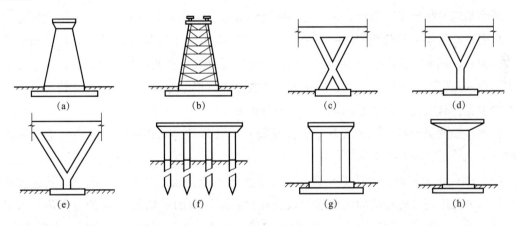

图3-4　桥墩的类型

（a）实体式桥墩；（b）构架式桥墩；（c）X型桥墩；（d）Y型桥墩；
（e）V型桥墩；（f）柱式桥墩；（g）双柱式桥墩；（h）单柱式桥墩

二、桥台

桥台是两端桥头的支承结构物，也是连接两岸道路的路桥衔接构造物。其既要承受支座传递来的竖直力和水平力，又要挡土护岸，承受台后填土及填土上荷载产生的侧向土压力。

因此，桥台必须具有足够的强度，并能避免在荷载作用下发生过大的水平位移、转动和沉降，这在超静定结构桥梁中尤为重要。

桥梁的桥台有实体式桥台和埋置式桥台等形式。

（1）实体式桥台［图 3-5（a）］。U 形桥台是最常见的实体式桥台形式，其由支承桥跨结构的台身与两侧翼墙在平面上构成 U 形而得名。其一般用圬工材料砌筑，构造简单，适用于填土高度在 8~10 m 以下、跨度稍大的桥梁。其缺点是桥台体积和质量较重，因而也增加了对地基的要求。

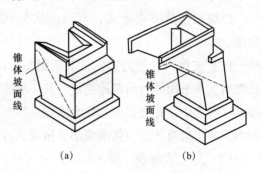

图 3-5　桥台的类型

（a）实体式；（b）埋置式

（2）埋置式桥台［图 3-5（b）］。埋置式桥台是将台身大部分埋入锥形护坡中，只露出台帽，以安置支座及上部构造物。这样，桥台体积就可以大为减少。但是由于台前护坡用作永久性表面防护设施，存在着被洪水冲毁而使台身裸露的可能，故一般用于桥头为浅滩、护坡受冲刷较小的场合。埋置式桥台不一定是实体结构。配合钻孔灌注桩基础，埋置式桥台还可以采用桩柱上的框架式或锚拉式等类型。

三、桥梁基础

桥梁基础是指桥梁结构物直接与地基接触的部分，是桥梁下部结构的重要组成部分。

承受基础传递来的荷载的那一部分地层（岩层或土层）则称为地基。地基与基础受到各种荷载后，其本身将产生应力和变形。为了保证桥梁的正常使用和安全，地基和基础必须具有足够的强度和稳定性，变形也应在容许范围之内。根据地基土的土层变化情况、上部结构的要求和荷载特点，桥梁基础可以采用各种类型。

桥梁基础的类型有刚性扩大基础、桩基础和沉井基础等。在特殊情况下，也会用沉箱基础。

（1）刚性扩大基础。刚性扩大基础是桥梁实体式墩台浅基础的基本类型。其主要特点是基础外伸长度与基础高度的比值必须限制在材料刚性角的正切值 $\tan\alpha$ 的范围内。若满足此条件，则认为基础的刚性很大，基础材料只承受压力，不会发生弯曲和剪切破坏，刚性扩大基础即由此而得名。此基础施工简单，可以就地取材，稳定性好，也能承受较大的荷载。

（2）桩基础。桥梁的桩基础是桥梁基础中常用的类型。当地基上面土层较软且较厚时，如采用刚性扩大基础，地基的强度和稳定性往往不能满足要求，这时采用桩基础是比较好的方案。水流稍深的江河道上的桥梁也多采用桩基础。

桩基础的作用是将墩台传来的外力由其经过上部软土层传到较深的地层中。承台将外力传递给各桩，起到箍住桩顶使各桩共同工作的作用。各桩所承受的荷载由桩身与周围土之间的摩阻力及桩底地层的抵抗力来支承。因此，桩基础一般具有承载力高、稳定性好、沉降小、沉降均匀等特点。在深水河道中，桩基础具有可以减少水下工程、简化施工工艺、加快施工进度等优点。

桩基础由若干根桩与承台两部分组成。每根桩的全部或部分沉入地基中，桩在平面排列上可成为一排或几排，所有桩的顶部由承台联结成为一个整体后，在承台上再修筑墩台，如图 3-6 所示。

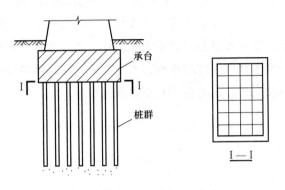

图 3-6　桩基础

桩基础一般适用于以下情况：

1）荷载较大，地基上部土层软弱，适宜的持力层位置较深时；

2）河床受冲刷较严重，河道不稳定或冲刷深度不易计算准确时；

3）采用刚性扩大基础困难大，其他方案在技术经济上不合理时。

（3）沉井基础。沉井基础是以沉井作为基础结构，将上部荷载传递至地基的一种深基础。沉井是一种四周有壁、下部无底、上部无盖、侧壁下部有刃脚的筒形结构物。通常用钢筋混凝土制成。其通过从井孔内挖土，借助自身质量克服井壁摩阻力下沉至设计标高，再经混凝土封底并填塞井孔，便可成为桥梁墩台的整体式深基础。沉井基础的特点是埋深大、整体性强、稳定性好，能承受较大的竖向作用和水平作用。沉井井壁既是基础的一部分，又是施工时的挡土和挡水结构物，施工工艺也不复杂，因此，这种结构形式在桥梁基础中得到了广泛使用，而且随着施工技术的不断提高，还将得到更广泛的应用与发展。

（4）沉箱基础。沉箱基础又称为气压沉箱基础，是以气压沉箱来修筑的桥梁墩台或其他构筑物的基础。沉箱形似有顶盖的沉井。在水下修筑大桥时，若用沉井基础施工有困难，则改用气压沉箱施工，并用沉箱作基础。沉箱基础是一种较好的施工方法和基础类型。其工作原理：当沉箱在水下就位后，将压缩空气压入沉箱室内部，排出其中的水，这样，施工人员就能在箱内进行挖土施工，并通过升降筒和气闸，将弃土外运，从而使沉箱在自重和顶面压重作用下逐步下沉至设计标高，最后用混凝土填实工作室，即成为沉箱基础。由于施工过程中都通入压缩空气，使其气压保持或接近刃脚处的静水压力，故称为气压沉箱。

沉箱与沉井一样，可以就地建造下沉，也可以在岸边建造，然后浮运至桥基位置穿过深水定位。当下沉处是很深的软弱层或者受冲刷的河底，应采用浮运式。

本章小结

桥梁就是供车辆（汽车、列车）和行人等跨越河流、山谷、海湾或其他线路等障碍的工程建筑物。简单来说，桥梁就是跨越障碍的通道。桥梁由上部结构（桥跨结构）、下部结构（桥墩或桥台）和桥梁基础组成。桥梁按工程规模划分，可分为特大桥、大桥、中桥、小桥等；按使用功能划分，可分为铁路桥、公路桥、公铁两用桥、人行桥、农桥等；按主要承重结构所用材料划分，可分为钢桥、钢筋混凝土桥、预应力混凝土桥、结合梁桥，以及用砖、石、素混凝土块等砌体材料建造的拱桥，木桥等；按跨越障碍物性质划分，可分为跨河桥、跨谷桥、跨线桥、立交桥、地道桥、旱桥、跨海桥等。

思考题

一、填空题

1. _____是线路中断时跨越障碍的主要承重结构。

2. _____是支撑桥跨结构并将恒荷载和车辆等活荷载传至地基的建筑物。

3. 结合梁桥主要是指_____。

4. 跨线桥主要是指_____。

5. _____是指建在无水地面的桥。

6. 桥墩根据其结构形式，可分为_____、_____和_____。

7. 桥梁的桥台有_____和_____等形式。

二、问答题

1. 桥梁是如何按跨越障碍物性质不同进行分类的？

2. 桥墩的类型有哪些？

3. 桥台的类型有哪些？

4. 桥梁桩基础适用于哪些情形？

5. 什么是桥梁的沉箱基础？其工作原理是什么？

第四章

道路工程

第一节　道路工程概述

一、道路的分类

道路是行人和车辆的行驶用地。道路按其使用特点可分为公路、城市道路、林区道路、厂矿道路和乡村道路。

（1）公路是指连接城市、乡村、厂矿和林区的道路。其主要提供汽车行驶并且具备一定的技术条件的交通设施。公路按照其在路网中的地位和作用可分为国家干线公路（国道）、省干线公路（省道）、县公路（县道）和专用公路。国道、省道和县道分别是指在国家、省和县公路网中，具有全局性政治、经济及国防意义的干线公路；而专用公路是指专为企业或其他单位提供运输服务的道路，例如，专门或主要供厂矿、林区、油田及旅游区等与外部连接的公路。

（2）城市道路是指在城市范围内使用的道路。其提供交通功能的交通设施，并且具有通风、采光、管道及通信设施埋设通道的功能。城市道路根据其在城市道路系统中的地位、交通功能和服务功能，可分为快速路、主干路、次干路和支路四个等级。快速路主要为城市大交通、长距离及快速交通服务，一般在特大城市或大城市中设置；主干路是城市道路网的骨架，联系主要工业区、住宅、港口及车站等地区，以交通功能为主；次干路起联结及集散交通作用，兼有服务功能，是配合和连接主干路的辅助性干路；支路为次干路和街坊路的连接线，解决局部地区交通，以服务功能为主，沿街以居住建筑为主。

（3）林区道路是指修建在林区，主要供各种林区运输工具通行的道路。由于林区地形及木材运输的特殊性，其技术要求应按相应的技术标准执行。

（4）厂矿道路是指主要为工厂、矿山运输车辆通行的道路。其通常可分为厂内道路、厂外道路和露天矿山道路。

（5）乡村道路是指修建在乡村、农场，主要供行人及各种农业运输工具通行的道路。乡村道路一般不列入国家公路等级标准。

二、公路分级与技术标准

公路可分为高速公路、一级公路、二级公路、三级公路及四级公路五个技术等级。

（1）高速公路为专供汽车分方向、分车道行驶，全部控制出入的多车道公路。高速公路的年平均日设计交通量宜在 15 000 辆小客车以上。

（2）一级公路为供汽车分方向、分车道行驶，可根据需要控制出入的多车道公路。一级公路的年平均日设计交通量宜在 15 000 辆小客车以上。

（3）二级公路为供汽车行驶的双车道公路。二级公路的年平均日设计交通量宜为 5 000～15 000 辆小客车。

（4）三级公路为供汽车、非汽车交通混合行驶的双车道公路。三级公路的年平均日设计交通量宜为 2 000～6 000 辆小客车。

（5）四级公路为供汽车、非汽车交通混合行驶的双车道或单车道公路。双车道四级公路年平均日设计交通量宜在 2 000 辆小客车以下；单车道四级公路年平均日设计交通量宜在 400 辆小客车以下。

公路技术等级选用应根据路网规划、公路功能，并结合交通量论证确定。主要干线公路应选用高速公路；次要干线公路应选用二级及二级以上公路；主要集散公路宜选用一级、二级公路；次要集散公路宜选用二级、三级公路。支线公路宜选用三级、四级公路。

三、城市道路分级与技术标准

城市道路按其在城市路网中的地位、交通功能及对沿线的服务功能等，可分为快速路、主干路、次干路和支路四个等级。

（1）快速路。快速路应中央分隔、全部控制出入、控制出入口间距及形式，应实现交通连续通行，单向设置不应少于两条车道，并应设有配套的交通安全与管理设施。快速路两侧不应设置吸引大量车流、人流的公共建筑物的出入口。

（2）主干路。主干路两侧不宜设置吸引大量车流、人流的公共建筑物的出入口。

（3）次干路。次干路是配合和连接主干路的辅助性干路，与主干路结合组成干路网。

（4）支路。支路是地区同向干路的道连接线，但不得与快速路直接相连。

第二节 道路的组成

一、线形组成

1. 路线

一般所说的路线是指公路的中线，而公路中线是一条三维空间曲线，通常称为路线线形。其由直线和曲线组成。

公路中线在水平面上的投影称为路线的平面；沿着中线竖直剖切，再行展开就称为纵断面；中线各点的法向切面是横断面。道路的平面、纵断面构成了道路的线形。

在道路线形设计中，为便于确定公路中线的位置、形状和尺寸，需要从路线平面、路线纵断面和空间线形（通常是用线形组合、透视图法、模型法进行研究）三个方面来研究（图 4-1）。

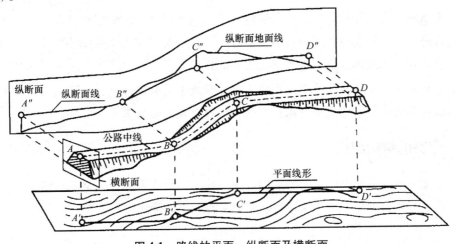

图 4-1 路线的平面、纵断面及横断面

2. 平、纵线形

路线设计是指确定路线空间位置和各部分几何尺寸的工作，为研究与使用的方便，将其分解为路线平面设计和路线纵断面设计。二者是相互关联的，既要分别进行，又要综合考虑。线形是道路的骨架，它不仅对行车的速度、安全、舒适、经济及道路的通行能力起决定性的作用，而且直接影响道路构造物设计、排水设计、土石方数量、路面工程及其他构造物。同时，对沿线的经济发展、土地利用、工农业生产、居民生活及自然景观、环境协调也有很大影响。道路建成后，要想再对路线线形进行改造，其困难是比较大的。

道路路线位置受社会经济、自然地理和技术条件等因素的制约。设计者的任务就是在调查研究、掌握大量材料的基础上，设计出一条有一定技术标准、满足行车要求、工程费用最省的路线。在设计的顺序上，一般是在尽量顾及纵断面、横断面的前提下先确定平面，沿这个平面线形进行高程测量和横断面测量，取得地面线和地质、水文及其他必要的资料后，再设计纵断面和横断面。

路线设计的范围，仅限于路线的几何性质，不涉及结构。道路纵断面设计应根据道路的性质、任务、等级和地形、地质、水文等因素，考虑路基稳定、排水及工程量等要求，对纵坡的大小、长短、前后纵坡情况、竖曲线半径大小及与平面线形的组合关系等进行综合设计，从而设计出纵坡合理、线形平顺圆滑的理想线形，以达到行车安全、快速、舒适，工程费用较省、运营费用较少的目的。

道路横断面设计是道路路线设计的重要组成部分，应根据其交通性质、交通量、行车速度，结合地形、气候、土壤等条件进行道路行车道、分隔带、人行道、路肩等的布置，以确定其横向几何尺寸，并进行必要的结构设计，以确保其强度和稳定性。高速公路和一级公路还包括变速车道和爬坡车道等。在保证必要的通行能力和交通安全与畅通的前提下，应尽量做到用地省、投资少，使道路发挥其最大的经济效益与社会效益。

在进行线形设计时，应严格按照相关的设计标准进行，对标准中规定的限值应慎用。线形设计首先从路线规划开始，然后按照选线，平面线形设计，纵断面设计和平、纵线形组合设计的过程进行，最终展现在驾驶员面前的是平、纵、横三者组合的立体线形。特别是平、纵线形的组合对立体线形的优劣起着至关重要的作用。

注意： 在高等级公路的设计中必须注重平、纵线形的合理组合，不宜采用连续下坡或连续上坡，以及其他一些不利的平、纵线形组合，以免发生交通事故。

二、道路的结构组成

道路是交通运输系统中最主要的基础设施。其结构组成主要包括路基、路面、桥涵、排水系统、隧道、防护工程、特殊构造物、交通工程及沿线设施。

（一）路基

路基是道路结构体的基础，是由土、石材料按照一定尺寸、结构要求所构成的带状土工结构物，承受由路面传来的荷载。所以，其既是线路的主体又是路面的基础。其质量好坏，直接影响道路的使用品质。作为路面的支承结构物，路基必须具有足够的强度、稳定性和耐久性。道路路基的结构、尺寸用横断面表示。

由于地形的变化和挖填高度的不同，路基横断面也各不相同。路基的基本横断面形式分为路堤、路堑、半填半挖路基和不填不挖路基4种基本类型。

1. 路堤

高于原地面的填方路基称为路堤。通常有一般路堤、沿河路堤和护脚路堤等类型（图4-2）。路堤高于天然地面，一般通风良好，易于排水，因此，经常处于干燥状态。路堤为人工填筑，对填料的性质、状态和密实度可以按要求加以控制。因此，路堤病害少，强度和稳定性较易保证，是常用的路基形式。

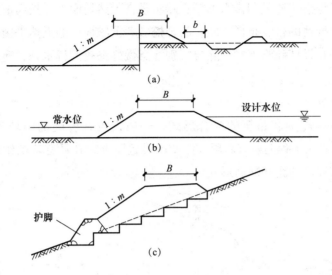

图 4-2 路堤的断面形式

（a）一般路堤；（b）沿河路堤；（c）护脚路堤

2. 路堑

低于原地面的挖方路基称为路堑。典型路堑为全挖断面，路基两边均需设置边沟。陡峻山坡上的半路堑，因填方有困难，为避免局部填方，可挖成台口式路基；在整体坚硬的岩层上，为节省土石方工程，有时可采用半山洞路基，但要确保安全可靠，不得滥用。路堑的几种常用断面形式如图 4-3 所示。

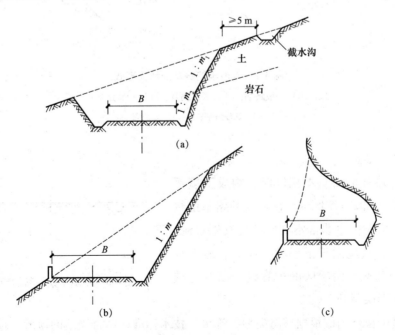

图 4-3 路堑的几种常用断面形式

（a）全挖路基；（b）台口式路基；（c）半山洞路基

路堑低于天然地面，通风和排水不畅；路堑是在天然地面上开挖而成的。其土石性质和地质构造取决于所处地的自然条件。路堑的开挖破坏了原地层的天然平衡状态，所以，路堑的病害比路堤多。在设计和施工时，除要特别注意做好路堑的排水外，还应对其边坡的稳定性予以充分注意。

3. 半填半挖路基

半填半挖路基是路堤和路堑的综合形式，一般设置在较陡的山坡上。其断面形式如图 4-4 所示。该路基在工程上兼有路堤和路堑的设置要求。其具有移挖作填，节省土石方的特点，是一种比较经济的路基断面形式。

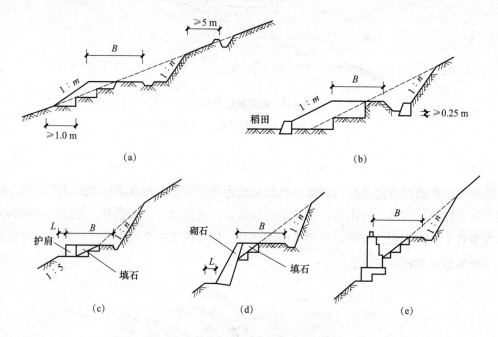

图 4-4　半填半挖路基的断面形式

(a) 一般路基；(b) 矮墙路基；(c) 护肩路基；

(d) 砌石路基；(e) 挡墙路基

4. 不填不挖路基

原地面与路基标高基本相同时，构成不填不挖的断面形式，如图 4-5 所示。该形式的路基虽然节省土石方，但对排水非常不利，容易发生水淹、雪埋等病害。其只适用于干旱的平原区、地下水水位较低的丘陵区、山岭区的山脊线，以及过城镇街道和受地形限制处。

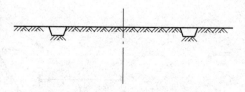

图 4-5　不填不挖路基的断面形式

道路路基的横断面应根据道路类型、等级、技术标准，结合当地的地形、地质、水文等情况，从以上各种基本类型中选用，并应注意路基的排水和防护。

路基在施工过程中，大量土石方的挖、填、借、弃改变了沿线的自然状态，对公路通过区域的生态平衡造成一定的影响。因此，在设计、施工、养护中必须加以重视。路基设计是公路整体设计中的一个环节，既要考虑到自身的特点和要求，又必须注意与路线设计、路面工程、桥涵工程等的协调与综合考虑，以期降低工程造价和保证道路的使用品质。

一般路基设计的内容包括：根据路线几何设计要求，结合当地地形、地质条件，选择合理的路基断面形式；选择路基填料与压实标准；确定边坡形状和相应坡率；路基排水系统设计与排水结构物设计；防护与加固设计等。

在自然因素与荷载的作用下，路基会产生各种各样的变形与病害，如路基的沉陷、路基边坡的塌方、路基翻浆等。

（二）路面

路面是道路的重要组成部分，直接承受荷载和自然因素的作用。为保证道路全天候通畅，使车辆安全、迅速、舒适地通行，必须做好路面设计与施工工作。

1. 路面组成

路面通常是分层铺筑的，按照使用要求、受力状况、土基支承条件和自然因素影响程度的不同可分成若干层次。通常，按照功能的不同划分为三个层次，即面层、基层和垫层，基层有时包括底基层（图4-6）。

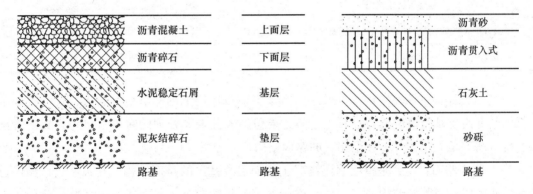

图4-6 路面的结构

（1）面层：直接同行车及大气接触的表面层次，它承受较大行车荷载的垂直力、水平力和冲击力的作用，同时，还受到降雨的侵蚀和气温变化的影响。因此，同其他层次相比，面层应具有较高的结构强度、抗变形能力和较好的水稳定性与温度稳定性，且应耐磨、不透水，表面还应具有良好的抗滑性与平整度。铺筑面层的材料主要有水泥混凝土、沥青混凝土、沥青碎（砾）石混合料、块石等。

（2）基层：主要承受由面层传来的车辆荷载垂直力并将其扩散到下面的垫层及土基，因此，它也应具有足够的强度与刚度，并应具有良好的扩散应力的能力；基层受大气影响较面层小，但仍可能受地下水及面层渗入雨水的侵蚀，故也应具有足够的水稳定性；同时，为保证面层平整，它还应具有较好的平整度。修筑基层的主要材料有各种结合料（如石灰、水泥或沥青等），稳定土或碎（砾）石，或各种工业废渣（如炉渣、粉煤灰、矿渣、石灰渣等）组成的混合料，各种碎（砾）石混合料，天然砂砾及片石、块石等。

（3）垫层：介于基层和土基之间，它可以改善土基的湿度和温度状况，使面层与基层免受土基水温状况变化的不良影响或保护土基处于稳定状态；同时，也可以扩散基层传递的荷载应力、减小土基的应力与变形，并可阻止路基土挤入基层。垫层材料要求不一定高，只要求稳定性和隔温性能好。常采用由松散粒料（如砂、砂石、炉渣等组成的透水性垫层）或由石灰、水泥及炉渣稳定土等组成的稳定性垫层。

2. 路面类型

路面类型一般按照面层所用的材料来划分，如水泥混凝土路面、沥青混凝土路面、砂石路面等（表4-1）。在工程设计中，主要从路面结构的力学特性和设计方法的相似性出发，将路面划分为柔性路面、刚性路面和半刚性路面三类。

表 4-1　路面的类型及适用范围

路面的类型	适用范围
沥青混凝土路面	高速、一级、二级、三级、四级公路
水泥混凝土路面	高速、一级、二级、三级、四级公路
沥青贯入路面、沥青碎石路面、沥青表处路面	三级、四级公路
砂石路面	四级公路

（1）柔性路面：总体结构刚度较小，在车辆荷载作用下的弯沉变形较大，抗弯拉强度较低，传递给土基的单位压力也较大。其主要包括各种未经处理的粒料基层和各类沥青面层、碎（砾）石面层或块石面层组成的路面结构。

（2）刚性路面：主要是指用水泥混凝土作面层或基层的路面结构。其强度高，弹性模量大。水泥混凝土路面结构处于板体工作状态，其竖向弯沉较小，通过板体的扩散分布作用，传递给基础上的单位压力较柔性路面小得多。

（3）半刚性路面：一般是由半刚性基层和铺筑其上的沥青面层组成的路面结构。也有改善沥青（水泥）混凝土的性能使其呈现半刚性特性的半刚性路面。半刚性基层是指用稳定土或处治碎（砾）石及用含水硬性结合材料的工业废渣修筑的基层。

3. 路面等级

通常可以按面层的使用品质、材料组成类型及结构强度和稳定性的不同，将路面分成高级、次高级、中级和低级四个等级。

（1）高级路面：是指强度和刚度高，稳定性好，使用寿命长，能适应较繁重的交通量，平整无尘，能保证高速行车的路面。其养护费用少，运输成本低，但基建投资大，需要质量较高的材料。

（2）次高级路面：与高级路面相比，其强度和刚度较高，使用寿命较短，适应较小的交通量。其行车速度较低，造价虽然较高级路面低，但其养护费用和运输成本较高。

（3）中级路面：强度和刚度低，稳定性差，使用期限短，平整度差，易扬尘，仅适应较小的交通量。其行车速度低、造价低，但养护费用和运输成本高。

（4）低级路面：强度和刚度最低，水稳性和平整度均差，易扬尘，只能保证低速度行车。其适应交通量最小，造价低，但养护费用和运输成本却很高。

路面类型、结构层次和组成材料的选择，应依据道路等级、交通繁重程度、路基承载能力、材料供应情况、气候条件（气温、降雨和冰冻等）、施工情况（设备、工艺、分期修建、施工期限等）、寿命周期费用、资金筹措等因素，综合考虑和分析后作出决定。

4. 路面构造

（1）断面与宽度。路面标准横断面如图 4-7 所示。

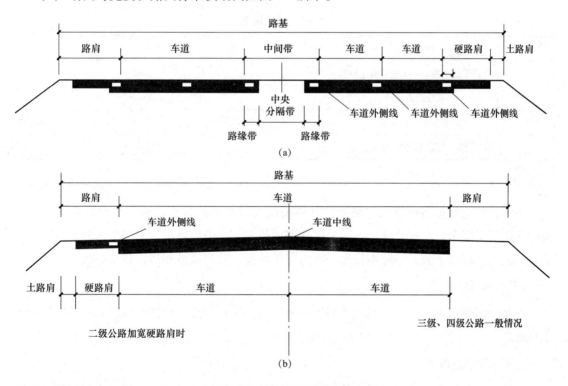

图 4-7 路面标准横断面

（a）高速公路和一级公路；（b）二级、三级、四级公路

对于城市出入口混合、交通量大的路段，慢车道的设置宽度可以根据实际情况及当地经验确定。路面结构断面有槽式和全铺式两类（图 4-8）。全铺式路面用于路基较窄的中级或低级公路，它可以加固路肩防止边坡冲刷。槽式断面的特点是路面厚度均匀，可以节省材料。

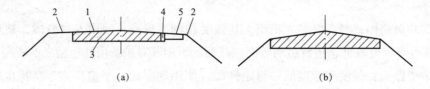

1—路面；2—土路肩；3—路基；4—路缘石；5—加固路肩。

图 4-8　路面结构断面

（a）槽式；（b）全铺式

（2）坡度与路面排水。路拱是指将路面的横向断面做成中央高于两侧（直线路段），具有一定坡度的拱起形状，其作用是利于排水。路拱的基本形式有抛物线形、屋顶线形、折线形和直线形。为便于机械施工，一般采用直线形。路拱坡度按表 4-2 取用。路肩横向坡度一般应较路面横向坡度大 1%～2%。六车道、八车道的高速公路宜采用较大的路面横坡。

表 4-2　路拱坡度

路面类型	路拱坡度/%
沥青混凝土路面、水泥混凝土路面	1～2
其他沥青路面	1.5～2.5
半整齐石块路面	2～3
碎（砾）石等粒料路面	2.5～3.5
低级路面	3～4

各级公路应根据当地降水与路面的具体情况设置必要的排水设施，及时将降水排出路面，保证行车安全。高速公路、一级公路的路面排水，一般由路肩排水与中央分隔带排水组成，二级及二级以下公路的路面排水一般由路拱坡度、路肩横坡和边沟排水组成。

（三）桥涵

道路在跨越河流、沟谷和其他障碍物时所使用的结构物称为桥涵。桥涵是道路的横向排水系统之一。

（四）排水系统

为确保路基稳定，免受自然水的侵蚀，道路还应修建排水设施。道路排水系统按其排水方向的不同，可分为纵向排水系统和横向排水系统；按排水位置不同，又可分为地面排水设施和地下排水设施两部分。地面排水设施用以排除危害路基的雨水、积水及外来水；地下排水设施主要用于降低地下水水位及排除地下水。

（五）隧道

隧道是为使道路从地层内部或水下通过而修筑的建筑物。隧道在道路中能够缩短里程，避免道路翻越山岭，保证道路行车的平顺性。

（六）防护工程

陡峻的山坡或沿河一侧的路基边坡受水流冲刷，会威胁路段的稳定。为保证路基的稳定，加固路基边坡所修建的人工构筑物称为防护工程。

（七）特殊构造物

除上述常见的构造物外，为保证道路连续、路基稳定，确保行车安全，还要在山区地形、地质特别复杂路段修建一些特殊结构物，如悬出路台、半山桥和防石廊等。

（八）交通工程及沿线设施

交通工程及沿线设施是道路沿线交通安全、管理、服务及环保设施的总称。其主要包括交通安全设施、交通管理设施、防护设施、停车设施、路用房屋及其他沿线设施和绿化。

第三节　高速公路

一、高速公路的概念及特点

高速公路简称高速路，是指专供汽车高速行驶的公路，级别高于一级公路、二级公路、三级公路、四级公路和等外公路。

高速公路的特点包括以下几项：

（1）交通控制、汽车专用。高速公路不仅不允许出现混合交通，而且对进入的车辆和车速都有严格的要求和限制，以避免车辆混流。在通常情况下，高速公路规定：凡非机动车辆、由于车速较低可能形成危险的车辆和可能妨碍交通的车辆，如自行车、摩托车、拖拉机、农用车及装载特别货物的车辆等，都不得进入高速公路。为防止车辆因车速差别过大而造成超车次数过多的情况，高速公路一般划分为行车道和超车道、快车道和慢车道，并对各类车辆在不同车道上行驶的速度加以限制，一般规定速度低于每小时60 km的车辆不得上高速公路，最高时速不宜超过每小时120 km。遇到冰雪、雨雾天气或灾害事故时，高速公路管理机构还要设置可变的信息提示标志，要求车辆按限定的速度行驶。

（2）分隔行驶。为保证安全，高速公路采取不同于普通公路的分隔行驶的办法：一是在路面中央设立分隔带，实行车道分离、渠化，从而隔绝相向对行车辆的接触，避免车辆的擦刮或相撞；二是至少为同向行驶车辆设置两条以上的车道，用画线的方法将车道分为主车道和超车道或分为快车道和慢车道，以减少由于车速差别发生超车带来的干扰，避免事故的发生。同时，高速公路通常会在主车道和超车道之外设置紧急车道，供发生故障或特殊情况的车辆临时停靠或等待救援。一些地方还设置了加（减）速车道、辅助车道，以增加安全度。调查资料表明，有分隔带的四车道公路要比无分隔带的同样公路事故率降低45%～65%。

（3）控制出入。为避免车辆混流造成横向干扰，保证道路畅通和车辆高速行驶，高速公路实行严格控制车辆出入的办法，其方式主要是采取全封闭、全立交，使高速公路与周围环境隔离，从而限制非机动车、行人、牲畜的进入，通行车辆也只能从互通式立交匝道出入高速公路。全封闭主要采用护栏、高路堤、高架桥等措施，能有效地消除平面交叉带来的横向干扰，保证车辆高速行驶的安全。据国外资料反映，实行全封闭、全立交的高速公路的事故死亡率比不实行的普通公路减少60%。

（4）采用较高的技术标准。高速公路设计和施工及后期管理都采用了较高的技术标准。由于高速公路路基、路面、桥梁、涵洞及相关设施采用较高技术标准设计和施工，因而投资较大。高速公路在线形选择上也有独特的要求，既要避免长直线形的路段，又要防止转弯半径过小影响安全。因此，高速公路一般采用大半径曲线形，根据地形以圆曲线或缓和曲线为主，既增加了线路的美观性，又有利于保证行车的舒适和安全。

（5）具有完善的交通工程设施和服务设施。高速公路不同于普通公路，除具有基本的道路使用功能外，还要满足驾乘人员较高层次的需求，如对优美环境、车辆维护、救助的需求，以及对食宿、娱乐、信息传递等方面的需要。因此，除道路设施外，高速公路还设有不少交通工程和服务设施，典型的如服务区、加油站、提示标志等。这些设施为车辆的高速运行提供了技术上、物资上的供应和保障，使道路不仅具有车辆通行的功能，而且能够成为一个能源、信息传递的多功能载体。

二、高速公路的沿线设施

高速公路的沿线设施主要包括安全设施、服务性设施、交通管理设施及环境美化设施等。这些设施是保证车辆高速安全行驶，为驾驶人员提供方便舒适的交通条件，高速公路交通指挥调度及环境美化与保护必不可少的条件。

1. 安全设施

安全设施一般包括标志（如警告、限制、指示标志等）、标线（用文字或图形来指示行车的安全设施）、护栏（有刚性护栏、半刚性护栏、柔性护栏等）、隔离设施（如金属网、常青绿篱等）、照明及防眩设施（为保证夜间行车安全所设置的照明灯、车灯灯光防眩板等）、视线诱导设施（为保证司机视觉及心理上的安全感，全线设置的轮廓标等）、公路界碑、里程标和百米标。

2. 服务性设施

服务性设施一般有综合性服务站（包括停车场、修理所、餐厅、旅馆、邮局、通信、休息室、厕所、小卖部等）、小型休息点（以加油站为主，附设厕所、电话、小块绿地、小型停车场等）等。

3. 交通管理设施

交通管理设施一般有高速管理入口控制系统、交通监控设施（如监测器监控、工业电视监控、通信联系电话、巡逻电视等）、高速公路收费系统（如收费广场、收费岛、站房、天棚等）。

4. 环境美化设施

环境美化设施是保证高速行车舒适和驾驶员在视觉上与心理上协调的重要环节。因此，高速公路在设计、施工、养护、管理的过程中，除满足工程和交通的技术要求外，还要符合美学规律。经过多次调整、修改，使高速公路与当地的自然风景相协调而成为优美的带状风景造型。

第四节　城市道路

一、城市道路的组成

城市道路是指在城市范围内使用，提供交通功能的交通设施，并且具有通风、采光、管道及通信设施埋设通道的功能。

城市道路的组成复杂，功能繁多。一般情况下，在城市道路建筑红线之间，城市道路由机动车道、非机动车道、人行道、分隔带、人行立交、天桥和地道、交叉口、停车场与公共汽车站、绿化带、地下铁路、高架桥、沿街设施、道路雨水排水系统等不同功能部分组成。其中，分隔带由中央分隔带和侧分带组成。中央分隔带用以分隔对向行驶的机动车车流；侧分带用以分隔同向行驶的机动和非机动车车流。临街设施主要包括安全护栏、照明设备、交通信号等设施；排水系统主要有街沟、雨水口、检查井、排水干管等。

二、城市道路路面的分类及结构组成

（一）城市道路路面的分类

1. 按结构强度分类

（1）高级路面。路面强度高、刚度大、稳定性好是高级路面的特点。其使用年限长，适应繁重交通量，且路面平整、车速高、运输成本低、养护费用少，但建设投资高。

（2）次高级路面。次高级路面的强度、刚度、稳定性、使用寿命、车辆行驶速度、适应交通量等均低于高级路面，但是维修、养护、运输费用较高。

2. 按力学特性分类

（1）柔性路面。荷载作用下产生的弯沉变形较大、抗弯强度小，在反复荷载作用下产生累积变形，它的破坏取决于极限垂直变形和弯拉应变。柔性路面的主要代表是各种沥青类面层，包括沥青混凝土（英国标准称压实后的混合料为混凝土）面层、沥青碎（砾）石面层、沥青贯入式面层等。

（2）刚性路面。行车荷载作用下产生板体作用，弯拉强度大，弯沉变形很小，呈现出较大的刚性，它的破坏取决于极限弯拉强度。刚性路面的主要代表是水泥混凝土路面，包括接缝处设传力杆、不设传力杆及设补强钢筋网的水泥混凝土路面。

（二）城市道路路面结构组成

1. 沥青路面的结构组成

城市道路的沥青路面由垫层、基层、面层组成。

（1）垫层。垫层是介于基层和土基之间的层位。其作用是改善土基的湿度和温度状况（在干燥地区可不设垫层），保证面层和基层的强度稳定性和抗冻胀能力，扩散由基层传来的荷载应力，以减小土基所产生的变形。

垫层主要用于改善土基的湿度和温度状况，适宜在土基湿温状况不良时设置。垫层材料的强度要求不一定高，但其水稳定性必须好。

（2）基层。基层是路面结构中的承重层，主要承受车辆荷载的竖向力，并将由面层下传的应力扩散到垫层或地基。

基层在路面中主要是承重，因此，基层应具有足够的、均匀一致的强度和刚度。基层受自然因素的影响虽不如面层强烈，但沥青类面层下的基层应有足够的水稳定性，以防止基层湿软后变形增大，导致面层损坏。

（3）面层。面层是直接同行车和大气相接触的层位。其承受行车荷载较大的竖向力、水平力和冲击力作用的同时又受降水的侵蚀作用和温度变化的影响。因此，面层应具有较高的结构强度、刚度、耐磨、不透水和高低温稳定性，并且其表面层还应具备良好的平整度和粗糙度。面层可由一层或数层组成，高等级路面可包括磨耗层、面层上层、面层下层，或称上（表）面层、中面层、下（底）面层。

面层直接承受行车的作用。设置面层结构可以改善汽车的行驶条件，提高道路服务水平（包括舒适性和经济性），以满足汽车运输的要求。

2. 水泥混凝土路面的结构组成

一般来说，水泥混凝土路面主要由垫层、基层及面层组成。

（1）垫层。在温度和湿度状况不良的城镇道路上，应设置垫层，以改善路面结构的使用性能。

1）在基层下设置垫层的条件。季节性冰冻地区，路面总厚度小于最小防冻厚度要求时，根据路基干湿类型、土质的不同，其差值即是垫层的厚度；对水文地质条件不良的土质路堑，当路床土湿度较大时，宜设置排水垫层；路基可能产生不均匀沉降或不均匀变形时，宜加设半刚性垫层。

2）垫层的宽度。垫层材料应与路基宽度相同，其最小厚度为 150 mm。

3）防冻垫层和排水垫层材料。宜采用砂、砂砾等颗粒材料；半刚性垫层宜采用低剂量水泥、石灰或粉煤灰等无机结合稳定粒料或土。

（2）基层。基层应具有足够的抗冲刷能力和较大的刚度且抗变形能力强、坚实、平整、整体性好。

1）混凝土面层下设置基层的作用。防止或减轻板底脱空和错台等病害；在垫层共同作用下，控制或减少路基不均匀冻胀或体积变形对混凝土面层的不利影响；为混凝土面层施工提供稳定而坚实的工作面，并改善接缝的传递荷载能力。

2）基层的选用原则。根据交通等级和基层的抗冲刷能力来选择基层。特重交通宜选用贫混凝土、碾压混凝土或沥青混凝土基层；重交通宜选用水泥稳定粒料或沥青稳定碎石基层；中、轻交通宜选择水泥、石灰粉煤灰稳定粒料或级配粒料基层；湿润和多雨地区，繁重交通路段宜采用排水基层。

3）基层的宽度应根据混凝土面层施工方式的不同，比混凝土面层每侧至少宽出300 mm（小型机具施工时）、500 mm（轨模式摊铺机施工时）或650 mm（滑模式摊铺机施工时）。

4）各类基层结构性能、施工或排水要求不同，厚度也不同。

5）为防止下渗水影响路基，排水基层下应设置由水泥稳定粒料或密级配粒料组成的不透水底基层，底基层顶面宜铺设沥青封层或防水土工织物。

6）碾压混凝土基层应设置与混凝土面层相对应的接缝。

7）基层下未设垫层，路床为细粒土、黏土质砂或级配不良砂（承受特重或重交通时），或者为细粒土（承受中等交通时），应在基层下设置底基层。底基层可以采用级配粒料、水泥稳定粒料或石灰粉煤灰稳定粒料等。

（3）面层。水泥混凝土面层应具有足够的强度、耐久性（抗冻性），表面抗滑、耐磨、平整。

面层混凝土板常可分为普通（素）混凝土板、碾压混凝土板、连续配筋混凝土板、预应力混凝土板和钢筋混凝土板等。目前，我国较多采用普通（素）混凝土板。

1）厚度。普通混凝土、钢筋混凝土、碾压混凝土或连续配筋混凝土面层所需的厚度，应根据交通等级、公路等级、变异水平等级按现行规范选择并经计算确定。计算厚度产生的混凝土弯拉强度应大于最大荷载疲劳应力和最大温度疲劳应力的叠加值。

2）混凝土弯拉强度。《城市道路工程设计规范（2016 年版）》（CJJ 37—2012）规定，面层水泥混凝土的抗弯拉强度不得低于 4.5 MPa，快速路、主干路和重交通的其他道路的抗弯拉强度不得低于 5.0 MPa。

3）接缝。混凝土板在温度变化影响下会产生胀缩。为防止胀缩作用导致板体裂缝或翘曲，混凝土板设有垂直相交的纵向缝和横向缝，可将混凝土板分为矩形板。一般相邻的接缝对齐，不错缝。每块矩形板的板长按面层类型、厚度并由应力计算确定。

纵向接缝与路线中线平行，并应设置拉杆。横向接缝可分为横向缩缝、胀缝和横向施工缝，快速路、主干路的横向缩缝应加设传力杆；在邻近桥梁或其他固定构筑物处、板厚改变处、小半径平曲线等处，应设置胀缝。

水泥混凝土面层自由边缘，承受繁重交通的胀缝、施工缝，小于90°的面层角隅，下穿市政管线路段，以及雨水口和地下设施的检查井周围，面层配筋补强。

混凝土是刚性材料，又是脆性材料。因此，混凝土路面板的构造措施，都是为了最大限度地发挥其刚性特点，使路面能承受车轮荷载，保证行车平顺；同时，又为了克服其脆性的弱点，防止在车载和自然因素作用下发生开裂、破坏，最大限度提高其耐久性，延长服务周期。

4）抗滑性。混凝土面层应具有较大的粗糙度，即具备较高的抗滑性，以提高行车安全性。可以采用刻槽、压槽、拉槽或拉毛等方法形成面层的构造深度。

第五节　我国公路发展规划

一、我国快速通道规划

20 世纪 90 年代，交通部在参考国外公路交通发展的历史经验及研究和分析了我国的经济发展布局后，于"八五"计划之初提出了"用几个五年计划的时间，在我国建设出与国民经济发展、生产力布局、城市发展格局，以及加强国防建设需要相适应，与其他运输方式相协调，以汽车专用公路为主组成的国道主干线系统"的宏远规划，即"中国快速通道计划"。该国道主干线系统的总规模为 35 000 km 左右，以专供汽车行驶的高速公路和一级公路为主组成。总体布局上可分为"五纵七横"共 12 条路线，见表 4-3。这将连接全国 43% 的城市，连接全国所有人口在 100 万以上的特大城市和 93% 的人口在 50 万以上的大城市，使全国七大经济区域基本上都有高等级公路连通，从而为区域经济合作、优势互补、完善社会主义市场经济创造了有利条件。

表 4-3　国道主干线系统路线情况

主走向	路线名称	主要控制点	里程/km
纵向	同江—三亚线 （含珲春—长春支线）	同江—哈尔滨—长春—沈阳—大连—烟台—青岛—连云港—上海—福州—深圳—广州—湛江—海安—海口—三亚，珲春—延吉—吉林—长春	5 700
	北京—福州线 （含天津—塘沽及泰安—淮阴支线）	北京—天津—济南—徐州—合肥—南昌—福州，天津—塘沽，泰安—新沂—淮阴	2 600
	北京—珠海线	北京—石家庄—郑州—武汉—长沙—广州—珠海	2 400
	二连浩特—河口线	二连浩特—集宁—大同—太原—西安—成都—昆明—河口	3 700
	重庆—湛江线	重庆—贵阳—南宁—湛江	1 500

主走向	路线名称	主要控制点	里程/km
横向	绥芬河—满洲里线	绥芬河—哈尔滨—满洲里	1 300
	丹东—拉萨线 (含唐山—天津支线)	丹东—沈阳—唐山—北京—集宁—呼和浩特—银川—西宁—拉萨，唐山—天津	4 600
	青岛—银川线	青岛—济南—石家庄—太原—银川	1 700
	连云港—霍尔果斯线	连云港—徐州—郑州—西安—兰州—乌鲁木齐—霍尔果斯	4 000
	上海—成都线 (含万县—成都支线)	上海—南京—合肥—武汉—重庆—成都，万县—南充—成都	3 000
	上海—瑞丽线 (含宁波—南京支线)	上海—杭州—南昌—长沙—贵阳—昆明—瑞丽，宁波—杭州—南京	4 100
	衡阳—昆明线 (含南宁—友谊关支线)	衡阳—南宁—昆明，南宁—友谊关	2 000

随着我国国民经济的持续增长和人民生活水平的不断提高，人民群众对生活环境提出了更高层次的要求与期望。为了适应国内新形势，建设和谐社会，落实科学发展观，有必要对今后快送通道的设计进行充实，以适应新形势下城市快速路建设发展的需要。

我国快速通道规划应以空间上的功能需求和结构优化为主线设计路网布局，实现以下目标：

（1）实现首都与其他中心城市和大经济区的便捷连通，同时考虑中心城市之间的便捷连接，形成基本路网。

（2）在基本路网布局的基础上，考虑城镇化、综合运输体系完善、区域经济发展和旅游开发、对外贸易和国家安全的需要等多种重要影响因素，对路网进行补充和调整，连接大、中城市，构筑综合运输体系，连接主要对外公路口岸，连接著名旅游城市，发展服务区域经济。

（3）结合交通量宏观分布预测、路段重要程度分析、地形地质条件及环境要求，形成最终的国家高速公路网布局方案。具体应遵循以下原则：

1）针对某些节点之间存在多种路线方案的情况，依照重要度最大原则同时参照路线交通需求，确定入选路线；

2）考虑地形地质条件，舍去地形、地质条件复杂及工程技术可行性差的路段；

3）对通过环境敏感区的局部路线采用替代路线，以避免对环境敏感区的影响；

4）考虑路网的合理衔接，适当增加对完善路网具有重要作用的联络线。

二、国家高速公路网规划

《国家高速公路网规划》于2004年经国务院审议通过，这是中国历史上第一个"终极"的高速公路骨架布局，同时，也是中国公路网中最高层次的公路通道。《国家高速公路网规划》采用放射线与纵横网格相结合的布局方案，形成由中心城市向外放射，以及横贯东西、纵贯南北的大通道，由7条首都放射线、11条南北纵向线和18条东西横向线组成，简称为"71118网"，总规模约118 000 km。国家高速公路网覆盖10多亿人口，其直接服务范围，东部地区超过90%、中部地区达83%、西部地区近70%，覆盖地区的GDP将占到全国总量的85%以上；实现东部地区平均30 min上高速，中部地区平均1 h上高速，西部地区平均2 h上高速。国家高速公路网将连接全国所有的省会城市、83%的50万以上人口的大型城市和74%的20万以上人口的中型城市；连接全国所有重要的交通枢纽城市。其中，包括铁路枢纽50个、航空枢纽67个、公路枢纽140多个和水路枢纽50个，形成较为完善的集疏运系统和综合运输大通道。

三、我国公路发展的总体规划

公路网是一定区域内相互联络、交织成网状分布的公路系统。其由不同道路功能和不同技术等级的公路组成，以适应该区域内城市和乡村之间，居民区、工业区、农业区和商业区之间，以及公路和其他运输方式（铁路、水运、航空、管道）之间，该区域与其他区域之间，其他区域经过本区域的过境交通等的公路交通运输的需要。

2013年5月，国家发展改革委员会同交通运输部编制的《国家公路网规划（2013—2030年)》获得国务院的批准，国家公路网规划方案总规模约为400 000 km，如图4-9所示。

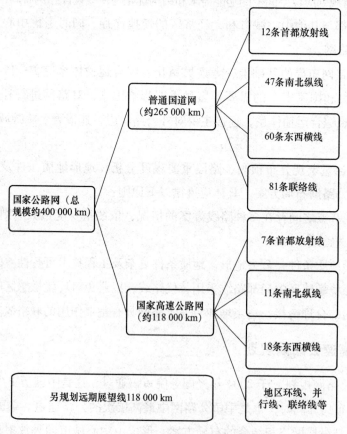

图4-9 国家公路网发展规划

本章小结

道路是行人和车辆行驶用地，道路按其使用特点可分为公路、城市道路、林区道路、厂矿道路和乡村道路。

公路可分为高速公路、一级公路、二级公路、三级公路及四级公路五个技术等级。城市道路按其在城市路网中的地位、交通功能及对沿线的服务功能等，可分为快速路、主干路、次干路和支路四个等级。

道路的结构组成主要包括路基、路面、桥涵、排水系统、隧道、防护工程、特殊构造物、交通工程及沿线设施。

思考题

一、填空题

1. _____是指在城市范围内使用，提供交通功能的交通设施，并且具有通风、采光、管道及通信设施埋设通道的功能。

2. 城市道路根据其在城市道路系统中的地位、交通功能和服务功能，可分为_____、_____、_____和_____四个等级。

3. _____是指修建在乡村、农场，主要是供行人及各种农业运输工具通行的道路。

4. _____是指确定路线空间位置和各部分几何尺寸的工作，为研究与使用的方便，将它分解为路线平面设计和路线纵断面设计。

5. 道路路线位置受_____、_____和_____等因素的制约。

6. 作为路面的支承结构物，路基必须具有足够的_____、_____和_____。

7. 高于原地面的填方路基称为_____。

二、选择题

1. （   ）是城市道路网的骨架，联系主要工业区、住宅、港口及车站等地区，以交通功能为主。

A. 快速路　　　　B. 主干道　　　　C. 次干道　　　　D. 支路

2. 高速公路的年平均日设计交通量宜在（   ）辆小客车以上。

A. 5 000　　　　B. 10 000　　　　C. 1 500　　　　D. 15 000

3. 下列关于半填半挖路基的描述错误的是（   ）。

A. 半填半挖路基是路堤和路堑的综合形式

B. 半填半挖路基一般设置在较缓的山坡上

C. 半填半挖路基在工程上兼有路堤和路堑的设置要求

D. 半填半挖路基的特点是移挖作填，节省土石方，是一种比较经济的路基断面形式

4. 水泥混凝土路面垫层材料应与路基宽度相同，其最小厚度为（　　）mm。

A. 50 　　　　　　　　B. 150 　　　　　　　　C. 250 　　　　　　　　D. 350

三、问答题

1. 试述公路的分级标准。

2. 路面的组成结构有哪些？

3. 按照面层的使用品质、材料组成类型以及结构强度和稳定性的不同，路面可分为哪几个级别？

4. 高速公路的沿线设施一般包括哪些？

5. 城市道路的类型有哪些？

第五章

铁路工程

第一节 铁路工程概述

一、铁路工程发展演变

1. 国内铁路发展演变

我国第一条铁路是 1865 年英国商人杜兰德在北京宣武门外修建的长约为 0.5 km 的窄轨铁路。新中国成立 70 年来，我国不断调整路网规划、改善线路状况和技术设备、提高运输效率，从而取得了光辉的成就。这些成就主要体现在以下几个方面：

（1）铁路通车里程跃居世界前列。新中国成立前，全国仅有 22 000 km 铁路（台湾未计入），分布在东北地区与沿海各省，而且标准低、设备简陋，机车、轨道型号多且破损不堪，经常发生断道停运的情况。新中国成立后，我国在修复旧铁路的基础上，以沟通西南、西北为重点，修建了大量线路和铁路枢纽。

改革开放以来，我国铁路建设更是突飞猛进，路网规模和质量显著提升。到 2011 年，我国铁路运营总里程达到 99 000 km。其中，快速铁路通车里程为 13 000 km。到 2012 年，我国有 13 000 km 客运专线及城际铁路投入运营，基本建成以"四纵四横"为骨架的全国快速客运网 ["四纵"：北京—上海、北京—广州、北京—哈尔滨（大连）、上海—杭州—宁波—福州—深圳；"四横"：青岛—石家庄—太原、徐州—郑州—宝鸡、南京—武汉—重庆—成都、杭州—南昌—长沙]，并建成长三角、珠三角、环渤海地区及其他城市密集地区的城际铁路系统。

（2）列车实现"陆地飞行"。新中国成立初期，铁路运行平均时速只有 43 km。自 1997 年以来，我国铁路曾先后多次大面积提高列车运行速度，增加列车运行密度。

2008 年 8 月 1 日，时速为 350 km 的京津城际铁路开通运营，这条世界上运营速度最快的铁路从北京到天津用时不到半个小时。不过从 2011 年 8 月 16 日起，该铁路的列车时速由 350 km 调整为 300 km。

（3）铁路客货运量猛增。新中国成立前，铁路管理处于分割状态，运输效率非常低下。1949 年，我国铁路旅客每年发送量只有 1.02 亿人次。改革开放以来，在经济持续快速增长的背景下，铁路客货运量呈现出快速增长的态势。到 2011 年，全国铁路旅客每年发送量达 19 亿人次，货物发送量完成 38.6 亿吨。

2. 国外铁路发展演变

1825 年，英国在大林顿和斯托克顿之间修建了第一条公用铁路，迄今已有 195 年的历史。自此，国外铁路建设大概可分为快速发展、衰落和振兴三个时期。

（1）快速发展时期。第一次世界大战前，铁路在以美国、英国、法国、德国、意大利、比利时、西班牙等为代表的国家发展得最快，他们先后建成了各自的铁路网。而且，铁路几乎垄断了陆上的交通运输，其承担的运输量一般高达 80% 以上。

19 世纪后半期，铁路的兴建才由欧洲、美国扩展到殖民地和半殖民地国家。

19 世纪末期，美国、英国、法国、德国、俄国等国家为了对殖民地和附属国进行政治控制、军事侵略及经济掠夺，在殖民地和附属国修建了大量铁路。

（2）衰落时期。1913—1970 年，其间经历了第二次世界大战。一方面，西欧各国的经济受到战争的破坏，直到 1955 年前后，世界经济才复苏发展；另一方面，第二次世界大战后，铁路运输受到公路和航空运输的挑战，铁路客货运量锐减，而公路和航空运量却猛增。因此，铁路经营亏损严重，英国、美国、法国、德国、意大利等国大量封闭或拆除铁路，不少国家不得不将铁路收归国有。

第二次世界大战后，苏联和第三世界国家铁路有所发展。到 1970 年为止，全世界铁路的营运里程为 1 279 000 km。

（3）振兴时期。自 1970 年以后，世界铁路由于下列原因而得到了振兴发展机遇。1973 年，因在埃以战争中，阿拉伯国家以石油为武器，致使资本主义国家爆发了能源危机，石油大幅度涨价，受此影响最大的是公路和航空运输，而铁路所消耗的石油比公路和航空要低。因此，铁路具有明显的优越性。另外，世界资本主义国家为摆脱石油能源危机，决定将内燃机车牵引改成电力机车牵引，以节约石油。

汽车排出的废气污染严重，飞机的噪声危害健康，而铁路的污染和噪声均较小。另外，汽车的车祸严重，飞机的安全性较差，相对而言，铁路的安全性比较好。所以，从环境和安全角度出发，铁路也具有明显的优越性。目前，铁路已被公认为"绿色交通工具"。世界铁路重振雄风势在必行。

高速铁路技术应用：从 20 世纪初至 20 世纪 50 年代，德国、法国、日本等国家先后开展了大量的有关高速列车的理论研究和试验工作。1955 年 3 月，法国用 2 台电力机车牵引 3 辆客车，试验速度达到了 331 km/h，创造了高速铁路的纪录。1964 年，世界上首条投入商业运营的高速铁路在日本诞生，运营时速达 210 km。自 1970 年以后，高速铁路迅速发展。2007 年 4 月 3 日，法国创造了轮轨高速铁路试验速度 574.8 km/h 的世界新纪录。

二、铁路工程发展趋势

随着我国社会经济的快速发展，铁路工程建设规模不断扩大，建设标准和技术要求达到历史新高，铁路工程管理面临着新的机遇和挑战。

我国铁路工程建设虽然取得了一定的成绩，但是在建设过程中还存在着很多不足，铁路工程建设应以系统化、动态化、主动化的思想为主线，实行全过程的铁路工程建设管理，使铁路工程质量、成本、进度在项目决策阶段、设计阶段、招标投标阶段、施工阶段、竣工结算阶段整个过程中始终处于受控状态，保证铁路工程建设目标的实现。

1. 高速铁路与轨道交通

各国铁路客运发展的共同趋势是高速、大密度、扩编或采用双层客车。已形成发达交通网的日本和欧洲国家，正致力于推进高速铁路网的建设。目前，高速铁路最高运行时速可达 350 km，许多国家与地区都制订了修建高速铁路的计划。而在城市交通轨道化中，轻轨交通将备受青睐，因为它是改善城市交通环境最富有生命力的一种交通工具；市郊铁路与地下铁道、轻轨铁路紧密合作，共线、共站，共同组成大城市的快速运输系统，是各国解决人口密度较大地区客运繁忙的有效措施。在未来的铁路发展中，大城市快速运输系统将同全国铁路网连接，紧密配合，形成客运统一运输网。表 5-1 给出了高速铁路与其他运输方式的速度、能耗和安全性等比较，相比而言，高速铁路的综合效益最高。

表 5-1　高速铁路与其他运输方式比较表

项目	高速铁路	高速公路	航空	附注
最高速度/（km·h^{-1}）	350	120	900	在 1 000 km 旅程范围内的单位行程耗时，铁路优于航空
单向运输能力比数	10	2	1	—
能耗比数	1	6	3	美国华盛顿艾兰公司统计每人·km 所耗费的单位能源
CO_2 排放量比数	1	3	4.6	—
噪声排放	0.1	0.2～1	1	日本按每千人·km 计算
用于治理污染的外部成本比数	1	4	5.2	—
占地宽度/m	20（复线铁路）	26（四车道）	—	其中占用大量可耕地

续表

项目	高速铁路	高速公路	航空	附注
安全性／（10 亿人·千米死亡人数）	1.971（既有铁路） 0（高速铁路）	18.929	16.006	日本统计
运输成本比数	1/5	1/2	1	—
综合造价/万元	1.2～5	1～10	150	按每一座席的购置费计

注：外部成本是某项经济活动的生产者或者消费者施予他人或社会的损失。

2. 重载运输

在货物运输方面，集中化、单元化和大宗货物运输重载化是各国铁路发展的共同趋势。重载单元列车采用同型车辆，固定编组，定点定线循环运转。其首先被用于煤炭运输，后来扩展到其他散装货物运输，对提高运能，减少燃油消耗，节省运营车、会让站、乘务人员等费用都有显著效果，经济上受益很大。在美国，铁路货运量有 60% 是以单元列车这种方式完成的。

第二节　铁路的组成

铁路是供火车等交通工具行驶的轨道线路。其由线路、路基和线路上部建筑三部分组成，如图 5-1 所示。

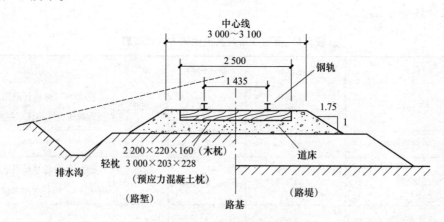

图 5-1　铁路横剖面示意

一、线路

线路是铁路横断面中心线在铁路平面中的位置，以及沿铁路横断面中心线所做的纵断面状况。

1. 铁路选线设计

铁路选线设计是在整个铁路工程设计中一项关乎全局的总体性工作。其原则如下：

（1）根据国家政治、经济和国防的需要，结合线路经过地区的自然条件、资源分布、工农业发展等情况，规划线路的基本走向（即方向），选定铁路的主要技术标准。

（2）根据沿线的地形、地质、水文等自然条件和村镇、交通、农田、水利设施，来设计线路的空间位置。

（3）研究布置线路上的各种建筑物，如车站、桥梁、隧道、涵洞、路基、挡墙等，并确定其类型和大小，使其总体上互相配合，全局上经济合理。

2. 铁路线路平面设计

铁路线路平面是指铁路中心线在水平面上的投影。其由直线段和曲线段组成。铁路线路平面设计的基本要求如下：

（1）为了节省工程费用与运营成本，一般力求缩短线路长度。

（2）为了保证行车安全与平顺，应尽量采用较长直线段和较大的圆曲线半径，线路平面的最小半径受到铁路等级、行车速度和地形等条件的限制。

（3）为使列车平顺地从直线段驶入曲线段，一般在圆曲线的起点和终点处设置缓和曲线。设置缓和曲线的目的是使车辆的离心力缓慢增加，有利于行车平稳。同时，令外轨超高，以增加向心力，使其与离心力的增加相配合。

3. 铁路定线

铁路定线就是在地形图上或地面上选定线路的走向，并确定线路的空间位置。通过定线，决定各有关设备与建筑物的分布和类型。这些设备与铁路工程的耗费有直接关系，是一项综合工程。

铁路定线的基本方法有套线、眼镜线［图5-2（a）］和螺旋线［图5-2（b）］等。铁路的定线受到自然条件的限制，如河谷地区、越岭地区、不良地质地区等。

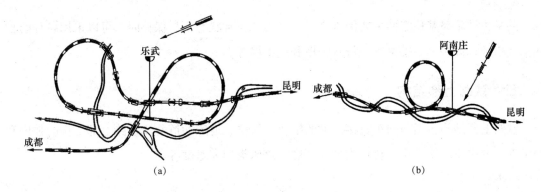

（a）　　　　　　　　　　　　　　　　　（b）

图5-2　铁路定线

（a）眼镜线；（b）螺旋线

二、路基

路基是承受轨道和列车荷载的地面结构物，不仅是轨道的基础，也是保证列车运行的重要构筑物。路基是一种土石结构，处于各种地形地貌、地质、水文和气候环境中，有时还会遭受各种自然灾害，如洪水、泥石流、崩塌、地震等。

1. 铁路路基的类型

路基可分为路堤、路堑和半路堤半路堑三种基本类型。

（1）当铺设轨道的路基面高于天然地面时，路基以填筑的方式构成，这种路基称为路堤。路堤通常由路基面、边坡、护道、排水沟等几部分组成。

（2）当铺设轨道的路基面低于天然地面时，路基以开挖的方式构成，这种路基称为路堑。路堑通常由路基面、侧沟、边坡、截水沟等几部分组成。

（3）在可能的情况下，路基应避免高堤深堑，以减少施工难度和施工量，也便于提高路基质量。因此最好的路基应该是不挖不填的路基。

2. 铁路路基的结构

铁路路基的结构由路基体和附属设施两部分组成。

（1）路基体：路基面、路肩和路基边坡构成路基体。

（2）附属设施：是为了保证路肩强度和稳定，所设置的排水设施、防护设施与加固设施等。排水设施有排水沟等，防护设施如种草种树等，加固设施有挡土墙、扶壁支挡结构等。除地面水外，地下水也是破坏路基良好状态的一个重要原因。为了拦截地下水，降低地下水水位，常常采用渗沟、渗管等地下排水设备。地下水渗入渗沟以后，可以通过渗管纵向排出路基以外。

3. 路基边坡

路基边坡是路基稳定的主要因素之一，当边坡正常状态不易保持时，可以采用各种防护或加固措施，如种草、铺草皮、设置护坡和挡土墙等。

三、铁路上部结构

铁路上部结构包括与列车直接接触的钢轨、轨枕、道床和道岔。铁路上部结构的强度和稳定性，取决于钢轨类型、轨枕类型和密度、道床类型和厚度等。

1. 钢轨

钢轨起承受车身重力及引导列车运行方向的作用。我国生产的标准钢轨的长度有 25 m 和 12.5 m 两种。两条钢轨之间的标准轨距为 1 435 mm，误差不超过 +6 mm 或 -2 mm。每根钢轨端部留有 3 个圆孔，在两节钢轨的末端用有 6 个孔的鱼尾板夹住，并用螺栓拧紧。轨间留有缝隙，以便温度变化时可以自由伸缩。

2. 轨枕

轨枕是钢轨的支座。其除承受钢轨传来的力并将其传递给道床外，还起着保持钢轨的方向和轨距的作用。因而，轨枕应具有足够的强度、弹性和耐久性。

3. 道床

道床是铺设在路基顶面上的道碴层。其作用是将由轨枕传来的车辆荷载均匀传递到路基面上，阻止轨道在列车作用下产生位移，并缓和列车的冲击作用。同时，其还具有便于排水以保持路基面和轨枕干燥，以及便于调整线平面和纵断面的作用。

4. 道岔

道岔是铁路线路之间连接和交叉设备的总称。其作用是使机车车辆由一条线路转向另一条线路，或者越过与其相交的另一条线路。道岔大都设置在车站区。

第三节　高速铁路

一、高速铁路的概念及特点

高速铁路是于 20 世纪六七十年代逐步发展起来的一种城市与城市之间的运输工具。一般来说，铁路速度的分档为、时速 100 ~ 120 km 称为常速；时速 120 ~ 160 km 称为中速；时速 160 ~ 200 km 称为准高速或快速；时速 200 ~ 400 km 称为高速；时速 400 km 以上称为特高速。根据 UIC（国际铁道联盟）的定义，高速铁路是指营运速度达 200 km/h 的铁路系统（也有 250 km/h 的说法）。

高速铁路的特点包括以下几项：

（1）节省能源（平均每位乘客耗能仅为航空乘客的 1/3）。

（2）保护环境。

（3）安全。

（4）舒适（宽松的座位和较大的活动空间比汽车或飞机更感舒适）。

（5）省时（汽车无法与之相比，在 500 ~ 1 000 km 的中、长距离可与飞机竞争）。

二、高速铁路的几个关键技术问题

1. 桥隧施工技术

铁路桥梁采用高强、大跨、整体新结构，铁路隧道施工通过新奥法和围岩喷锚加固等技术，使复杂地形条件下的桥梁建造技术有了新突破，桥式逐渐多样化。实现了长隧道的全机械化施工。

2. 路基

路基是轨道的基础，也称线路下部结构。高速铁路的出现对传统铁路的设计施工和养护提出了新的挑战，在许多方面深化和改变了传统的设计方法与关键。

与普通铁路路基相比，高速铁路路基主要表现为以下特点：

（1）高速铁路路基的多层结构系统。高速铁路路基结构，已经突破了传统的轨道、道床、土路基这种结构形式，既有有砟轨道，也有无砟轨道。对于有砟轨道，在道床和土路基之间，已抛弃了将道砟层直接放在土路基上的结构形式，做成了多层结构系统。

（2）控制变形。控制变形是路基设计的关键，高速铁路采用各种不同路基结构形式，给高速线路提供一个高平顺、均匀和稳定的轨下基础。

3. 力学和钢轨

高速铁路的牵引动力关系到新型动力装置与传动装置、新的牵引方式、受电技术、制动技术等高速牵引动力技术问题。

高速铁路区别于一般铁路或重载铁路最主要的特点是对轨道不平顺的严格控制，体现在钢轨上则是对其表面质量、断面尺寸精度和平直度的严格要求。另外，高速铁路的另一特点是曲率半径大、应变速率高、轴重轻和牵引力大，钢轨的磨耗较小，疲劳损伤相对突出。因此，对钢轨材质的纯净度要求较高。

4. 无砟轨道

高速铁路的无砟轨道具有均匀、连续支承的层状结构体系，具有更为明确的承力传力路径和传力部件。

5. 道岔

高速道岔是指直向容许通过速度为 250 km/h 及以上的铁路道岔。其中，侧向容许通过速度为 160 km/h 及以上的高速道岔被称为侧向高速道岔。与其他道岔相比，侧向高速道岔的号码要大一些，长度要长一些。高速道岔集中了钢轨、扣件、轨枕、有砟道床、无轨道等轨道结构技术，路基及桥上无缝线路、轮轨关系、电务转换与轨道电路等相关专业的接口技术，以及精密机械制造、机械化铺设与养护、控制测量、信息化管理等多学科的交叉技术。系统复杂，技术难度大，技术性能高。

6. 高速列车

高速列车是高速铁路的运输载体，是实现高速铁路功能的关键。为确保高速行车主要功能指标的落实，高速列车在车型、牵引、制动、减振、列控、检测、供电等一系列专业技术上都取得了重大突破。建立在轮轨关系基础上的各型高速列车吸取了当代相关高新技术，已做出为世人瞩目的成就。为满足更高的目标需求，仍在不断进行更新换代，其技术发展永无止境。

7. 信号控制系统

高速铁路的信号控制系统包括列车自动防护系统、卫星定位系统、车载智能控制系统、列车调度决策支持系统及列车自动监测与诊断系统等。

8. 供电系统

高速铁路电力系统承担着为铁路运输生产调度指挥、通信信号、旅客服务等系统供电的任务，是确保铁路安全、稳定、高效运营的基础设施之一。高速铁路供电系统主要由外部电源、变（配）电所、沿线两回高压电力贯通线路、站场电力线路构成。为了提高高速铁路电力系统的管理水平和应急处置能力，应用先进的计算机和通信技术，将高速铁路电力设备纳入电力 SCADA（数据采集与监视控制系统）系统进行远程监视和控制。

9. 接触网

高速铁路接触网，是沿铁路线上空架设的向电力机车供电的输电线路，高铁列车运行所仰赖的电流就是通过机车上端的接触网来输送的。高速铁路接触网是由接触悬挂、支持装置、定位装置、支柱与基础几部分组成的。接触悬挂包括接触线、吊弦、承力索及连接零件。接触悬挂通过支持装置架设在支柱上，其功用是将从牵引变电所获得的电能输送给电力机车。支持装置用以支持接触悬挂，并将其负荷传递给支柱或其他建筑物。

10. 牵引供电自动化系统

在电气化铁路微机监控系统的发展过程中，随着计算机技术、通信技术、网络技术和自动控制技术的发展，不同时期有不同的产品。目前，高速铁路所采用的分层分布式牵引变电所综合自动化系统的特点主要有：功能综合化、分层分布化、操作监视屏幕化、运行管理智能化、通信手段多元化，以及测量显示数字化。

三、我国铁路的提速和高速铁路的发展

1994 年，我国第一条广州—深圳准高速铁路建设成功并投入运营，速度为 160～200 km/h，不仅在技术上实现了质的飞跃，更主要的是通过科研与试验、引进和开发，为建设我国高速铁路做好了前期的准备，被称为我国高速铁路化的起点。

2012 年 10 月 8 日，世界上首条穿越高寒地区的高铁，也是中国东北地区第一条高速铁路哈大高铁开始全线试运营，并于 2012 年年底正式开通。哈大高铁北起哈尔滨，南至大连，纵贯东北三省，线路全长为 921 km，从哈尔滨到大连全程仅需 4 h 左右。2012 年，我国有 13 000 km 时速达 250～350 km 的客运专线建成投产，以"四纵四横"为骨架的快速客运网基本形成，标志着我国铁路全面进入高速铁路时代。

目前，我国已成为世界上高速铁路发展最快、系统技术最全、集成能力最强、运营里程最长、运行速度最高、在建规模最大的国家。

第四节　磁悬浮铁路

一、磁悬浮铁路的概念及基本原理

高速磁悬浮列车作为一种新型的轨道交通工具，是对传统轮轨铁路技术的一次全面革新。其不使用机械力，而是主要依靠电磁力使车体浮离轨道，就像一架超低空飞机贴近特殊的轨道运行。整个运行过程是在无接触、无摩擦的状态下实现高速行驶，因而，具有"地面飞行器""超低空飞机"的美誉。

磁悬浮列车的基本原理是运用磁铁"同性相斥，异性相吸"的性质，使磁铁具有抗拒地心引力的能力，即"磁性悬浮"。在实际应用中，磁悬浮列车是依靠电磁吸力或电动斥力使列车悬浮于空中并进行导向，实现列车与地面轨道之间的无机械接触，再利用线性电机驱动列车运行。虽然磁悬浮列车仍然属于陆上有轨交通运输系统，并保留了轨道、道岔和车辆转向架及悬挂系统等许多传统机车车辆的特点。但由于列车在牵引运行时与轨道之间无机械接触，因而从根本上克服了传统列车的轮轨黏着限制、机械噪声和磨损等问题。所以，它有望成为人们梦寐以求的理想陆上交通工具。

二、磁悬浮铁路的发展演变与发展趋势

磁悬浮列车是一种新型的轨道交通方式，它的理论准备已有近百年的历史。1922年，德国工程师赫尔曼·肯佩尔提出了电磁悬浮原理，并于1934年申请专利。20世纪70年代以后，德国、日本、美国、英国、法国等发达国家相继开始筹划进行磁悬浮运输系统的研究开发。

1962年，日本开始研究常导磁浮铁路，从20世纪70年代初转向超导领域，并进行了3次无载人试验，最高时速由1972年的50 km到1977年的204 km，到1979年12月又进一步提高到517 km。1982年11月，载人试验取得成功，最高时速为411 km。1996年，建成了首期18.4 km长的山梨试验线。

1968年，德国开始研究常导和超导磁浮铁路，到1977年先后分别研制出常导电磁铁吸引式和超导电磁铁相斥式试验车辆，试验时的最高时速达到400 km。随后，考虑到超导技术难以在短期内取得突破，转而集中力量发展常导磁浮铁路。1980年修建试验线，1982年开始不载人试验。最高试验速度在1983年年底达到300 km/h，1984年增至400 km/h。目前，德国的相关技术已趋成熟。

相比之下英国起步较晚，从1973年才开始研究。然而在1984年4月，伯明翰机场至英特纳雄纳尔车站之间一条600 m长的磁浮铁路正式通车营业，单程仅需90 s。由此，英国成为最早将磁浮铁路投入商业运营的国家之一。1995年，这趟拥有传奇色彩的列车在运行了

11 年后被宣布停止营业，结束了它的荣光。而作为世界两极的美国与苏联则分别在 20 世纪七八十年代放弃了这项研究计划。

我国在 2000 年与德国政府正式签订上海磁悬浮列车项目研究协议。上海磁悬浮列车专线于 2001 年 3 月 1 日在浦东挖下第一铲，2002 年 12 月 31 日全线试运行，2003 年 1 月 4 日正式开始商业运营，全程只需 8 min，是世界第一条商业运营的磁悬浮专线。

上海磁悬浮铁路是我国第一条投入运行的磁悬浮铁路，由我国与德国合作完成。线路西起上海地铁 2 号线龙阳路站，东到浦东国际机场，全长为 29.863 km，设计时速和运行时速分别为 505 km 和 430 km；一个供电区内只能允许一辆列车运行，轨道两侧 25 m 处有隔离网，上、下两侧有防护设备。线路转弯处半径达 8 000 m，肉眼观察几乎是一条直线；最小的半径也达 1 300 m。轨道全线两边 50 m 范围内装有目前国际上最先进的隔离装置。2002 年 12 月 31 日，我国前总理朱镕基和德国前总理施罗德成为上海磁悬浮列车的第一批乘客体会首次试运行。2003 年 10 月 11 日，在对外开放运行中首次正式实现浦东机场站上、下客。2006 年 4 月 27 日，上海磁悬浮列车示范运营线正式投入商业运营。

第五节　城市地下轨道和轻轨

一、地铁

地铁是铁路运输的一种形式，是指以地下运行为主的城市轨道交通系统，即"地下隧道"或"地下铁"的简称。许多此类系统为了配合修筑的环境，并考量建造及运营成本，通常将地铁线路设置在地下隧道内，也有的在城市中心以外地区从地下转到地面或高架桥上。地铁是路权专有的、无平交，这也是地铁区别于轻轨交通系统的根本性标志。

地铁具有运量大、建设快、安全、准时、节省能源、不污染环境、节省城市用地等优点。虽然地铁具有很多其他交通方式并不具备的优势，但其缺点也相当突出，制约着地铁的进一步发展：地铁的绝大部分线路和设备处于地下，而城市地下各种管线纵横交错，极大地增加了施工难度，而且在建设中还涉及隧道开挖、线路施工、供电、通信信号、水质、通风照明、振动噪声等一系列技术问题，以及要考虑防灾、救灾系统的设置等，都需要大量资金投入，因此，地铁的建设费用相当高，每千米投资在 3 亿~6 亿元，且建设周期长。地铁适用于出行距离较长、客运量需求大的城市中心区域。一般认为，人口超过百万的大城市就应该考虑修建地铁。地铁的主要技术参数见表 5-2。

表5-2　地铁的主要技术参数

序号	项目	技术参数	序号	项目	技术参数
1	高峰小时单向运送能力/人	30 000～70 000	9	安全性和可靠性	较好
2	列车编组/节	4～8（最多11）	10	最小曲线半径/m	300
3	列车容量/人	3 000	11	最小竖曲线半径/m	3 000
4	车辆构造速度/（km·h^{-1}）	80～100	12	舒适性	较好
5	平均运行速度/（km·h^{-1}）	30～40	13	城市景观	无大影响
6	车站平均间距/m	600～2 000	14	空气、噪声污染	小
7	最大通过能力/（对·h^{-1}）	30	15	站台高度	一般为高站台，乘降方便
8	与地面交通隔离率（%）	100			

二、轻轨

轻轨是在有轨电车的基础上改造发展起来的城市轨道交通系统。由于反应在轨道上的荷载相对于铁路和地铁的荷载较轻，所以称为轻轨。轻轨是一个比较广泛的概念，公共交通国际联会关于轻轨运营系统的解释文件中提道：轻轨是一种使用电力牵引、介于标准有轨电车和快运交通系统（包括地铁和城市铁路），用于城市旅客运输的轨道交通系统。在我国《城市轨道交通工程项目建设标准》（建标104—2008）中，将每小时单向客流量为0.6万～3万人次的轨道交通定义为中运量轨道交通，即轻轨。

由于轻轨交通具有投资少（每千米造价为0.6亿元～1.8亿元）、建设周期短、运能高等优点，因此发展很快。目前，无论是发达国家，还是发展中国家，轻轨交通方兴未艾。各国纷纷根据自己的国情，制订相应的轻轨交通发展战略和模式。纵观各国情况，大致有三种发展模式：一是改造旧式有轨电车为现代化的轻轨交通，这种模式以德国、俄罗斯及东欧各国为典型代表；二是利用废弃铁路线路改建成轻轨线路。这种方式以美国圣迭戈轻轨交通为代表，欧洲也有类似的情况，我国上海明珠线一期工程、武汉轨道交通1号线一期工程也属于这种方式；三是建设轻轨交通新线路的方式，我国长春、天津等城市都相继新建了轻轨交通。

在我国，轻轨系统运用并不广泛，几乎非常淡化，主要原因有以下几点：

（1）现代概念的轻轨本质就是低运量的地铁系统。

（2）多数经济实力或客流需求有限的城镇地带并没有采用轻轨系统，而是采用单轨系统、磁悬浮系统、旅客自动捷运系统、市域铁路或有轨电车等其他新型城市轨道交通系统，它们的造价成本一般比轻轨系统低得多。

（3）随着城际铁路的大规模建设，城际列车已经完全担负起市郊客运职能，许多早期被人们误以为是轻轨系统的城际轨道交通最终都建成城际铁路，完全能满足并代替轻轨系统联络市郊卫星城的服务功能。

（4）国内各城市的轨道交通没有以轻轨命名的，更没有以轻轨作为主体的，相应的企业单位称地铁，也称轨道交通，即使是拥有轻轨列车的长春市也不例外。

（5）现今的地铁列车能通过自由编组以适应不确定的客流量，并且其主流设计速度可以达120 km/h，单轨铁路和中、低速磁悬浮铁路的建设也纷纷瞄准这个速度标准。客观上，轻轨系统没有突出优点，性价比有所降低，一般情况下更适用于机场快轨或滨海快线。在运营方面，轻轨列车的特点是车型数量和中途站点较少，但从商业角度看显然是不适宜的，亏本风险十分大；如果选址不佳、经营不善或换乘不便等，则综合效益还远不如公共汽车。

很多国家和地区并没有严格详细地区分地铁和轻轨，它们通常会被统一纳入捷运系统或快速轨道一类。

本章小结

铁路是供火车等交通工具行驶的轨道线路，由线路、路基和线路上部建筑三部分组成。一般来说，铁路速度的分档为：时速 100～120 km 称为常速；时速 120～160 km 称为中速；时速 160～200 km 称为准高速或快速；时速 200～400 km 称为高速；时速 400 km 以上称为特高速。高速磁悬浮列车作为一种新型的轨道交通工具，是对传统轮轨铁路技术的一次全面革新。地铁是铁路运输的一种形式，是指以地下运行为主的城市轨道交通系统，而轻轨是在有轨电车的基础上改造发展起来的城市轨道交通系统。

思考题

一、填空题

1. 我国第一条铁路是＿＿＿＿＿＿＿＿＿＿＿＿＿＿。

2. 在美国，铁路货运量有60%是由＿＿＿＿＿＿＿完成的。

3. 铁路线路平面是指铁路中心线在水平面上的投影，它由＿＿＿＿＿＿和＿＿＿＿＿＿组成。

4. ＿＿＿＿＿＿＿就是在地形图上或地面上选定线路的走向，并确定线路的空间位置。

5. 路基可分成＿＿＿＿＿＿、＿＿＿＿＿＿和＿＿＿＿＿＿三种基本类型。

6. 铁路上部结构包括与列车直接接触的＿＿＿＿＿＿、＿＿＿＿＿＿、＿＿＿＿＿＿和＿＿＿＿＿＿。

7. ＿＿＿＿＿＿＿是铺设在路基顶面上的道碴层。

8. ＿＿＿＿＿＿＿是我国第一条投入运营的磁悬浮铁路。

二、选择题

1. 到2011年，我国铁路运营总里程达到（　　　）km。

A. 90 000　　　　　　B. 89 000　　　　　　C. 80 000　　　　　　D. 99 000

2. 新中国成立初期，铁路运行平均时速只有（　　　）km。

A. 43　　　　　　　B. 53　　　　　　　C. 63　　　　　　　D. 73

3. （　　　），中国东北地区第一条高速铁路哈大高铁开始全线试运营。

A. 2002 年 10 月 8 日   B. 2012 年 10 月 8 日

C. 2006 年 10 月 8 日   D. 2016 年 10 月 8 日

4. 上海磁悬浮铁路是我国第一条投入运营的磁悬浮铁路，由我国与（   ）合作完成。

A. 美国   B. 日本   C. 英国   D. 德国

三、问答题

1. 铁路选线的原则是什么？

2. 铁路路基有哪些类型？

3. 铁路路基结构由哪些部分组成？

4. 高速铁路的特点是什么？

第六章

地下工程

第一节　地下工程概述

一、地下工程的概念及特征

地下工程是指建造在岩体或土体中的工程结构物，又称为地下设施，其通常包括地下建筑物和地下构筑物。建造在岩层或土层中的各种建筑物，是在地下形成的建筑空间，称为地下建筑。地面建筑的地下室部分也是地下建筑；一部分露出地面，大部分处于岩石或土壤中的建筑物称为半地下建筑。地下构筑物一般是指建在地下的矿井、巷道、输油或输气管道、输水隧道、水库、油库、铁路和公路隧道、城市地铁、地下商业街、军事工程等。

地下工程的特征包括以下几项：

（1）可为人类的生存开拓广阔的空间；

（2）具有良好的热稳定性和密闭性；

（3）具有良好的抗灾和防护性能；

（4）社会、经济、环境等多方面的综合效益高；

（5）施工条件复杂，造价较高。

二、地下工程设施的分类

一般来说，地下工程按其使用功能可分为工业设施、民用设施、交通运输设施、水工设施、矿山设施、军事设施及市政设施等。

（1）工业设施。工业设施包括仓库、油库、粮库、冷库、各种地下工厂、火电站、核电站等。

（2）民用设施。民用设施主要包括各种人防工程（掩蔽所、指挥所、救护站、地下医院等）、平战结合的地下公共建筑（地下街、车库、影剧院、餐厅、地下住宅等）。

（3）交通运输设施。交通运输设施主要包括铁路和道路隧道、城市地下铁道、运河隧道、水底隧道等。

（4）水工设施。水工设施主要包括水电站地下厂房、附属洞室，以及引水、尾水等水工隧洞等。

（5）矿山设施。矿山设施主要包括各种矿井、水平巷道和作业坑道等。

（6）军事设施。军事设施主要包括各种永久的和野战的军事、屯兵和作战坑道、指挥所、通信枢纽部、导弹发射井、军用仓库等。

（7）市政设施。市政设施主要包括给水排水管道、热力和电力管道、输油输气管道、通信电缆管道及综合性市政隧道等。

（8）仓储工程。仓储工程包括地下物资仓库、地下车库、地下垃圾堆场、地下核废料仓库、危险品仓库、金库等。

（9）地下文娱文化设施。地下文娱文化设施包括地下图书馆、博物院、展览馆、歌剧院、歌舞厅等。

（10）地下体育设施。地下体育设施包括篮球场、乒乓球场、网球场、田径场、游泳池、滑冰场等。

三、地下工程的发展演变

远古时期，人类为了防寒暑、避风雨、躲野兽，开始利用天然洞穴作为居住场所。在北京西郊的周口村，日本、欧洲、美洲等地均发现穴居的痕迹。

古代时期，人类对地下空间的利用也摆脱了单纯的居住要求。古埃及、古希腊、古罗马，包括中国在内，修建了许多地下陵墓，如金字塔、秦始皇陵等。另外，还有巴比伦地区的幼发拉底河底隧道、我国秦汉时期的地下粮库等。

中世纪时期，欧洲地下空间利用基本处于停滞状态，我国地下空间利用多用于建造陵墓和满足宗教建筑的一些特殊要求，如北魏、隋、唐、宋、元等各个朝代都建造了一些陵墓和石窟等。

近代时期（15世纪开始），炸药、蒸汽机的发明和应用，使得对地下空间的开发利用进入新的发展时期。例如，1613年建成伦敦地下水道；1681年修建了地中海比斯开湾的连接隧道；1871年穿过阿尔卑斯山连接法国和意大利的公路隧道开通等。

第二节　隧道工程

隧道是地下工程的一个重要组成部分。其是指修筑在地下，两端有出入口，供车辆、行人、水流及管线等通过的通道。用以穿越障碍、缩短线路并具有不占用地面空间和可兼作防空用途等优点。

　　隧道按用途可分为：交通隧道，如铁路隧道、道路隧道、人行隧道、运河隧道及供几种运输形式共用的混合隧道等；水工隧道，如供水力发电及农田水利用的引水隧洞、排灌隧洞等；市政隧道，如供设置城市地下管网及给水排水设施的隧道；军事或国防需要的特殊隧道。隧道按其所处的位置，又可分为山岭隧道、水底隧道及城市地下铁路隧道等。

一、铁路隧道

　　铁路隧道是铁路线路在穿越天然高程或平面障碍时修建的地下通道。其可以使线路的标高降低、长度缩短并减缓其纵向坡度，从而提高运量和行车速度。铁路隧道一般由洞口路堑（或引道）、洞口、洞身和隧道内外附属构筑物组成。隧道内的线路常采用单向坡或双向坡，单向坡适用于套线、螺旋线或较短的越岭隧道，双向坡适用于越岭隧道和水底隧道。

　　我国第一座铁路隧道是 1887—1891 年在我国台湾台北至基隆铁路线上修建的，隧道长为 261 m，1890—1904 年在中东铁路上修建了几座双线隧道。其中，大兴安岭越岭隧道长达 3 078 m。截至新中国成立初期，我国铁路上共有 400 余座铁路隧道，总长 100 多千米。新中国成立后，我国迅速改变了成立前铁路分布不合理的现象，在西南和西北等多山的高原地区修建了大量铁路隧道，到 1998 年年底，我国拥有铁路隧道 6 800 余座，全长为 3 667 km，成为世界上铁路隧道最多的国家。表 6-1 所示为世界铁路隧道长度排名。

表 6-1　世界铁路隧道长度排名

排名	隧道名称	国家	长度/km	排名	隧道名称	国家	长度/km
1	青函	日本	53.85	10	八甲田	日本	26.455
2	里昂－都灵 Ambin	法国—意大利	52.11	11	岩手一户	日本	25.8
3	英吉利海峡	英国—法国	51.81	12	维也纳森林	奥地利	23.84
4	新勒奇山	瑞士	34.6	13	南吕梁山	中国	23.47
5	新关角	中国	32.64	14	大清水	日本	22.228
6	戴云山隧道	中国	28.79	15	哈达铺	中国	22.1
7	瓜达马拉	西班牙	28.4	16	青云山	中国	22.06
8	西秦岭隧道	中国	28.236	17	高盖山	中国	22.05
9	太行山隧道	中国	27.848	18	吕梁山	中国	20.75

二、道路隧道

　　道路隧道又称公路隧道，是修筑在山区公路或城市道路上，主要供汽车及非机动车通行的隧道。道路隧道要尽量设计成直线。若受地形或地质条件限制而必须设置成曲线时，应根据道路等级按不设超高的平曲线半径设置。水底隧道如用盾构法施工，也宜做成直线或大半径曲线。

　　新中国成立以前，我国仅有十余座道路隧道，最长不超过 200 m。至 2012 年，我国道路隧道的数量已达数 10 022。世界双洞道路隧道、单洞道路隧道长度排名见表 6-2。

表 6-2 世界双洞道路隧道、单洞道路隧道长度排名

双洞隧道				单洞隧道			
排名	隧道名称	国家	长度/km	排名	隧道名称	国家	长度/km
1	秦岭终南山公路隧道	中国	18.03	1	洛达尔隧道	挪威	24.5
2	关越隧道	日本	10.9	2	圣哥达隧道	瑞士	16.9
3	普拉布什隧道	奥地利	10.3	3	弗儒雷丝隧道	意大利	13.2

三、水底隧道

水底隧道是指修建在江河、湖泊、海港或海峡底下的隧道。其为铁路、城市道路、公路、地下铁道，以及各种市政公用或专用管线提供穿越水域的通道，有的水底隧道还设有自行车道和人行道。

就跨越江河湖海的可选方式而言，目前主要有轮渡、桥梁与水底隧道。轮渡方式虽然投资少，但由于其受交通运输量小、等候时间长、气候影响大等不利因素的限制，与现代城市快节奏交通运输不相适应，所以，现在选用较少。跨越江河湖海的方式越来越多地在水底隧道与桥梁之间作出选择。选择桥梁还是选择水底隧道，主要应依据航运、水文、地质、生态环境，以及工程成本等具体建设条件进行全面的比较、论证而定。经论证，水底隧道与桥梁相比有以下优势：

（1）具有很强的抵抗战争破坏、自然灾害（如地震）和突发事件的能力。

（2）不侵占航道净空，不破坏航运，不干扰岸上航务设施，不影响海域生态环境，能避免噪声尘土对周围环境的影响，有利于环境的保护。

（3）不受天气和气候变化的影响，有稳定畅通的通行能力。

（4）具有很强的承载能力，一般无通行车辆载重限制。

（5）结构耐久性好，且结构维护保养费用一般比桥梁低很多。

（7）设计可以做到一洞多用，也可以将城市供水、供电、供气和通信等设施安排在比较安全稳定的环境中。

（8）易于和两端交通接线，形成路网。在市区修建过江隧道和过海隧道时这一点更为明显。

建设海底隧道是人类将大自然的阻隔和屏障变为通道和坦途的一个壮举。世界上著名的海底隧道见表 6-3。

表 6-3 世界著名海底隧道

隧道名称	所在国家	长度/km	使用情况
青函隧道	日本	53.87	铁路，已通车
英法海底隧道	英国—法国	50	铁路，已通车
直布罗陀海峡隧道	摩洛哥—西班牙	60	铁路，规划中

隧道名称	所在国家	长度/km	使用情况
爪哇和苏门答腊隧道	印度尼西亚	50	铁路，规划中
日韩隧道	日本—韩国	250	铁路、公路，规划中
厦门翔安海底隧道	中国	8.695	已通车

四、地下铁道

1. 地下铁道的优越性

地下铁道简称地铁，是供城市地下的电力机车运行的铁道。通常设置在城市的地面下，也有从地下延伸至地面的，有时还升高到高架桥上。地铁是解决大城市交通拥堵和大量、快速、安全地运送乘客的一种现代化交通工具。在特殊情况下，可以运送货物，战时可以起到防护的作用。美国的芝加哥曾有用来运载货物的地下铁路；英国伦敦也有专门运载邮件的地下铁路。但两条铁路已先后在1959年及2003年停用。在战争（如第二次世界大战）期间，地下铁路也被用作工厂或防空洞。很多国家（如韩国）的地铁系统，在设计时都有将战争可能计算在内。所以，无论是在铁路的深度或人群控制方面，都同时兼顾日常交通及国防的需要。

地下铁道的优越性主要有以下几点：

（1）行车速度快，地铁不受行车路线的干扰，其行驶速度为地面公共交通工具的2～4倍；

（2）运输成本低，安全、可靠、舒适；

（3）能够合理利用城市的地下空间，保护城市景观和环境。

当然，地铁的工程造价是比较高的。例如，我国深圳特区建设的地铁造价为5亿元/km。其中，土木占40%，机电占21%，信息占8%，其他如拆迁费用等占31%。广州、上海等城市已建成的地铁造价则更高些，为6亿～7亿元/km。

2. 地铁建筑物

地下铁道的建筑物主要由地铁车站、连接各车站的区间隧道和出入口等附属建筑物组成。

（1）地铁车站。从总体规划、设备的配置、结构形式及施工方法等方面而言，车站是地下铁道中较为复杂的建筑物，是大量乘客的集散地，应能保证乘客迅速而方便地上下或换乘，并要求具有良好的通风、照明，清洁的环境和建筑上的艺术性。车站在线路起、终点和中心地区的任务是不同的，因此，各车站的规模也各不相同。一般情况下，线路起终点附近的车站多处于郊区，而中心地区的车站多位于城市的繁华地区，因此，可以将车站分为郊区站、城市中心站、联络站和待避站等。郊区站的站间距一般较长，为1 500～2 000 m，车站的位置应与公共汽车站邻近；城市中心站人流较为密集，一般站间距700～1 500 m，其中设置的站台、台阶、自动扶梯等设施要有足够的容量，且中心站一般要与相邻的大楼地下室尽可能联络，以便快速疏散客流；联络站是指两条或两条以上线路交叉及相邻时设置的车站，地铁的联络站都是规模相当大的地下车站，是城市交通网的重要枢纽。

地铁车站按形态，可分为单层、双层和多层；按站台形式，还可分为岛式车站、侧式车站和混合式车站。

（2）区间隧道。区间隧道是指连接各车站的隧道，其内部设置列车运行及安全检查用的各种设施，如轨道、电车线路、标志、通信及信号电缆、待避洞、灭火栓、照明设施、通风设施等。

区间隧道的横断面一般可分为箱形和圆形两种。横断面形式的选择主要取决于埋深、地质条件和施工方法等因素。明挖法多采用箱形断面。这种断面结构经济、施工简便，其衬砌材料大部分为钢筋混凝土。盾构法则采用圆形断面，衬砌材料可采用铸铁或钢筋混凝土管片。

（3）出入口建筑。出入口建筑用以解决车站和地面之间的联系。一般设有地面站厅、地面出入口、自动扶梯斜隧道和地面牵出线。

3. 地铁线路网的规划

地铁线路网由若干条地铁线路所组成，是一个技术上独立的客运网，也是整个城市交通运输的组成部分。它的规划应从城市的发展远景和城市交通运输整体部署出发，拟定各种类型交通工具的综合分工方案，从而估计出地铁近期和远期的客运量、车站位置和规模等主要指标，以供制定新线路和已有线路的扩建规划。在确定一条新线路的方向时，要考虑城市各区的经济发展、居民中心区的分布、现有线路和未来各线路的方向及客流量大小等。地铁线路网的形式一般和城市街道网的形式相适应。车站应设在人流集散量较多的地方，如主要街道的交叉口、广场、火车站、体育场、公园附近及地铁线路交叉处。

4. 地铁线路的类型

根据所处的位置，地铁线路可分为地下、地面及高架线路。地下线路是地铁线路的基本形式，按隧道距离地面的位置，可分为浅埋和深埋两种。浅埋地铁一般将线路埋设在街道之下。车站隧道的净空高度要比区间隧道大，为保证车站隧道顶部有最小厚度的回填层，浅埋地铁车站要较区间隧道埋得深一些，使车站设置在线路纵剖面的低点。深埋地铁可以不受城市地面建筑物的影响。因此，多数线路在平面上都为直线，转弯处可采用大半径曲线，以使列车运行平稳。地面线路一般不设在城市街道干线范围内，而是修建在居民较少的城郊，有的地面线路的地铁车站与郊区的铁路车站相邻或连成一体，以方便乘客。高架线路则是设置在钢筋或钢筋混凝土建造的高架线路桥上。

5. 地下铁道隧道的施工方法

地下铁道隧道的施工方法主要有明挖法、盾构法和浅埋暗挖法三种。选择具体施工方法时，要根据结构形状、线形、地下埋设物及其建筑物、地质、地形、施工技术与环境、工程技术经济指标等进行确定。

（1）明挖法。明挖法是从地表面向下开挖，在预定位置修筑结构物方法的总称。在城市地下工程中，特别是在浅埋的地下铁道工程中获得广泛应用。明挖法适用于地形平坦以及埋深小于30 m的场合，并可以适应不同类型的结构形式。明挖法施工过程如图6-1所示。在明挖法施工中，基坑围护结构常采用工字钢桩法或地下连续墙法。

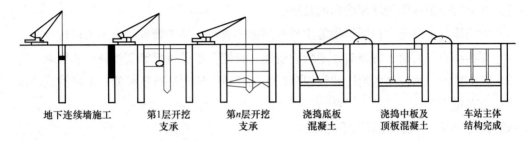

图6-1　明挖法施工过程

明挖法具有施工方法简单、技术成熟、工程进度快、工程造价较低和能耗较少等优点；其缺点是：施工过程受外界气候条件影响较大；施工对城市地面交通和居民正常生活有较大影响，易产生噪声、粉尘及废弃泥浆等污染；需要拆除工程影响范围内的建筑物和地下管线，在饱和的软土地层中，深基坑开挖引起的地面沉降较难控制等。

（2）盾构法。盾构法是利用盾构机进行隧道开挖、衬砌等作业的施工方法。施工时，在盾构机前端切口环的掩护下开挖土体，在盾尾的掩护下拼装衬砌（管片或砌块）。在挖去盾构前面土体后，用盾构千斤顶顶住拼装好的衬砌，将盾构机推入挖去土体的空间内，在盾构机推进距离达到一环衬砌宽度后，缩回盾构千斤顶活塞杆，然后进行衬砌拼装，再将开挖面挖至新的进程。如此循环交替，逐步延伸而建成隧道。盾构法施工如图6-2所示。

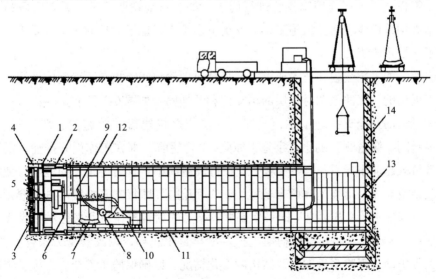

1—盾构；2—盾构千斤顶；3—盾构正面网格；4—出土托盘；5—出土皮带运输机；
6—管片拼装机；7—管片；8—压浆泵；9—压浆孔；10—出土机；11—衬砌结构；
12—在盾尾空隙中的压浆；13—后盾管片；14—竖井。

图6-2　盾构法施工

盾构法施工主要具有以下优点：

1）除竖井施工外，施工作业均在地下进行，既不会影响地面交通，又可以减少噪声和振动对附近居民的影响。

2）隧道的施工费用受埋深的影响较小。

3）盾构推进、出土、拼装衬砌等主要工序循环进行，易于管理，施工人员较少。

4）穿越江道、河道、海道时，不影响航运，且施工不受风雨等气候条件的影响。

5）在土质差、水位高的地区建设埋深较大的隧道，盾构法有较高的技术经济优越性。

6）土方量小。

盾构法存在的主要问题有以下几项：

1）当隧道曲线半径过小时，施工较为困难。

2）在陆地建造隧道时，若隧道埋深太浅，盾构法施工困难较大。而在水下时，如覆土太浅，盾构法施工不够安全。

3）盾构法施工中采用全气压法以疏干和稳定地层时，对劳动保护要求较高，施工条件较差。

4）盾构法施工过程中引起的隧道上方一定范围内的地表下沉尚难完全防止，特别是在饱和含水松软的土层中，要采取严密的技术措施才能将下沉量控制在很小的限度内。

5）在饱和含水地层中，盾构法施工所用的拼装衬砌对达到整体结构防水性的技术要求较高。

（3）浅埋暗挖法。浅埋暗挖技术的首次应用是在北京地铁复兴门折返线工程中。近十几年来，浅埋暗挖法在我国的地下工程施工中得到了广泛的应用，北京地铁的区间隧道及其他一些市政工程广泛采用浅埋暗挖法进行施工，如北京地铁西单站、天安门西站、王府井站、东单站等均采用浅埋暗挖法施工，长安街下多条人行地下通道和国家计委大型地下停车库也采用了该技术施工。

浅埋暗挖法的工艺流程和技术要求主要是针对埋深较浅、松散不稳定的地层和软弱破碎岩层的施工提出的。该法强调对地层的预支护和预加固，如图6-3所示。

在区间隧道的开挖支护施工中，浅埋暗挖法应严格执行"管超前、严注浆、短开挖、强支护、早封闭、勤量测"的十八字施工原则。"管超前"即在工作面开挖前，沿隧道拱部周边按设计打入超前小导管；"严注浆"即在打设超前小导管后注浆加固地层，使松散、松软的土体胶结成整体，增强土体的自稳能力；"短开挖"即每次开挖循环进尺要短，开挖和支护时间尽可能缩短；"强支护"即采用搁栅钢架和喷射混凝土进行较强的早期支护，以限制地层变形；"早封闭"即开挖后初期支护要尽早封闭成环，以改善受力条件；"勤量测"即在施工工程中动态跟踪测量围岩及结构的变化情况，以确保施工安全。在施工工序上要坚持"开挖一段、支护一段、封闭一段"的基本工艺。

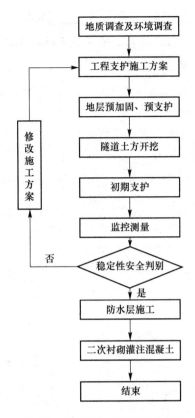

图6-3　浅埋暗挖法的工艺流程

本章小结

地下工程是指建造在岩体或土体中的工程结构物，又称为地下设施，其通常包括地下建筑物和地下构筑物。一般来说，地下工程按其使用功能，可分为工业设施、民用设施、交通运输设施、水工设施、矿山设施、军事设施及市政设施七类。

隧道是地下工程的一个重要组成部分。其是指修筑在地下，两端有出入口，供车辆、行人、水流及管线等通过的通道。隧道按用途，可分为交通隧道，如铁路隧道、道路隧道、人行隧道、运河隧道及供几种运输形式共用的混合隧道等；水工隧道，如供水力发电及农田水利用的引水隧洞、排灌隧洞等；市政隧道，如供设置城市地下管网及给水排水设施的隧道；军事或国防需要的特殊隧道。隧道按其所处的位置，又可分为山岭隧道、水底隧道及城市地下铁路隧道等。

思考题

一、填空题

1. 我国第一座铁路隧道是_____年在_____至_____铁路线上修建的。

2. 到 1998 年年底，我国有铁路隧道有_____余座。

3. _____是指修建在江河、湖泊、海港或海峡底下的隧道。

4. 地下铁道的建筑物主要由_____、_____和_____等附属建筑物组成。

5. 地铁车站按形态可分为_____、_____和_____；按站台形式还可分为_____、_____和_____。

6. _____用以解决车站和地面之间的联系。

二、问答题

1. 地下工程的特征是什么？

2. 地下工程的类型有哪些？

3. 与桥梁相比，水底隧道的优势体现在哪些方面？

4. 地下铁道的优越性主要体现在哪几个方面？

5. 盾构法施工的优点有哪些？

第七章

港口和水利工程

第一节　港口工程

一、港口的类型

港口工程是兴建港口所需工程设施的总称，是供船舶安全进出和停泊的运输枢纽。其由一定面积的水域和陆域组成，供船舶出入和停泊。其可以为船舶提供安全停靠、作业的设施，以及提供补给、修理等技术服务和生活服务。

（1）按地理位置分类。按地理位置，港口可分为河港、海港和河山港。

1）河港：是指沿江、河、湖泊、水库分布的港口，如南京港、重庆港。

2）海港：是指沿海岸线（包括岛屿海岸线）分布的港口，如大连港、青岛港等。

3）河山港：是指位于江、河入海处受潮汐影响的港口，如丹东港、营口港、福州港、广州港、海港等。在我国，一般将河口港划入海港的范畴。

（2）按服务对象和用途分类。按服务对象和用途，港口可分为商港、工业港、渔业港、军港和避风港等。

1）商港：是指专门从事客货运业务的港口，所以也称为公共港。作为商港，不但要有优良的自然条件，还必须具备工商业比较集中、商品经济比较发达、交通十分方便等条件，并具有从事水、陆、空联运的各种设施。如上海、香港、鹿特丹和汉堡等港口，都是世界上著名的商港。

2）工业港：是指为临近江、河、湖、海的大工矿企业直接运输原料、燃料和产品的港口。

3）渔业港：是指专门从事渔业的港口。我国的渔业港一般只用于渔船的停泊、装运物资等，而现代化的渔业港应具备各种鱼类的加工设备。

4）军港：是指为军事目的而修建的港口，如旅顺港。

5）避风港：是指专为船舶、木筏等在海洋、大潮、江河中航行、作业遇到突发性风暴时避风用的港口。

（3）按运输货物贸易方式分类。按运输货物贸易方式，港口可分为对外开放港口和非对外开放港口等。

（4）按运输功能分类。按运输功能，港口可分为客运港、货运港、综合港等。

（5）按港口水域在寒冷季节是否冻结分类。按港口水域在寒冷季节是否冻结，港口可分为冻港和不冻港。

（6）按潮汐关系、潮差大小，是否修建船闸控制进港分类。按潮汐关系、潮差大小，是否修建船闸控制进港，港口可分为闭口港和开口港。

（7）按对进口的外国货物是否办理报关手续分类。按对进口的外国货物是否办理报关手续，港口可分为报关港和自由港。

二、港址的选择

港址的选择一般需要考虑以下条件。

1. 自然条件

自然条件是决定港址的首要条件。其主要包括港区地质、地貌、水文气象及水深等因素，有足够的岸线长度及水域、陆域面积，能满足船舶航行与停泊要求。

2. 技术条件

着重考虑港口总体布置在技术上能否合理地进行设计和施工，包括防波堤、码头、进港航道、锚地、回转池、施工所需建材和"三通"条件等。另外，要尽量对附近水域、陆地及自然景观不产生不利影响，并尽量利用荒地，少占良田。

3. 经济条件

考察分析拟建港口的性质、规模、与腹地的联系、投资与回报等。

三、港口的组成

港口由水域和陆域两大部分组成。

1. 水域

水域是指港界线以内的水域面积。其一般须满足两个基本要求，即船舶能安全地进出港口和靠离码头；能稳定地进行停泊和装卸作业。水域包括进港航道、港池和锚地。港口水域可分为港外水域和港内水域。港内水域包括港内航道、转头水域、港内锚地和码头前水域或港池。在内河港口，为便于控制，船舶须逆流靠、离岸。当船舶从上游驶向顺岸码头时，应先调头，再靠岸；当船舶离开码头驶往下游时，要逆流离岸，然后再调头行驶。为此，要求顺岸码头前水域有足够宽度。港口水域主要包括码头前水域、进出港航道、船舶转头水域、锚地及航标等几部分，如图 7-1 所示。

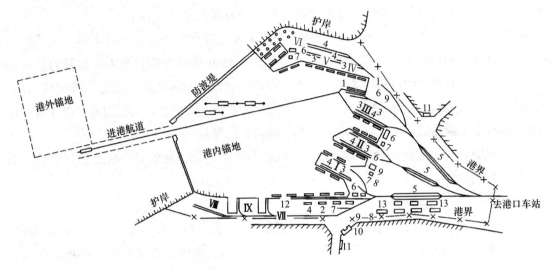

I—杂货码头；II—木材码头；III—矿石码头；IV—煤炭码头；V—矿物材料码头；
VI—石油码头；VII—客运码头；VIII—工作船码头及维修站；IX—工程维修基地
1—导航标志；2—港口仓库；3—露天货场；4—铁路装卸线；
5—铁路分区调车场；6—作业区办公室；7—作业区工人休息室；8—工具库房；
9—车库；10—港口管理局；11—警卫室；12—客运站；13—储存仓库。

图 7-1 水域构成示意

（1）码头前水域（港池）。码头前水域是指码头前供船舶靠离和进行装卸作业的水域。码头前水域内要求风浪小，水流稳定，具有一定的水深和宽度，能满足船舶靠离装卸作业的要求。按码头布置形式不同，可分为顺岸码头前的水域和突堤码头间的水域。其大小根据船舶尺度、靠离码头的方式、水流和强风的影响、转头区布置等因素确定。

（2）进出港航道。进出港航道是指船舶进、出港区水域并与主航道连接的通道。一般设置在天然水深良好，泥砂回淤量小，尽可能避免横风横流和不受冰凌等干扰的水域。其布置方向以顺水流呈直线形为宜。根据船舶通航的频繁程度，可分别采用单行航道或双行航道。在航行密度比较小（如在日平均通航艘次不大于1）时，为了减少挖方量和泥砂回淤量，经过技术经济比较和充分研究后，可以考虑采用单行航道。航道的宽度一般按航速、船舶横位、可能的横向漂移等因素，并加入必要的富裕宽度确定。进港航道的水深，在工程量大、整治比较困难的条件下，海港一般按大型船舶乘潮进出港的原则考虑；在工程量不大或航行密度大的情况下，经论证后可以按随时出入的原则确定。河港的进港航道水深应保证设计标准形状的船舶安全通过。

（3）船舶转头水域。船舶转头水域又称回旋水域，是指船舶在靠离码头、进出港口需要转头或改换航向时而专设的水域。其大小与船舶尺度、转头方式、水流和风速风向有关。

转头水域一般可以与港内航行水域合并在一起布置。

转头水域的深度，在海港和河山港，最小水深一般按大型船舶乘潮进出港口的原则考虑；在内河港，最小水深一般不大于航道控制段最小通航水深。

（4）锚地。锚地是指专供船舶（船队）在水上停泊及进行各种作业的水域，如装卸锚地、停泊锚地、避风锚地、引水锚地及检疫锚地等。装卸锚地为船舶在水上过驳的作业锚地；停泊锚地包括到、离港锚地及供船舶等待靠码头、候潮和编解队（河港）等用的锚地；避风锚地是指供船舶躲避风浪时的锚地，小船避风须有良好的掩护；检疫锚地是指外籍船舶到港后进行卫生检疫的锚地，有时也和引水、海关签证等共用。

（5）航标。航标是指供船舶确定船位、航向和避离危险，使船舶沿航道或预定航线顺利航行的助航设施。

2. 陆域

陆域是指港界线以内的陆域面积。港口陆域则由码头、港口仓库及货场、铁路及道路、装卸及运输机械、港口辅助生产设备等组成。一般包括装箱作业地带和辅助作业地带两部分，并包括一定的预留发展地。装卸作业地带布置有仓库、货场、铁路、道路、站场、通道等设施；辅助作业地带布置有车库、工具房、变（配）电站、机具修理厂、作业区办公室、消防站等设施。

四、港口水工构筑物

港口工程中与土木工程相关的主要是港口水工构筑物，一般包括码头，防波堤，修、造船水工建筑物，进出港船舶的导航设施（航标、灯塔等）和港区护岸等。

1. 码头

码头是供船舶停靠、旅客上下、货物装卸的场所，一般由主体结构和码头设备两部分组成。主体结构要求有足够的整体性和耐久性，直接承受船舶荷载和地面使用荷载，并将荷载传递给地基，且直接承受波浪、冰凌、船舶的撞击磨损作用；而码头设备用于船舶停靠和装卸作业。码头可以按平面布置、断面形式、结构形式及用途等进行分类。

（1）码头按平面布置可分为顺岸式码头、突堤式码头等，如图7-2所示。

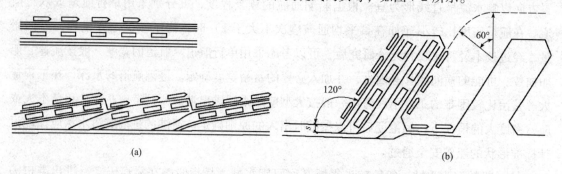

(a)   (b)

图7-2　码头的平面布置

（a）顺岸式码头；（b）突堤式码头

（2）码头按断面形式可分为直立式码头、斜坡式码头、半直立式码头、半斜坡式码头等，如图 7-3 所示。直立式码头适用于水位变化不大的港口，如水位差较小的河口港及运河港；斜坡式码头适用于水位变化大的上中游河流或水库港；半直立式码头适用于高水位时间较长而低水位时间较短的水库港等；半斜坡式码头适用于枯水期较长而洪水期较短的山区河流。

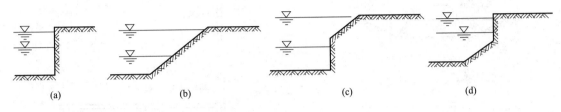

图 7-3　码头的断面形式

（a）直立式码头；（b）斜坡式码头；（c）半直立式码头；（d）半斜坡式码头

（3）码头按结构形式可分为重力式码头、板桩式码头、高桩式码头和混合式码头等。

1）重力式码头：是我国使用较多的一种码头结构形式。其工作特点是依靠结构本身填料的质量来保持结构的稳定。其结构坚固耐久，能承受较大的地面荷载，对较大的集中荷载及码头地面超载和装卸工艺变化适应性强，施工比较简单，维修费用少。按墙身的施工方法，重力式码头结构可分为干地现场浇筑（或砌筑）的结构和水下安装的预制结构［图 7-4（a）］。

2）板桩式码头：是依靠板桩入土部分的侧向土抗力和安设在码头上部的锚碇结构来维持整体稳定［图 7-4（b）］。板桩式码头结构简单，材料用量少，施工方便，施工速度快，主要构件可在预制厂预制，但结构耐久性不如重力式码头，施工过程中一般不能承受较大波浪作用。

3）高桩式码头：是通过桩基础将作用在码头上的荷载传递给地基。高桩式码头一般可做成透空结构［图 7-4（c）］，其具有结构轻、减弱波浪的效果好、砂石料用量省的特点，适用于可以沉桩的各种地基；特别适用于软土地基。高桩式码头的缺点是对地面超载和装卸工艺变化的适应性较差，耐久性不如重力式码头和板桩式码头，构件易破坏。

4）混合式码头：根据当地的地质、水文、材料、施工条件和码头的使用要求，也可以采用不同形式的混合结构，如图 7-4（d）、（e）所示。

另外，码头还可以按不同的用途进行分类，包括货运码头、客运码头、工作船码头、渔业码头、军用码头等；货运码头还可以按不同的货种和包装方式分为杂货码头、煤码头、油码头、集装箱码头等。

2. 防波堤

防波堤是为阻断波浪的冲击力、围护港池、维持水面平稳以保护港口免受天气影响，为便于船舶安全停泊和作业而修建的水中建筑物。

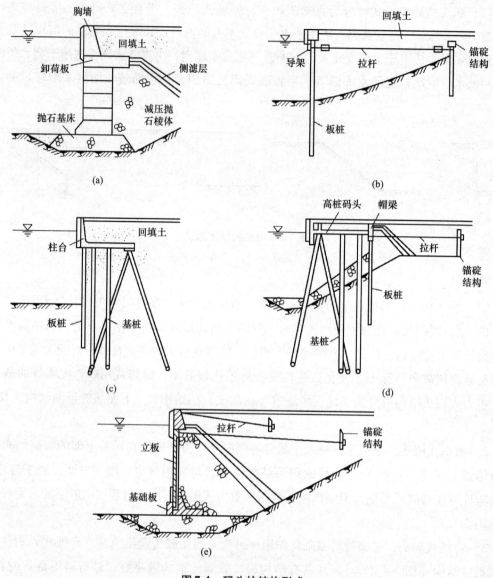

图 7-4 码头的结构形式

（a）重力式；（b）板桩式；（c）高桩式；

（d）混合式（梁板高桩结构和板桩相结合）；（e）混合式（锚碇的 L 形墙板）

防波堤还可以起到防止港池淤积和波浪冲蚀岸线的作用。其是人工构筑的沿海港口的重要组成部分。

（1）防波堤的平面布置形式。因自然条件及建港规模要求不同，其布置形式可分为单突堤、双突堤、岛堤及混合堤，如图 7-5 所示。

（2）防波堤的类型。防波堤按其断面结构形状及对波浪的影响可分为斜坡式、直立式、混合式、透空式、浮式，以及配有喷气消波设备和喷水消波设备等多种类型。前三种是最常用的防波堤结构形式，如图 7-6 所示。

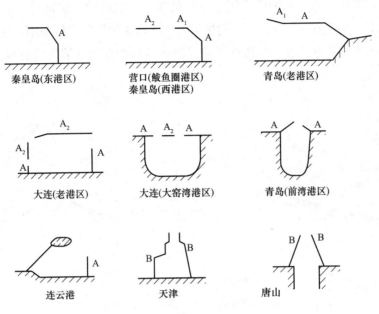

A—防波堤兼码头；A₁—防波堤；A₂—岛式防波堤；B—防沙堤。

图7-5　防波堤的平面布置形式

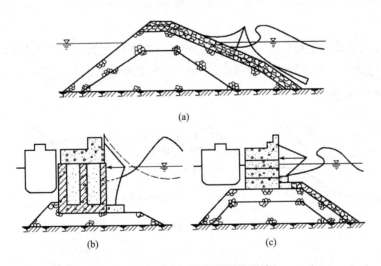

(a)

(b)　　　　　(c)

图7-6　防波堤的主要结构形式

（a）斜坡式；（b）直立式；（c）混合式

3. 护岸工程

护岸工程是指采用混凝土、块石或其他材料做成障碍物的形式直接或间接地保护河岸，并保持适当的整治线和适当水深的便于通航的一种工程。护岸工程可分为直接护岸和间接护岸两大类。直接护岸是利用护坡或护岸墙等形式加固天然岸边，抵抗侵蚀；间接护岸是利用沿岸建筑如丁坝或潜堤等促使岸滩前发生淤积，以形成稳定的新岸坡。

（1）直立式护岸。直立式护岸常用于保护陡岸。当波浪冲击墙面时，直立式护岸主要承受正向波浪力和浮托力。另外，护坡和护岸墙的混合式护岸也常被采用，即以护岸的下部做护坡，在上部建成垂直的墙，这样可以缩减护坡的总面积，对墙脚也有保护作用（图7-7）。

图 7-7　直立式护岸墙

（a）波浪拍击护岸墙；（b）波浪在凹区墙面回卷入海

（2）间接护岸。不直接修建护岸，而是通过修造其他构筑物消减波浪、改变水流方向、拦截水流，为达到护岸的目的所修建的构筑物称为间接护岸。常见的有潜堤（图7-8）、丁坝等形式。

1）潜堤布置在波浪的破碎水深以内而临近于破碎水深之处，大致与岸线平行，堤顶高程应在平均水位以下，并将堤的顶面做成斜坡状。修筑潜堤不仅可以消减波浪，而且也是一种积极的生态护岸措施。

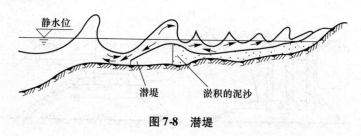

图 7-8　潜堤

2）丁坝自岸边向外伸出，对斜向朝着岸坡行进的波浪和与岸平行的沿岸流都具有阻碍作用，同时，也阻碍泥沙的沿岸运动，使泥沙落淤在丁坝之间，使滩地增高，原有岸地就更为稳固。丁坝的结构形式很多，包括透水与不透水两种类型。其横断面形式有直立式、斜坡式。

4. 航道工程

船舶进、出港，必须在规定的航道内航行。一是为了贯彻航行规则，减少事故；二是为了引导船舶沿着足够水深的路线行驶。航道可分为天然航道和人工航道。天然航道是指在低潮时其水深已足够船舶航行需要而无须人工开挖的航道。为满足船舶航行所需的深度和宽度等要求，需进行疏浚的航道称为人工航道。

海上航道轴线必须掌握建港地区海域气象和地质条件的特点，充分利用自然条件来最大限度地满足船舶航行要求，注意适应港口平面布置和远景发展对航道的要求。

第二节 水利工程

一、水利工程的概念及作用

水利工程原是土木工程的一个分支，由于水利工程的自身发展，其现已发展为一门相对独立的学科，但仍与土木工程有密切的联系。

水利工程是控制或调整地表水和地下水在空间与时间上的分布，防止或减少旱涝洪水灾害，合理开发和利用水利资源，为工农业生产和人民生活提供良好的环境和物资条件而修建的工程。按其服务对象可分为防洪工程、农田水利工程、水力发电工程、航道和港口工程、供水和排水工程、环境水利工程、海涂围垦工程等。可同时为防洪、供水、灌溉、发电等多种目标服务的水利工程，称为综合利用水利工程。

水利工程是国民经济的重要组成部分，是我国最重要的基础设施和推动国民经济发展的基础产业之一。其在社会发展和人类进步中发挥着重要的作用，具体包括以下几项：

（1）防洪。对洪水处理不当往往会造成大范围的灾害，影响很大，这是一个带有普遍性的问题，没有洪水灾害的国家或河道是极少的。所以，许多水利工程常将防洪放在首位。

（2）灌溉、给水。农业作为国民经济的基础，每一个国家都非常重视。但是大自然不会总是风调雨顺的，例如，常常会有干旱缺水的情况，因此，农村要有灌溉设施，城镇要有给水设施，以提供生活用水、工业用水。与灌溉给水联系在一起的是城镇的排水工程，对多余的水、生活污水、生产废弃污水都得设法排走，否则会引起农田盐碱化、沼泽化。可见，城镇如果没有污水处理及排污系统，就会引起大面积污染，破坏整个环境。

（3）发电。利用天然河、湖、海洋等水力资源发的电能是可持续、可再生的资源，是无污染的洁净绿色能源，与火力发电、核电相比，有其优越之处。水力发电通常要进行规划、勘测，要修建挡水建筑物、泄水建筑物、输水建筑物、发电建筑物及其他建筑物，同时，还要制造、安装机电设备等。

（4）水运。水运是各种运输工具中运费最低、运量最大的一种，利用江、湖、河、海发展水运是发展交通的一个重要方面。

（5）对生态环境的影响。水利工程是人类改造自然、利用自然的一项重要工程举措，利用清洁的水能发电，与燃煤发电相比，可以减少排放大量的二氧化碳、二氧化硫等有害气体，减轻酸雨、温室效应等大气危害，以及燃煤开采、洗染、运输、废渣处理所导致的严重环境污染。水利工程有利于改善枯水期水质，并可以为缺水地区提供水源条件。

（6）促进库区经济的全面可持续发展。水库移民是水利工程建设的重要组成部分，涉及政治、经济、社会、人口、资源、环境等多领域，是工程建设成败的关键。水利工程建设为库区的发展带来了前所未有的良好机遇。

二、我国水利工程发展

1. 古代水利工程

我国作为四大文明古国之一，在政治、经济、文化方面都曾遥遥领先于世界，在水利工程方面也创造了举世无双的辉煌，其中的部分工程至今仍发挥着巨大的作用，不得不令人感叹古人卓绝的智慧。

战国末年，秦国修建了郑国渠。郑国渠充分利用了当地的地形地势，可以最大限度地控制灌溉面积，并且形成了一套自发控制的灌溉系统。在此之后的100年里郑国渠都发挥了极大的灌溉作用，而且深深地影响了后世的引泾灌溉工程。

秦昭王末年，李冰在蜀地主持修建了闻名中外的都江堰水利工程。都江堰是世界上迄今为止仅存的无坝引水的水利工程。都江堰主要由鱼嘴分水堤、飞沙堰溢洪道和宝瓶口引水口三大主体工程构成，并且在江水自动分流、排砂、控制引水量等方面表现出了极为科学的理念和方法。直到今天都江堰都发挥着非常巨大的作用，为沿岸人民的生活提供了安全和保障。

隋朝开凿的京杭大运河是世界上里程最长、工程最大的古代大运河。京杭大运河的开凿使得隋朝的政治中心与经济中心紧密地联系在一起。后世历代王朝都以京杭大运河为基础建立了经各地物资运往首都的漕运体系。南方与北方的经济联系因此而大大加强，物产交流与经济交流越发丰富，使得古代中国的经济得到了极大的发展。京杭大运河的开凿让沿岸的交通变得十分便利，在发生自然灾害时使国家的赈济也更加方便。

2. 新中国成立初期的水利工程

新中国成立初期，全国各地的水利工程大都是历史遗留下来的，历经混乱不堪的清朝末年和民国时期，基本上都已经年久失修，难以发挥防洪灌溉作用，甚至成为威胁人民生命安全的隐患。虽然此时我国经济十分困难，但是国家依然投入了大量的人力、物力和资金，积极建设水利工程。到了20世纪80年代，我国已建成了大量的水利工程，为保障人民生命财产安全做出了极大的努力。

黄河，这条哺育了中华民族的母亲河在历史上发生了无数次的水灾，虽然历朝历代都曾致力于黄河的治理，但是效果都不显著。新中国成立后，国家积极地对黄河进行了治理，先后修建数十座水坝，终于使得治理有了成效。为根治黄河的洪灾，国家建设了小浪底工程，对黄河的防治起到了至关重要的作用。

新中国成立后，不仅修建了大量水利现代的工程，也对古代的诸多水利工程进行了合理的重建和翻修。从白起渠、灵渠到郑白渠、浙东运河等几乎古代现存的水利工程在经过重新规划以后都重新开始发挥作用，焕然一新，成了从古至今都为我国人民默默贡献的伟大水利工程。造福千秋万世，利国利民。

3. 享誉中外的三峡水利工程

三峡水电站是当今世界上规模最大的水电站，也是我国有史以来建设的最大型的工程项目。三峡大坝整体为重力混凝土坝，长达 2 335 m，底部宽为 115 m，顶部宽为 40 m，高程为 185 m，正常水位为 175 m，总库容 1 393 亿立方米，防洪库容 221.5 亿立方米，年发电量为 998 亿千瓦时。

三峡工程的效益主要体现在防洪、发电和航运方面。由于上游三峡水库的建立，大大减少了下游洞庭湖和荆江的防洪压力。三峡总装机量达到了 2 240 万千瓦，年发电量相当于为国家创造了一万亿的财政收入。三峡工程的建立使长江上游地区可以通过万吨级货船，极大地增加了长江的航运能力。其中，防洪效益是三峡工程的核心效益，可以说小浪底工程驯服了桀骜的黄河，而三峡工程则驯服了长江。

当然有利必然有弊，三峡大坝在修建过程中涌现出的大量问题也引起了人们的深思。例如，由于库区水流的静态化，沿岸城镇垃圾排入长江后，水流不能自己进行净化清理，继续存留在水库中，造成了严重的环境污染。沿岸大量的移民为了生活的需求开始开垦荒地，加剧了水质污染，并造成了严重的水土流失。同时，三峡大坝水位过高，淹没了原来地区的大量动植物，并且对当地生物的生活习性造成了极大影响，生态环境受到了极大的创伤。同时，许多人文景观也遭到了淹没，虽然国家进行了抢救性的发掘及保护，但是仍有许多文化遗产从此不见天日，永远地沉眠在长江下了。

4. 绿色的水利工程理念

长江三峡的建立之初便受到了人们的质疑与争论，人们也开始意识到环境的重要性，从此国内才出现了绿色水利的概念。绿色水利指的是水资源开发、利用和废弃全过程中保护生态环境且节水高效地利用水资源的行为与文化。

绿色水利概念的核心是以社会、经济和环境三位一体、协同发展的新型水利理念。其根本宗旨是"人水互益、人水和谐"。既希望通过合理的方式，使得水利工程对环境的影响降到最低，而水利发展的前提是环境保护。为了达到这个目的在水利工程的全生命周期内，均围绕着节约、安全、低污染、低排放、健康、可持续、生态等社会可持续问题进行活动。

同时为了衡量其绿色程度，需要建立相应的、完善的审查制度，根据水利绿色现代化发展的基本内涵，综合水利绿色现代化"经济—社会—自然水生态"三大系统的目标和特征，结合水利绿色现代化发展历程演变，可以构建中国水利绿色现代化发展评价指标体系。

随着我国当代经济的发展，为了保护这宝贵的生态环境，绿色水利将是当前水利工程唯一的出路和发展方向，而我国正在绿色水利的方向上大力发展，相信将来一定会发展得越来越好。

三、水坝的修筑

1. 水坝分类

水坝是建筑在河谷或河流中拦截水流的挡水结构，用以抬高水位，积蓄水量，在上游形成水库以供防洪、灌溉、航运、发电、给水等需要。坝体上有时安排泄洪闸、溢洪道、排砂口、发电站等设施。有时将这些设施安排在坝身附近的山体内。

水坝坝体按结构特点和所用材料可分为重力坝、拱坝、双曲拱坝、重力拱坝、支墩坝、连拱坝、橡胶坝等。

（1）重力坝。重力坝对地形、地质条件的适应性强。在任何形状的河谷中都可以修建重力坝，但目前多是建在河流下游河床开阔处。重力坝坝身宽厚，依靠坝身质量在坝底形成的巨大水平静摩阻力抵抗侧向水压产生的水平推力，维持坝体稳定性。重力坝按照材料区分，可分为土石坝和混凝土坝。因为河面较宽，如果是混凝土坝，一般沿坝身布置发电厂，因厂房位于河床内，称为河床式发电站，如三峡大坝。

（2）拱坝。拱坝一般建在河流上游河谷狭窄处，拱背面向水库的迎水面，主要由嵌固于山体中的坝肩提供平衡所需要的推力，从而使得拱身主要承受压力，充分发挥混凝土材料优良的抗压性能，这样，拱壁就可以做得非常薄，节约材料。拱坝相对于其他种类的坝身更短。由于在坝身上布置泄洪闸后，有些情况下已经没有位置再布置发电站了。故此时发电厂房往往布置在山体内部，成为地下厂房。

（3）双曲拱坝。双曲拱坝是双向（水平向及竖向）弯曲的拱坝。其是拱坝中最具有代表性的坝型。双曲拱坝的水平向弯曲可以发挥拱的作用，竖直向弯曲可以实现变中心、变半径以调整拱坝上下部的曲率和半径。双曲拱坝受力比单向拱更合理。双曲拱坝上部半径大些，拱壁也就薄一些（上部受力也小）；下部半径小些，拱壁也就厚一些（下部受力也大）。因此，双曲拱坝一般均采用变中心、变半径布置。

（4）重力拱坝。重力拱坝主要是按照拱坝的计算理论而划分出的坝体种类。顾名思义，就是受力状态兼有重力坝和拱坝的特点，在拱坝中属较厚实的一种坝型。其形式可以是单曲拱坝、双曲拱坝等。

（5）支墩坝。支墩坝是由一系列倾斜的面板和支承面板的支墩（扶壁）组成的坝。面板直接承受上游水压力和泥沙压力等荷载，通过支墩将荷载传递给地基。其形式类似我国古代发明的临时挡水构筑物码槎。不同的是，现代支壁坝将面板和支墩连成整体。

（6）连拱坝。连拱坝是支墩坝的特殊形式，是由拱形面板和支墩组成的支墩坝。与其他形式的支墩坝比较，连拱坝有下列特点：

1）拱形面板为受压构件，承载能力强，可以做得较薄，支墩间距可以增大。

2）面板与支墩整体连接，对地基变形和温度变化的反应比较灵敏，要求修建在气候温和地区，且地基比较坚固。

3）上游拱形面板与溢流面板的连接比较复杂，因此，很少用作溢流坝。

（7）橡胶坝。橡胶坝出现于20世纪50年代末，由高强度的织物合成纤维受力骨架与合成橡胶构成，锚固在基础底板上，形成密封袋形，充入水或气，形成水坝。与传统的土石、钢、木相比，橡胶坝具有造价低、施工期短、抗震性能好等优点。但是，它挡水的高度有限，故一般用在流量不大的场合。

2. 坝址和坝型的选择

选择合适的坝址、坝型是水利工程的重要工作。在流域规划阶段，根据综合利用的要求，综合河道地形、地质等的调查和判断，初选几个可能筑坝的坝址，经过对各坝址和坝轴线的综合比对，选择一个最有利的坝址和一两条较好的轴线，并进行水工建筑物的布置。在选择坝址和坝型时，需要考虑以下几个方面的问题：

（1）地质条件。理想的地质条件是地基、基岩等坚硬完整，没有断层、破碎带等。一般来说，完全符合上述条件的天然地基是非常少的，往往要做适当的地基处理后才能适应相应坝型的要求。不同的坝型和坝高对坝基地质有不同的要求。拱坝对两岸坝基要求较高，连拱坝对坝基的要求也高，大头坝、平板坝、重力坝次之，土石坝要求最低。

（2）地形条件。在选择坝型时，要针对地形多样性的具体情况具体分析，还要结合其他条件进行全面考虑。总的来说，坝址的选择原则：河谷的狭窄段坝轴线较短，有利于降低建坝的造价和工程量，但是还要照顾到水利枢纽的布置。例如，三峡工程坝址的选定，就充分考虑了各种建筑物的布置。

（3）建筑材料。坝址附近应有足够数量且符合质量要求的建筑材料。例如，采用混凝土坝时，应能在坝址附近添加良好的集料。

（4）施工条件。选择坝址要充分考虑施工导流、对外交通等方面的使用和要求等条件。

（5）综合效益。选择坝址时，既要综合考虑防洪、灌溉、发电、航运等部门的经济效益，还要考虑环保、生态等各方面的社会效益和影响等。

3. 水工建筑物的布置

水工建筑物的布置是水利工程中的重要工作内容，需要考虑的因素很多，水工建筑物的布置应遵循下列原则：

（1）水工建筑物的布置应与施工导流、施工方法和施工期限一起考虑，要在较顺利的施工条件下尽可能缩短工期。

（2）各个建筑物应能够在任何条件下正常工作，彼此不致互相干扰。

（3）在满足建筑物的强度和稳定的条件下，总造价和年运转费用低。

（4）同工种建筑物应尽量布置在一起，以减少连接建筑物，尽可能提前发挥效益。

（5）各建筑物应与周围环境相协调，在可能的条件下，在建筑艺术上应美观大方，在保证使用功能的条件下，最大限度地满足美学功能的要求。

（6）布置挡水建筑物时，轴线应尽可能布置成直线（拱坝除外），这样可以使坝轴线最短，坝身工程量最小，施工比较方便。

（7）布置泄水建筑物（包括溢流坝、河岸溢洪道及泄水孔、泄水隧洞等）时，应具有足够的泄流能力。其轴线位置及走向应尽量减少对原河道自然情况的破坏，还应注意尽量避免干扰发电站、航运、漂木及水产养殖等的正常运作。

（8）布置过坝建筑物（包括通航建筑物、过木建筑物和过鱼建筑物）时，要对这些建筑物与其他水工建筑物的相对位置进行充分的研究，避免互相干扰。在过去的过坝建筑物设计中，这些建筑物与其他建筑物有过发生干扰的情况，如过木时影响发电，影响航运；泄水建筑物泄流时影响航运等。这就有个统筹兼顾、全面考虑的问题，应尽可能使整个工程中各个水工建筑物在运行时互不干扰，充分发挥各个水工建筑物的效益。

4. 水坝修筑技术

修筑大坝需要截断河流，而在截断河流期间又需要保证河水下泄，故可以在坝的上下游分期修筑围堰阻水，在围堰内分段修筑大坝。有的河流还要在筑坝期间保证航运，故筑坝期间设置临时船闸和升船机以免航运中断，例如，三峡大坝就是采用这种方法施工的。有的大型桥梁的桥墩也是采用这种分段修围堰的方法施工。

有的大坝设置在河流转弯处，如果河流枯水期流量非常小，可以在河流转弯的内侧山体内设置导流洞、泄洪洞、排砂洞等；待泄洪洞室管道在山体内施工完毕后，修筑围堰截断河流，使河水通过导流洞排至下游，这时再修筑大坝。例如，我国近年在都江堰上游修建的紫坪铺大坝就是如此。该工程坝体系混凝土面板堆石坝，即坝体为土石堆积而成，但坝体表面附以钢筋混凝土面板。工程从左岸山体开挖土石方修筑围堰和坝体，发电厂的主、副厂房坐落于右岸下游河床上。

本章小结

港口工程是兴建港口所需工程设施的总称，是供船舶安全进出和停泊的运输枢纽。港口由水域和陆域两大部分组成。其中，水域是指港界线以内的水域面积。它一般须满足两个基本要求，即船舶能安全地进出港口和靠离码头；能稳定地进行停泊和装卸作业。陆域是指港界线以内的陆域面积。一般包括装箱作业地带和辅助作业地带两部分，并包括一定的预留发展地。

水利工程是指控制或调整地表水和地下水在空间和时间上的分布，防止或减少旱涝洪水灾害，合理开发和利用水利资源，为工农业生产和人民生活提供良好的环境和物资条件而修建的工程。

思考题

一、填空题

1. 港口按地理位置不同可分为_____、_____和_____。

2. 港口按潮汐关系、潮差大小，是否修建船闸控制进港，可分为_____和_____。

3. 护岸工程可分为_____和_____两大类。

4. 航道可分为_____和_____。

5. 秦昭王末年，李冰在蜀地主持修建了闻名中外的_____。

6. 坝体按结构特点和所用材料可分为_____、_____、_____、_____、_____、_____、_____等。

7. _____是由一系列倾斜的面板和支承面板的支墩（扶壁）组成的坝。

二、问答题

1. 港址选择应考虑哪些条件？

2. 什么是锚地？常见的类型有哪些？

3. 什么是码头？常见的类型有哪些？

4. 什么是防波堤？其类型有哪些？

5. 水利工程的作用是什么？

6. 连拱坝的特点是什么？

第八章

给水排水与环境工程

第一节　给水排水工程

给水排水工程，简单地讲就是解决水的供给、排放和水质改善的工程。其是随着人类社会的发展而产生的，是人类文明进步的产物，并体现了人类卫生条件和居住环境的改善。

给水排水系统既要解决取水、排水和水的输送等有关问题，还要解决水质的处理和检验等问题。给水排水系统是城市基础设施的一个组成部分，一个社区、一座城市，要想有良好的生活和生产环境，则必须具备完善的给水和排水系统。

给水排水工程由给水工程和排水工程组成。给水工程可分为城市给水工程和建筑给水工程两类；排水工程也可分为城市排水工程和建筑排水工程两种类型。

一、城市给水

1. 城市给水系统的组成

城市给水系统主要是解决城市所需的生活、生产、市政和消防用水的水供给问题。一般由取水工程、输水工程、给水处理工程和配水工程组成。

（1）取水工程。取水工程包括管井、取水设备和取水构筑物。取水工程常建于有水源的地方，水源可分为地面水（江水、湖水、水库水、河水及海水）和地下水。除此之外，还有用于重复使用和循环使用的再用水，先进国家的工业用水中60%～80%是再用水。地面水水量充沛，是城市用水的主要水源，但水质易受环境污染；地下水水质洁净，水温稳定，是良好的饮用水水源，但大量地取用地下水会带来诸如地面沉降、塌陷等严重问题。

（2）输水工程。输水工程包括输水管、渠、隧道、渡槽等。当水源较远时，取水后，需要通过输水管、渠，将水送往水处理工程进行处理；当水源较近时，取水后，直接进行水处理，则不需要输水工程。

（3）给水处理工程。给水处理工程包括反应池、沉淀池、过滤池、储水池及化验室等。其作用是对原水进行处理以达到用水水质的要求。给水处理厂（工程），俗称自来水厂或水厂。

（4）配水工程。配水工程包括加压设备（水泵、气压水箱等）、调节设备（水池、水塔、水箱等）、配水管网等。其作用是提供适当的供水压力，调节取、用水量，储备事故和消防用水，形成水流通道，将符合要求的水送至用户。

2. 城市给水系统的种类

城市的历史、规模、地域、地形、人口、规划、水源，甚至市民的生活习惯等都会影响到城市给水系统的选用。一座城市可能选用几种给水系统；也可能老城区选用一种给水系统，而新城区选用了另一种给水系统；居民区选用了一种给水系统，而工业区选用的是另一种给水系统。城市的给水系统可以分为以下几种：

（1）统一给水系统。统一给水系统是指将生活、生产、消防、绿化和清洗用水统一按生活用水标准进行供给的给水系统。这类给水系统适用于中、小城市，工业区或大型厂矿企业中，用水户较集中，地形较平坦，且对水质、水压要求也比较接近的情况。其优点是造价低；其缺点是运行费用高。

（2）分质给水系统。分质给水系统是指用不同水质的水，供给对水质要求不同的用户或区域。例如，将生活用水和生产用水用不同水质的水进行供给，这对节能、环保和充分利用水资源具有实际意义。这一给水系统的优点是节省净水费用；其缺点是需要设置两套净水设施、两套管网，管理较复杂。

（3）分压给水系统。分压给水系统是指用不同水压的水，供给对水压需求不同的用户。当由于地势高差大，或用水设备对水压要求差别大时，采用分压给水系统是合适的。其缺点是增加泵站的数目，造价高；其优点是供水管网的安全性好，运行费用低。

（4）分区给水系统。分区给水系统是指将城市划分为几个供水区，每个区有单独的泵站和管网，各区之间采取适当的联系。采用分区给水系统可使各区水管承受的压力下降，漏水量减少。在给水范围很大、地形高差很大或输水距离很远时，须考虑采用分区给水系统。

（5）循环和循序给水系统。循环给水系统是指使用过的水经过处理后循环使用，只从水源补充少量循环时损耗的水，这是一种节约型的给水系统。循序给水系统是指在车间之间或工厂之间，根据水质重复利用的原理，水源水先在某车间或工厂使用，用过的水又到其他车间或工厂应用，或经冷却、沉淀等处理后再循序使用。但这种系统不能普遍应用，因为前一道工序使用过的水的水质较难符合下一道工序对水质的使用要求。当工业区中某些车间或企业的生产过程对水的污染较小，所排放的废水水质尚好时，可适当净化循环使用，或循序供其他车间或工厂生产使用，这无疑也是一种节水型的给水系统。

（6）区域给水系统。区域给水系统是一种统一从河道的上游取水，经净化后，用输、配管道送给沿该河道的诸多城市使用的给水系统。这是一种区域性供水系统。这种系统因水源免受城市排水污染，水源的水质是稳定的，但开发投资很大。

（7）中水系统。随着社会、经济的发展，城市的规模越来越大，人口越来越多，城市的用水量和排水量也越来越大，水资源日趋紧张。同时，不少水源的水质也日益恶化。水资源的不足和恶化，将严重制约国民经济的发展和人民生活水平的提高。因此，对水的重复和循环利用是一项具有现实意义的措施，中水系统便是对水重复利用的一套工程系统。其包括中水的原水系统（主要是生产、生活的污、废水）、中水处理系统和中水给水系统。

3. 城市给水系统的规划

城市给水系统应保证供水量满足需求；保证水质符合国家标准；保证供水压力符合要求；保证供水的连续性。给水管网的选用和布置应根据城市规划的用水量选择管径和管材，根据城市建设的区域规划选择管网的布网方式和管网的结构形式。管网的布网方式有枝形管网和网形管网两种，如图 8-1 所示。显然枝形管网的供水可靠性远低于网形管网，但枝形管网的造价比网形管网的造价低。为了保证供水的可靠性和便于灵活调度，大、中城市现在一般都将给水管网布置成网形，但在小城市也可以将其布置成枝形。

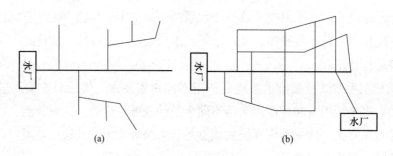

图 8-1 城市给水管网布置

（a）管网枝形布置；（b）管网网形布置

二、建筑给水

建筑给水是为建筑物内部和居住小区范围内的生活设施和生产设备提供符合水质标准，以及水量、水压和水温要求的生活、生产和消防用水的总称。其包括建筑内部给水系统与居住小区给水系统两类。其供水规模较城市给水系统小得多，且一般直接由市政给水系统供水。

1. 建筑给水系统的分类

建筑给水系统按用途可分为生活给水系统、生产给水系统和消防给水系统三类。

（1）生活给水系统。生活给水系统是指供给人们饮用、盥洗、洗涤、沐浴、烹饪等生活用水的系统。其水质必须符合国家规定的饮用水水质标准。

（2）生产给水系统。生产给水系统是指供给生产设备冷却、原料和产品的洗涤，以及各类产品在制造过程中所需要的生产用水的系统。生产用水应根据工艺要求，提供所需要的水质、水量和水压。

（3）消防给水系统。消防给水系统是指供给各类消防设备灭火用水的系统。消防用水对水质要求不高，但必须按照《建筑设计防火规范（2018 年版）》（GB 50016—2014）保证供给足够的水量和水压。

在实际的给水工程中，可以根据供水规模的大小和用水的具体要求，采用三网合一的统一给水系统，也可以采用分质给水的给水系统。

2. 建筑内部给水方式

建筑内部的给水是指将城市给水管网或自备水源给水管网的水引入室内，经配水管送至生活、生产和消防用水设备，并满足各用水点对水量、水压和水质的要求。

（1）低层、多层建筑物的内部给水方式。低层、多层建筑物的内部给水方式有直接给水方式、设水箱的给水方式、设水泵的给水方式、设水箱和水泵的给水方式、分区给水方式和分质给水方式等多种形式。

（2）高层建筑的内部给水方式。高层建筑层数多、高度大，为避免出现低层管道中静水压力过大，造成管道漏水；启闭龙头、阀门时出现水锤现象，引起噪声；损坏管道、附件；低层放水流量大，水流喷溅，浪费水量，而高层供水不足等弊病，高层建筑必须在垂直方向分成几个区，采用分区供水的系统。由于城市给水管网的供水压力往往不能满足高层建筑的供水要求，而需要另行加压，因此，在高层建筑的底层或地下室要设置水泵房，用水泵将水送到建筑物上部的水箱。

3. 建筑内部给水管道的布置和敷设方式

（1）室内给水管道的布置方式。根据其供水可靠程度，室内给水管道的布置方式可分为枝状和环状两种形式。枝状管道单向供水，管道短、用材省、造价低，但供水可靠性差，如果中间某部分发生故障，则后面与其相连的管道都将受到影响；环状管道相互连通，虽然管道线路长，造价高，但可以双向供水，供水可靠性大，若某处发生故障，则只影响局部用户，其他用户仍可以正常供水。一般建筑的内部给水管道宜采用枝状布置。

（2）室内给水管道的敷设方式。室内给水管道的敷设方式可分为明装和暗装两种形式。明装即管道外露安装。其优点是安装维修方便，造价低；其缺点是影响美观，表面易结露和积灰。暗装即管道隐蔽安装。其优点是室内无外露管道，美观、整洁；其缺点是施工复杂，维修困难，造价高。

建筑内部给水管道的布置方式和敷设方式的选择，要考虑建筑物的特点（层数、高度和用水量）、用户对用水可靠性的要求、对建筑物的装饰要求和造价的限制等方面的因素，设计时必须进行技术和经济评价，得出最合理的方案。管网的布置实质上是整个给水系统规划的一部分，是否合理涉及整个工程的效益。目前可以建立数学模型，充分运用数学分析方法和计算机技术求得最优方案。

三、城市排水

1. 城市排水体制

生活、生产（包括消防）产生的污、废水及雨（雪）水的污染程度不同，对水体的危害也不同，对它们的处置可以采用不同方式，因而，构成了不同的排水体制。其可分为合流制排水体制和分流制排水体制。

（1）合流制排水体制。合流制排水体制又可分为简单合流制排水体制和截流式合流制排水体制。

1）简单合流制排水体制：将生活、工业污废水和雨（雪）水在同一排水管道里汇集和排除时，称为简单合流制排水体制。其优点是街道下只有一条排水管道，因而，管网建设简单、经济，能起到简单的排水作用。这种排水方法往往是将污、废水及雨（雪）水就近排放，直接排入河道、湖泊等水体，因而，对水体的污染严重，不是环境友好型的排水工程。这种排水体制只在小城市和乡镇里采用，但也不是发展方向。

2）截流式合流制排水体制：设置截流管渠，将各小区域里排出的污、废水截流、汇集到截流管渠里，合流后输送到污水处理厂进行处理，这种排水体制称为截流式合流制排水体制。在小区域的排水干管与截流管相交处设置雨水溢流井，不降雨水时，污水流入处理厂进行处理；降雨时，管中流量增大，当管内流量超过一定限度时，超出的流量将通过溢流井溢入河道、湖泊等水体。

（2）分流制排水体制。分流制排水体制是指将污水、废水与雨水分别排除的排水体制。其又可分为完全分流制和不完全分流制两类。

1）完全分流制：将生活污水、废水与工业污水、废水合流用一个管渠排除，而雨水用另一个管渠排除，或者将污水、废水和雨水分别用三个管渠来排除，这样，将需要处理的污废水和不需要处理的雨水分别排除的排水体制就叫作完全分流制排水体制。显然，完全分流制的造价要高于截流式合流制，但可以显著地减少对水体的污染，是城市排水体制的发展方向。

2）不完全分流制：不完成分流制是一种将小流量雨水截流到污水排除系统，而大流量雨水与污废水分别排除的一种分流制排水体制。对于有些城市因地面污染较重，冲洗街道、广场后的水和初雨产生的径流的水质很差，接近于污水，若直接排放，则会对水体产生污染，因此，应将这部分水截流到污水管渠中，这样，可以将污水对水体的污染程度降到最低。显然，这是一种不完全的分流制。

2. 城市排水系统

城市排水系统由排水管渠、污水处理厂和最终处理设施组成。

（1）排水管渠布满整个排水区域，主体是管道和渠道，管段之间由检查井、窨井和倒虹管连接。有时，对低管段和高管段之间还要设置泵站连接；另外，还有出水口。排水管道应依地势情况以长度最短顺坡设置，可以采用截流式、分流式和半分流式布置。雨水应就近排入水体或蓄水池内。

（2）污水处理厂的任务是处理城市排出的污水，使其达到国家规定的排放标准。污水处理厂包括沉淀池、沉沙池、曝气池、生物滤池、澄清池等设施，以及泵站、化验室、污泥脱水机房等建筑。污水处理的一般目标是去除悬浮物和改善耗氧性，有时还进行消毒和进一步的处理。污水处理厂的复杂程度随处理要求和水量而异。污水处理厂的厂址一般应设于污水能靠自重流入厂内的地势较低处，并位于城镇水体下游。与居民区有一定隔离带，在主导风向下方，不能被洪水浸淹，地质条件好，地形有坡度。

（3）最终处理设施是要解决对污水处理厂处理过的水的处置问题。其视不同的排水对象设有水泵或其他提水机械，将经过处理厂处理过、满足规定排放要求的水，排入水体或供其他用水户使用。

四、建筑排水

建筑排水工程是指对建筑物内部和居住小区范围内的生活设施、生产设备排出的生活污水、工业废水，以及雨（雪）水的收集、输送、处理、回收及排放等工程的总称。其可分为建筑内部排水系统和居住小区排水系统两类。其特点是规模较小，且大多数情况下无污水处理设施而直接接入市政排水系统。

1. 建筑内部排水系统

（1）建筑内部排水系统的分类。建筑内部排水系统根据其接纳污、废水的性质，可分为三类，即生活排水系统、工业废水排水系统和屋面雨（雪）水排水系统。

1）生活排水系统。生活排水系统是用以排除居住建筑、公共建筑及工厂生活间的污水、废水。其可分为排除冲洗便器的生活污水的排水系统和排除盥洗、洗涤等生活废水的排水系统。生活污水要排入化粪池，生活废水经过处理后可以作为杂用水。目前，我国一般情况下，生活排水系统常用一个排水管道。

2）工业废水排水系统。工业废水排水系统是用来排除工业生产过程中产生的生产废水和生产污水。生产废水污染程度较轻，如循环冷却水等。生产污水的污染程度较重，一般需要经过处理后才能排放。

3）屋面雨（雪）水排水系统。屋面雨（雪）水排水系统是用来排除屋面的雨水和积雪融化水。

（2）建筑内部排水体制。若将污水、废水及雨水分别设置管道排出室外，则称为建筑分流制排水；若将其中两类以上的污水、废水合流排出，则称为建筑合流制排水。我国目前建筑分流制排污设计中一般是将生活污水单独排入化粪池，而将生活废水直接排入市政排水管网。建筑排水系统究竟选择何种排水体制，应综合考虑污水的污染性质、污染程度，以及室外排水体制是否有利于水质处理和综合利用等因素来确定。

（3）建筑内部排水系统的组成。建筑内部排水系统一般由卫生器具或生产设备的受水器、排水管道系统、清通设备和通气管道四个部分组成。对生活污水，由于污染较重，还需要在建筑物附近建造污水局部处理构筑物，需要将生活污水首先排入该构筑物中，待处理后，才能排入市政排水管网或水体；对于有地下室、半地下室等地下建筑物的污、废水，还需要设置污、废水的抽升设备（污水泵）。用抽升设备将其提升后排至室外。

（4）建筑内部排水管道的布置与敷设。排水管道是排水系统最重要的组成部分。其设计和布置（位置、数量、管径、材质及连接）要给予充分的考虑，应使其满足以下几个基本要求：

1）能够迅速通畅地将污、废水排到室外；

2）排水管道系统气压稳定，有毒有害气体不能进入室内，保持室内环境卫生；

3）管线布置合理，简短顺直，工程造价低；

4）便于安装、维修和清通。

建筑内部排水管道的敷设方式有明敷设和暗敷设两种。建筑内部排水管道除埋地管外，宜于明装。明装不仅造价低，而且也便于安装、维修和清通。当建筑或工艺有要求时，也可以采用暗装的方式，将排水管道敷设在墙槽、管井或吊顶内。例如，宾馆内的排水管，为了美观的要求而设置在吊顶内和管道井内。对于工业建筑，当工业废水无有害气体和大量蒸汽时，也可以采用排水沟排除。

（5）建筑屋面排水。建筑屋面排水系统是指收集、排除建筑屋面上的雨水和积雪融化水的排水系统。屋面排水可分为无组织排水（即自由落水）和有组织排水两种方式。农村的坡屋顶房屋采用的是无组织排水方式；平屋顶房屋及城市建筑均采用有组织排水方式。本处只介绍屋面有组织排水系统。按雨水排水管（简称为雨水管）敷设方式的不同，屋面排水系统可分为外排水系统和内排水系统两种类型。雨（雪）水比较干净，可以直接排向水体、地面或蓄水池。

1）外排水系统。外排水系统的雨水管敷设在室外，且构造简单，施工方便，造价低，应优先采用。同时，由于雨水管在室外，因而，室内无雨水管产生漏水等隐患。外排水系统根据屋面的构造不同，又可分为檐沟外排水和天沟外排水。

①檐沟外排水就是将屋面雨（雪）水引入屋面檐口处的檐沟内，在檐沟内设雨水收集口，将雨（雪）水引入雨水斗和雨水管，从而排向地面的雨水沟或雨水管的外排水系统。普通住宅建筑和办公建筑多采用这种外排水系统。

②天沟外排水就是在多跨工业厂房的檐口处设置边天沟，在两跨之间的低凹处设置内天沟，让屋面雨（雪）水流向天沟，再用设置在山墙外的雨水斗和雨水管将雨（雪）水排到地面的雨水沟或雨水管的外排水系统。

2）内排水系统。对于跨度大又很长的多跨厂房建筑、大屋面建筑、寒冷地区的建筑，以及对建筑立面要求高的高层建筑等，应考虑采用屋面内排水系统。这种排水系统先将屋面雨（雪）水引向天沟（檐沟），再通过雨水斗流向室内的雨水管，然后再排到地下管沟，最后汇集到室外的排水管网里。内排水系统消耗管材较多，造价及维护费用高，地下管道与设备基础和工艺管道等易发生矛盾，构造复杂，当雨水斗排水不畅时易造成渗漏。因此，设计时应给予充分考虑。

2. 居住小区排水系统

居住小区排水系统是解决居住小区内各类建筑排放的生产、生活污水、废水和屋面及地面雨（雪）水的收集、排除、处理和处置等问题的排水系统。其是建筑排水系统和城市排水系统的过渡。

（1）居住小区排水系统的体制。居住小区排水系统的体制有分流制与合流制两类。从减少水体污染和保护环境的角度出发，新建小区一般应采用雨（雪）水和污水、废水的分流制。当然，究竟采用何种排水体制，还要考虑对建筑内部排水体制、城市排水体制的要求和环境保护的要求。居住小区设置中水系统时，为简化中水处理工艺，节省投资和运行费用，还应将生活污水与生活废水分流，使生活污水进入化粪池、生活废水进入中水处理站。屋面和地面的雨（雪）水可以直接排向水体，或渗入地下，或收集后重复使用。目前，我国小区内地面硬化率过高，雨（雪）水往往是直接流入下水道排向河道或湖泊等水体。事实上，雨雪水也是一种资源（对于我国西北部干旱少雨地区，这一点显得更具有现实意义），也应该收集、利用或补充地下水，路面应推广使用透水混凝土，减少硬化面积（或改变硬化材料，如采用透水砖、混凝土花格砖等），增加绿化面积。

（2）排水管网的布置与敷设。居住小区的排水系统由排水管道和排水沟渠组成。它们的数量和走向与小区规划、道路规划和建筑物的位置有关，同时，还与地形及采用的排水体制和排水量有关。因此设计时，要综合考虑这些因素，同时要使管路短，埋地管理深小，尽量减少与其他管路的交叉，尽量利用自重自流排出而不设抽升设备（泵站）。对排水管道的管径及数量，要进行水力计算。

建筑内部排水系统排出的污水、废水要排向居住小区的排水系统，而居住小区排水系统排出的污水、废水又要排向城市排水系统。因此，城市排水系统是市政工程的重要组成部分。

第二节　环境工程

环境工程是指研究和从事防治环境污染与提高环境质量的科学技术。其主要包括水体污染控制、固体废物处置、噪声污染控制、放射性污染控制、热污染控制等。

一、水体污染控制

1. 水体污染的来源

水体污染源主要来自生活污水、工业废水、农业废水和降水引起的地面径流，滨海地区的地下水体，还有海水入侵。水体污染物主要有以下几种类型：

（1）病原体，如病菌、病毒和寄生虫卵等。

（2）来源于动植物的有机物，如动植物排泄物、动植物残体、机体的组分等，它们在水体中的细菌作用下消耗溶解氧。

（3）植物养料，主要有氮、磷化合物，将使滞涝的水体出现富营养化。

（4）有毒、有害的化学品，如含氯农药（DDT、六六六等）、表面活性剂、重金属盐类、放射性物质等。

（5）其他，如油脂、酸、碱、温水、悬浮物等。进入水体的污染物，有些在微生物的作用下能够降解，如生活污水中的有机物，在细菌的作用下大多转化为重碳酸盐、硝酸盐、硫酸盐等无机物；有些污染物不能降解，如大多数无机污染物。

2. 水体污染的控制措施

水体污染的控制措施，除加强污染源的管理，以降低废水量和污染量外，政府应制定和颁布法规以控制废水的排放，如《中华人民共和国水污染防治法》《工业"三废"排放试行标准》等法规。城镇应建设完善的排水管系和废水处理厂，并制定和实施管理制度。工业布局和工艺要考虑环境要求，生产废水必须经处理后出厂。废水再利用，特别是建立废水灌溉系统，是防止废水污染水体的有效途径。

二、固体废物处置

固体废物的处置方法有掩埋、焚化或加工利用。固体废物特别是垃圾的收集和储放既要花钱少，又要不影响环境卫生。

城市垃圾是城市中固体废物的混合体，处置垃圾的方法主要是掩埋，少数焚化，也用于堆肥。掩埋包括填地、填坑、改沼泽地为场地。以往掩埋垃圾和简单的倾弃相近，会继续污染环境并造成鼠患。要求每日倾弃的垃圾当天用泥土掩盖并压实的，称为卫生掩埋。掩埋场上可用卫生掩埋法造假山，可以增加垃圾掩埋量，美化环境。采取废旧物资回收措施，可以减少垃圾的数量。

三、噪声污染控制

干扰人们休息、学习、生活和工作，甚至影响健康的声音，统称为噪声。噪声主要来自机器（工业噪声）和交通工具（交通运输噪声）。

控制噪声首先是不用喧器的设备；或者改革工艺，如改铆接为焊接；或者改换机械，如用压桩机替代打桩机。其次是革新机械的构造和材料，如提高部件精度减少碰撞、用非金属材料替代金属材料、传动部件用弹性构件、整机采用隔振机座或隔声罩、排气口设消声器、交通工具外形采用流线型等。再次是正确操作，如正确使用润滑剂、正确使用喇叭等音响设备。建立隔声屏障（如墙、土丘）或建筑表面多用吸声、隔声材料，以及城市合理规划等，也是有效控制噪声的措施。

四、放射性污染控制

放射性物质产生的电离辐射超过一定剂量就会危害人体健康。用一定厚度的铅板或混凝土等封闭放射性物质，就可以阻隔这种电离辐射。在核电站或使用放射性物质的工业、医疗和科研等部门，只要按照规定操作和管理，就可以避免危害。放射性物质的废弃物无论是气态的、液态的或固态的都要储放到电离辐射低于一定水平，才准许进入环境。为便于储放，通常进行浓缩处理，浓缩的废气和废液还须进行固化处理，以便处置。

五、热污染控制

过量燃烧、大气污染和地物变化会改变环境温度，影响局部的、地区的或全球的自然生态平衡。电站和工业冷却水是最常见的水体热污染源。将冷却水直接排入河流和湖泊，会使水温升高，加速水中生物的新陈代谢，降低溶解氧，从而影响渔业和破坏自然平衡。可以采用循环冷却水系统以减少冷却水排放量，或在排入天然水体前先经冷却塘降温。

本章小结

给水排水工程简单地讲就是解决水的供给、排放和水质改善的工程。给水排水工程由给水工程和排水工程组成。给水工程可分为城市给水工程和建筑给水工程两类；排水工程也可分为城市排水工程和建筑排水工程两种类型。

环境工程是指研究和从事防治环境污染和提高环境质量的科学技术。其主要包括水体污染控制、固体废物处置、噪声污染控制、放射性污染控制、热污染控制等。

思考题

一、填空题

1. 建筑给水包括_____与_____两类。

2. 根据其供水可靠程度，室内给水管道的布置方式可分为_____和_____两种形式。

3. 室内给水管道的敷设方式可分为_____和_____两种形式。

4. 合流制排水体制可分为_____和_____。

5. 分流制排水体制可分为_____和_____两类。

6. 城市排水系统由_____、_____和_____组成。

7. 建筑排水可分为_____和_____两类。

8. 干扰人们休息、学习、生活和工作，甚至影响人们健康的声音，统称为_____。

二、问答题

1. 城市给水系统可分为哪几种类型？

2. 建筑给水系统是如何分类的？

3. 高层建筑内部给水的常见问题有哪些？

4. 建筑内部排水可分为哪几类？

5. 布置建筑内部排水管道时应考虑哪些因素？

6. 水体污染的主要来源有哪些？

第九章

工程建设管理

第一节　建设程序

我国现阶段的建设程序是根据国家经济体制改革和投资管理体制深化改革的要求及国家现行政策规定来实施的。一般大、中型投资项目的工程建设程序包括立项决策的项目建议书阶段、项目可行性研究阶段、设计工作阶段、建设准备阶段、建设实施阶段、竣工验收阶段及项目后评价阶段。

一、项目建议书阶段

项目建议书是指在项目周期内的最初阶段，提出一个轮廓设想来要求建设某一具体投资项目和作出初步选择的建议性文件。项目建议书从总体和宏观上考察拟建项目的建设必要性、建设条件的可行性与获利的可能性，并作出项目的投资建议和初步设想，以作为国家（地区或企业）选择投资项目的初步决策依据和进行可行性研究的基础。项目建议书一般包括以下内容：

（1）项目提出的背景、项目概况、项目建设的必要性和依据。

（2）产品方案、拟建规模和建设地点的初步设想。

（3）资源情况、建设条件与周边协调关系的初步分析。

（4）投资估算、资金筹措及还贷方案设想。

（5）项目的进度安排。

（6）经济效益、社会效益的初步估计和环境影响的初步评价。

二、项目可行性研究阶段

可行性研究是项目建议书获得批准后，对拟建设项目在技术、工程和外部协作条件等方面的可行性、经济（包括宏观经济和微观经济）合理性进行全面分析和深入论证，为项目决策提供依据。项目可行性研究阶段主要包括下列内容：

（1）可行性研究。项目建议书一经批准，即可着手进行可行性研究，对项目技术可行性和经济合理性进行科学的分析和论证。凡经可行性研究未获通过的项目，不得进行可行性研究报告的编制和进行下一阶段工作。

（2）可行性研究报告的编制。可行性研究报告是确定建设项目、编制设计文件的重要依据。所以，可行性研究报告的编制必须具有相当的深度和准确性。

（3）可行性研究报告的审批。属中央投资、中央和地方合资的大、中型和限额以上项目的可行性研究报告要报送国家发展改革委员会审批。总投资 2 亿元以上的项目，都要经国家发展改革委员会审查后报国务院审批。中央各部门限额以下项目，由各主管部门审批。地方投资限额以下项目，由地方发展改革委员会审批。可行性研究报告批准后，不得随意修改和变更。

三、设计工作阶段

设计是建设项目的先导，是对拟建项目的实施在技术上和经济上所进行的全面而详尽的安排，是组织施工安装的依据。可行性研究报告经批准的建设项目应通过招标投标择优选择设计单位。根据建设项目的不同情况，设计过程一般可分为以下三个阶段。

1. 初步设计阶段

初步设计阶段是根据可行性研究报告的要求所做的具体实施方案。其目的是阐明在指定地点、时间和投资控制数额内，拟建项目在技术上的可行性和经济上的合理性，并通过对项目所作出的技术经济规定，编制项目总概算。

2. 技术设计阶段

技术设计阶段是根据初步设计及详细的调查研究资料编制的。其目的是解决初步设计中的重大技术问题。

3. 施工图设计阶段

施工图设计阶段是按照批准的初步设计和技术设计的要求，完整地表现建筑物外形、内部空间分割、结构体系，以及建筑群的组合和周围环境的配合关系等的设计文件。在施工图设计阶段应编制施工图预算。

四、建设准备阶段

项目在开工之前，要切实做好各项准备工作。其主要内容包括以下几项：

（1）征地、拆迁和场地平整。

（2）完成施工用水、用电、用路等工程。

（3）组织设备、材料订货。

（4）准备必要的施工图纸。

（5）组织施工招标投标，择优选定施工单位和工程监理单位。

五、建设实施阶段

建设项目经批准开工建设，即进入建设实施阶段。这一阶段工作的内容包括以下几项：

（1）针对建设项目或单项工程的总体规划安排施工活动。

（2）按照工程设计要求、施工合同条款、施工组织设计及投资预算等，在保证工程质量、工期、成本、安全目标的前提下进行施工。

（3）加强环境保护，处理好人、建筑、绿色生态三者之间的协调关系，满足可持续发展的需要。

（4）项目达到竣工验收标准后，由施工承包单位移交给建设单位。

六、竣工验收阶段

竣工验收是工程建设过程的最后一环，是全面考核基本建设成果，检验设计、施工质量的重要步骤，也是确认建设项目能否投入使用的标志。竣工验收阶段的工作内容包括以下几项：

（1）检验设计和工程质量，保证项目按照设计要求的技术经济指标正常使用。

（2）有关部门和单位可以通过工程的验收总结经验教训。

（3）对验收合格的项目，建设单位可及时移交使用。

七、项目后评价阶段

项目后评价是建设项目投资管理的最后一个环节，通过项目后评价可达到肯定成绩、总结经验、吸取教训、改进工作、提高决策水平的目的，并为制订科学的建设计划提供依据。其具体内容包括：

（1）使用效益实际发挥情况。

（2）投资回收和贷款偿还情况。

（3）社会效益和环境效益。

（4）其他需要总结的经验。

第二节　建筑工程施工管理

一、施工准备与施工组织设计

1. 施工准备

施工准备主要包括技术准备、现场准备、物资准备、人员准备及施工场外准备。

2. 施工组织设计

施工组织设计是指导整个施工活动从施工准备到竣工验收的组织、技术、经济的综合性技术文件，是编制工程建设计划、组织施工力量、规划物质资源、制订施工技术方案的依据。施工组织设计主要包括施工组织总设计、单位工程施工组织设计、分部分项工程施工组织设计三类。

一般来说，施工组织设计应具备以下基本内容：

（1）工程概况。

（2）施工部署。

（3）施工方案。施工方案是施工组织设计的核心。其内容包括施工程序和流程、选择施工方案和施工机械、制订技术组织措施。

（4）施工进度计划。

（5）施工总平面图。施工总平面图是拟建项目施工现场的场地总布置图。其是按照施工部署、施工方案和进度的要求对场地的道路、材料仓库、附属设施、临时房屋、临时水电管线等作出合理规划布置，从而正确处理施工期间各项措施和拟建工程、周围永久性建筑之间的关系。

（6）主要技术经济指标。常用指标有施工工期、劳动生产效率、机械化施工程度、节约材料百分比、降低成本指标、工程质量优良和合格指标、安全指标等。

二、竣工验收

1. 建设工程竣工验收的条件

根据《建设工程质量管理条例》的规定，建筑工程竣工验收应当具备下列条件：

（1）完成建设工程设计和合同约定的各项内容。建设工程设计和合同约定的内容，主要是指设计文件所确定的、在承包合同"承包人承揽工程项目一览表"中载明的工作范围，也包括监理工程师签发的变更通知单中所确定的工作内容。承包单位必须按合同约定，按质、按量、按时地完成上述工作内容，使工程具有正常的使用功能。

（2）有完整的技术档案和施工管理资料。一般来说，工程技术档案和施工管理资料主要包括以下几项：

1）工程项目竣工报告；

2）分部分项工程和单位工程技术人员名单；

3）图纸会审和设计交底记录；

4）设计变更通知单，技术变更核实单；

5）工程质量事故发生后调查和处理资料；

6）隐蔽验收记录及施工日志；

7）竣工图；

8）质量检验评定资料；

9）合同约定的其他资料。

（3）有工程使用的主要建筑材料、建筑构配件和设备的进场试验报告。对建设工程使用的主要建筑材料、建筑构配件和设备的进场，要有质量合格证明资料，还应当有试验检验报告。试验检验报告中应当注明其规格、型号、用于工程的部位、批量批次、性能等技术指标，其质量要求必须符合国家规定的标准。

（4）有勘察、设计、施工、工程监理等单位分别签署的质量合格文件。勘察、设计、施工、工程监理等有关单位依据工程设计文件及承包合同所要求的质量标准，对竣工工程进行检查和评定，符合规定的，签署合格文件。

（5）有施工单位签署的工程质量保修书。工程质量保修是指建设工程在办理交工验收手续后，在规定的保修期限内，因勘察设计、施工、材料等原因造成的质量缺陷，由施工单位负责维修，由责任方承担维修费用并赔偿损失。施工单位与建设单位应在竣工验收前签署工程质量保修书，保修书是施工合同的附合同。为了促进承包方加强质量管理，保护用户及消费者的合法权益，应健全完善工程保修制度。

2. 建设工程竣工验收的类型

在工程实践过程中，竣工验收有单项工程验收和全部验收两种类型。

（1）单项工程验收。单项工程验收是指在一个总体建设项目中，一个单项工程或一个车间已按设计要求建设完成，能满足生产要求或具备使用条件，且施工单位已预验，监理工程师已初验通过，在此条件下进行的正式验收。由几个施工单位负责施工的单项工程，当其中一个单位所负责的部分已按设计完成，也可以组织正式验收，办理交工手续，交工时应请施工总承包单位参加。

（2）全部验收。全部验收是指整个建设项目已按设计要求全部建设完成，并已符合竣工验收标准，施工单位预验通过，监理工程师初验认可，由监理工程师组织以建设单位为主，由设计、施工等单位参加的正式验收。在整个项目进行全部验收时，对已验收过的单项工程，可以不再进行正式验收和办理验收手续，但应将单项工程验收单作为全部工程验收的附件加以说明。

《中华人民共和国建筑法》规定："建筑工程竣工经验收合格后，方可交付使用；未经验收或者验收不合格的，不得交付使用。"因此，无论是单项工程提前交付使用，还是全部工程整体交付使用，都必须经过竣工验收，而且必须验收合格；否则，不能交付使用。

3. 建设工程竣工验收的相关内容

（1）竣工验收的组织。由建设单位负责组织实施建设工程竣工验收工作，并由质量监督机构对工程竣工验收实施监督。

（2）验收人员。由建设单位负责组织竣工验收小组，验收小组组长由建设单位法人代表或其委托的负责人担任。验收小组副组长应至少由一名工程技术人员担任。验收小组成员由建设单位的上级主管部门、建设单位项目负责人、建设单位项目现场管理人员及勘察、设计、施工、工程监理单位与项目无直接关系的技术负责人或质量负责人组成，建设单位也可以邀请有关专家参加验收小组。在验收小组成员中，土建及水电安装专业人员应配备齐全。

（3）竣工验收的标准。竣工验收的标准为强制性标准、现行质量检验评定标准、施工验收规范、经审查通过的设计文件及有关法律、法规、规章和规范性文件规定。

（4）竣工验收的程序及内容。

1）由竣工验收小组组长主持竣工验收。

2）建设、施工、工程监理、设计、勘察单位分别以书面形式汇报工程项目建设质量状况、合同履约及执行国家法律、法规和工程建设强制性标准情况。

3）验收小组分为三部分分别进行检查验收。

①检查工程实体质量。

②检查工程建设参与各方提供的竣工资料。

③对建筑工程的使用功能进行抽查、试验，例如，厕所、阳台泼水试验；浴缸、水盘、水池盛水试验；通水、通电试验；排污主管通球试验及绝缘电阻、接地电阻、漏电跳闸测试等。

4）对竣工验收情况进行汇总讨论，并听取质量监督机构对该工程的质量监督意见。

5）形成竣工验收意见，填写《建设工程竣工验收备案表》和《建设工程竣工验收报告》，由验收小组人员分别签字，建设单位盖章。

6）当在验收过程中发现严重问题，达不到竣工验收标准时，验收小组应责成责任单位立即整改，并宣布本次验收无效，重新确定时间组织竣工验收。

7）当在竣工验收过程中发现需要整改的质量问题，验收小组可以形成初步验收意见，填写有关表格，有关人员签字，但建设单位不加盖公章。验收小组责成有关责任单位整改的，可以委托建设单位项目负责人组织复查，整改完毕符合要求后，加盖建设单位公章。

8）当竣工验收小组各方不能形成一致的竣工验收意见时，应当协商提出解决办法，待意见一致后，重新组织工程竣工验收；当协商不成时，应报住房城乡建设主管部门或质量监督机构进行协调裁决。

（5）竣工验收备案。建设工程竣工验收完毕以后，由建设单位负责，在15 d内向备案部门办理竣工验收备案。

4. 建设工程竣工验收备案管理制度

（1）管理主体。住房城乡建设主管部门负责工程竣工验收备案的监督管理，并直接管理本行政区域范围内工程的竣工验收备案工作。

（2）备案时限。建设单位应当自工程竣工验收合格之日起15 d内，向工程所在地区住房城乡建设主管部门备案。

（3）备案文件。建设单位办理工程竣工验收备案，应当提交下列文件：

1）工程竣工验收备案表。

2）工程竣工验收报告。工程竣工验收报告包括：建筑工程施工许可证，施工图设计文件审查意见，勘察、设计、施工、工程监理等单位分别签署的质量合格文件及验收人员签署的竣工验收原始文件，市政基础设施的有关质量检测和功能性试验资料，以及备案管理部门认为需要提供的有关资料。

3）法律、行政法规规定应当由规划、公安消防、环保、气象等部门出具的认可文件或者准许使用文件。

4）施工单位签署的工程质量保修书，商品住宅还应当提交《住宅质量保证书》和《住宅使用说明书》。

5）法规、规章规定必须提供的其他文件。

（4）文件验证。建设主管部门收到建设单位报送的竣工验收备案文件后，结合工程质量监督机构提交的工程质量监督报告，对备案文件进行验证，资料齐全、符合验收备案条件的，应当收讫，并在工程竣工验收备案表上加盖备案专用章。由住房城乡建设主管部门办理工程竣工验收备案，不得收取任何费用。

（5）重新验收。住房城乡建设主管部门发现建设单位在竣工验收过程中有违反国家有关建设工程质量管理规定行为的，应当在收讫竣工验收备案文件15 d内，责令停止使用，并重新组织竣工验收。

（6）备案效力。

1）房产管理部门办理房屋所有权初始登记，应当将经住房城乡建设主管部门加盖备案专用章的工程竣工验收备案表作为必备文件。

2）建设单位办理市政基础设施工程移交手续时，应当提交经住房城乡建设主管部门加盖备案专用章的工程竣工验收备案表。

（7）逾期备案责任。建设单位在工程竣工验收合格之日起15 d内未办理工程竣工验收备案的，由住房城乡建设主管部门责令限期改正，并依据国务院《建设工程质量管理条例》的规定给予处罚。

（8）虚假备案的责任。建设单位采用虚假证明文件办理工程竣工验收备案的，竣工验收无效，住房城乡建设主管部门应当责令停止使用，重新组织竣工验收，并依据住房和城乡建设部《房屋建筑工程和市政基础设施工程竣工验收备案管理暂行办法》的规定给予处罚；构成犯罪的，依法追究刑事责任。

第三节　建设工程法规

一、建设工程法规的概念与特征

1. 建设工程法规的概念

建设工程法规是指国家立法机关或者其授权的行政机关制定的旨在调整国家及其有关机构、企事业单位、社会团体、公民之间，在建设活动中或建设行政管理活动中发生的各种社会关系的法律、法规的总称。其直接体现了国家对建设工程、建筑行业等建筑活动进行组织、管理、协调的方针和基本原则。

2. 建设工程法规的特征

建设工程法规除具备一般法律的基本特征外，还具有不同于其他法律的特征。具体如下：

（1）行政强制性。建筑活动投入资金量大，需要消耗大量的人力、物力、财力及土地等资源，涉及面广，影响力大且持久。不仅如此，建筑产品的质量还关系到人民的生命和财产安全，这也造就了它的特殊性。这一特性决定了建设法律必然要采用直接体现行政权力活动的调整方法，即以行政指令为主要调整的方法。建设法律的调整方式的特点主要体现为行政强制性，调整方式如下：

1）授权。国家通过建设法律规范，授予国家建设管理机关某种管理权限，或具体的权力，对建设业进行监督管理。如《中华人民共和国建筑法》规定："建筑工程招标的开标、评标、定标由建设单位依法组织实施，并接受有关行政主管部门的监督。"

2）命令。国家通过建设法律规范赋予建设法律关系主体某种作为的义务。如《中华人民共和国建筑法》规定："建筑工程勘察、设计、施工的质量必须符合国家有关建筑工程安全标准的要求，具体管理办法由国务院规定。"

3）禁止。国家通过建设法律规范赋予建设法律关系主体某种不作为的义务。如《中华人民共和国建筑法》规定："发包单位及其工作人员在建筑工程发包中不得收受贿赂、回扣或者索取其他好处；承包单位及其工作人员不得利用向发包单位及其工作人员行贿、提供回扣或者给予其他好处等不正当手段承揽工程。"

4）许可。国家通过建设法律规范，允许特别的主体在法律允许范围内有某种作为的权利。

5）免除。国家通过建设法律规范，对主体依法应履行的义务在特定情况下予以免除。如工程投资额在 30 万元以下或者建筑面积在 300 m² 以下的建筑工程，可以不申请办理施工许可证。对个人购买并居住超过一年的普通住房，销售时免征营业税。用炉渣、粉煤灰等废渣作为主要原料生产建筑材料的可享有减税、免税等优惠行为。

6）确认。国家通过建设法律规范，授权建设管理机关依法对争议的法律事实和法律关系进行认定，并确定其是否存在、是否有效。如各级建设工程质量监督站检查受监工程的勘察、设计、施工单位和建筑构件厂的资质等级和从业范围，监督勘察、设计、施工单位和建筑构件厂严格执行技术标准，检查其工程（产品）质量等的行为。

7）计划。国家通过建设法律规范，对建设业进行计划调节。计划一般可分为指令性计划与指导性计划两种。指令性计划具有法律约束力，具有强制性。当事人必须严格执行，违反指令性计划的行为，将要承担法律责任。指令性计划本身就是行政管理；指导性计划一般不具有约束力，是可以变动的，但是在条件可能的情况下也是应该遵守的。

8）撤销。国家通过建设法律规范，授予建设行政管理机关运用行政权力对某些权利能力或法律资格予以撤销或消灭。如国家对无证设计、无证施工的取缔就属于撤销。

（2）经济性。建设法律中属于经济法部门的法律法规。其主要特征是建设活动中的工程项目投资、房地产开发经营等活动占用的资金量大，直接受到国家宏观调控的影响。国家以法律法规的手段调控建设活动，这些法律法规即建设法律的一部分。经济性是建设法律的又一重要特征。建设法的经济性既包含财产性，也包含其与生产、分配、交换、消费的联系性。

（3）技术性。技术性是建设法律、规范的一个重要特征。建设活动是一项技术性很强、安全系数要求高的活动。为保证建筑产品的质量和人民生命财产的安全，大量的建设法律是以部门规章、技术规范等形式出现的。

二、建设工程法规的渊源

建设工程法规的渊源是指调整基本建设社会关系法律规范的具体表现形式，即规范基本建设法律关系的相关法律性文件。其主要有宪法、法律、行政法规、部门规章、地方法规、地方规章、国际条约与国际惯例等。

1. 宪法

宪法是国家的根本大法，规定了国家各项基本制度，国家的一切经济法律制度都要依据宪法来制定。宪法是母法，产生和制约其他法律渊源。宪法具有最高的法律效力。

我国现行宪法是 1982 年 12 月 4 日第五届全国人大第五次会议通过的《中华人民共和国宪法》，并历经 1988 年、1993 年、1999 年、2004 年和 2018 年五次修订。

2. 法律

法律是国家立法机关根据立法程序制定的规范性文件。法律包括全国人民代表大会制定的基本法律和全国人民代表大会常务委员会制定的其他法律。法律依据宪法和立法程序而制定，其效力低于宪法，高于其他法律渊源。

3. 行政法规

行政法规简称法规，是国家最高行政机关根据宪法和法律制定的各种规范性文件。我国最高行政机关是国务院。国务院制定颁布的规范性文件是建设法规渊源的重要组成部分。

4. 部门规章

部门规章又称行政规章，是国务院下属各部委根据法律、行政法规，在本部门管辖权限内发布的规范性文件，如原建设部发布的《实施工程建设强制性标准监督规定》、原建设部与信息产业部等部委联合发布的《工程建设项目施工招标投标办法》等。

5. 地方法规

地方法规是省、自治区、直辖市及省级人民政府所在地市和经国务院批准的城市人民代表大会及其常委会发布的规范性文件。

6. 地方规章

地方规章是省、自治区、直辖市及省级人民政府所在地市和经国务院批准的市人民政府发布的规范性文件。如民族自治地区的人民代表大会有权根据当地的特点，制定自治条例和单行条例，自治条例和单行条例经上一级人大常委会批准后生效。

7. 国际条约与国际惯例

国际条约是指我国作为国际法主体同其他国家或国际组织缔结的双边、多边的协定和其他具有条约、协定性质的文件；国际惯例是指各种国际裁决机构的判例所确认和体现的国际规则及在国际交往中形成的一些不成文的习惯。

三、建设工程法规调整的对象

建设工程法规调整的对象是在建设活动中所发生的各种社会关系。这些社会关系主要包括行政管理关系、经济协作关系及其相关的民事关系。

1. 行政管理关系

建设活动中的行政管理关系是当国家及其行政管理主管部门对建设活动进行管理时，就会与建设单位（业主）、设计单位、施工单位、建筑材料和设备的生产供应单位及建设监理等中介服务单位产生管理与被管理关系。这种关系要由相应的建设法规来规范、调整。

2. 经济协作关系

建设活动中的经济协作关系是一种资源平等、互利的建设活动，涉及诸多单位和个人，需要共同协作来完成。经济协作关系中存在大量的寻求合作伙伴和相互协作的问题。在这些协作过程中所产生的权利、义务关系，由建设法规来加以规范和调整。

3. 民事关系

民事关系是指在建设活动中必然涉及诸如土地征用、房屋拆迁、从业人员及相关人员的人身与财产的伤害、财产及相关权利的转让等涉及公民个人的权利的问题，由此而产生的国家、单位和公民之间的民事权利与义务关系。建设活动的民事既涉及国家、社会利益，又直接关系到企业、公民个人的利益与自由。因此，必须按照民法和建设法律法规中的民事法律规范予以调整。

四、建设工程法规的作用

建设工程法规的作用主要体现在规范、指引，合理建设行为的确认与保护，对违反建筑行为的处罚三个方面。

1. 规范、指引

一般来说，建设工程法律规范对人们所实施的建设行为具有规范性，主要表现为以下几个方面：

（1）义务性的建筑行为规定。如《中华人民共和国建筑法》第58条："建筑施工企业对工程的施工质量负责。建筑施工企业必须按照工程设计图纸和施工技术标准施工，不得偷工减料。工程设计的修改由原设计单位负责，建筑施工企业不得擅自修改工程设计。"

（2）禁止性的建筑行为规定。如《中华人民共和国建筑法》第28条："禁止承包单位将其承包的全部建筑工程转包给他人，禁止承包单位将其承包的全部建筑工程肢解以后以分包的名义分别转包给他人。"

（3）授权性的建筑行为规定。如《中华人民共和国建筑法》第24条："提倡对建筑工程实行总承包，禁止将建筑工程肢解发包。建筑工程的发包单位可以将建筑工程的勘察、设计、施工、设备采购一并发包给一个工程总承包单位，也可以将建筑工程勘察、设计、施工、设备采购的一项或者多项发包给一个工程总承包单位。"

2. 合理建设行为的确认与保护

建设工程法规的作用不仅在于对建设行为主体所实施的建设行为加以规范和指导，而且还对一切符合法律、法规的建设行为给予确认和保护。

3. 对违反建筑行为的处罚

建设工程法规要对违法建筑行为给予应有的处罚。如《中华人民共和国建筑法》规定："以欺骗手段取得资质证书的，吊销资质证书，处以罚款；构成犯罪的，依法追究刑事责任。"

第四节　工程概预算

一、设计概算的编制

设计概算是指在设计阶段对建设项目投资额度的概略计算。设计概算投资应包括建设项目从立项、可行性研究、设计、施工、试运行到竣工验收等的全部建设资金。设计概算是设计文件的重要组成部分。

1. 设计概算的作用

（1）设计概算是确定建设项目、各单项工程及各单位工程投资的依据。按照规定报请有关部门或单位批准的初步设计及总概算，一经批准即作为建设项目静态总投资的最高限额，不得任意突破，必须突破时须报原审批部门（单位）批准。

（2）设计概算是编制投资计划的依据。计划部门根据批准的设计概算编制建设项目年固定资产投资计划，并严格控制投资计划的实施。若建设项目实际投资数额超过了总概算，那么，必须在原设计单位和建设单位共同提出追加投资的申请报告基础上，经上级计划部门审核批准后，方能追加投资。

（3）设计概算是进行拨款和贷款的依据。建设银行根据批准的设计概算和年度投资计划，进行拨款和贷款，并严格实行监督控制。对超出概算的部分，未经计划部门批准，建设银行不得追加拨款和贷款。

（4）设计概算是实行投资包干的依据。在进行概算包干时，单项工程综合概算及建设项目总概算是投资包干指标商定和确定的基础，尤其经上级主管部门批准的设计概算或修正概算，是主管单位和包干单位签订包干合同，控制包干数额的依据。

（5）设计概算是考核设计方案经济合理性和控制施工图预算的依据。设计单位根据设计概算进行技术经济分析和多方案评价，以提高设计质量和经济效果。同时，保证施工图预算在设计概算的范围内。

（6）设计概算是进行各种施工准备、设备供应指标、加工订货及落实各项技术经济责任制的依据。

（7）设计概算是控制项目投资、考核建设成本、提高项目实施阶段工程管理和经济核算水平的必要手段。

2. 设计概算的编制依据

概算编制依据是指编制项目概算所需的一切基础资料。概算编制依据主要有以下方面：

（1）批准的可行性研究报告；

（2）工程勘察与设计文件或设计工程量；

（3）项目涉及的概算指标或定额，以及工程所在地编制同期的人工、材料、机械台班市场价格，相应工程造价管理机构发布的概算定额（或指标）；

（4）国家、行业和地方政府有关法律、法规或规定，政府有关部门、金融机构等发布的价格指数、利率、汇率、税率，以及工程建设其他费用等；

（5）资金筹措方式；

（6）正常的施工组织设计或拟定的施工组织设计和施工方案；

（7）项目涉及的设备材料供应方式及价格；

（8）项目的管理（含监理）、施工条件；

（9）项目所在地区有关的气候、水文、地质地貌等自然条件；

（10）项目所在地区有关的经济、人文等社会条件；

（11）项目的技术复杂程度以及新技术、专利使用情况等；

（12）有关文件、合同、协议等；

（13）委托单位提供的其他技术经济资料；

（14）其他相关资料。

3. 建设项目总概算及单项工程综合概算的编制

（1）概算编制说明应包括以下主要内容：

1）项目概况：简述建设项目的建设地点、设计规模、建设性质（新建、扩建或改建）、工程类别、建设期（年限）、主要工程内容、主要工程量、主要工艺设备及数量等。

2）主要技术经济指标：项目概算总投资（有引进地给出所需外汇额度）及主要分项投资、主要技术经济指标（主要单位投资指标）等。

3）资金来源：按资金来源不同渠道分别说明，发生资产租赁的说明租赁方式及租金。

4）编制依据。

5）其他需要说明的问题。

6）总说明附表：

①建筑、安装工程工程费用计算程序表；

②引进设备材料货价及从属费用计算表；

③具体建设项目概算要求的其他附表及附件。

（2）总概算表。概算总投资由工程费用、工程建设其他费用、预备费及应列入项目概算总投资中的几项费用组成：

1）第一部分：工程费用；

2）第二部分：工程建设其他费用；

3）第三部分：预备费；

4）第四部分：应列入项目概算总投资中的几项费用，包括建设期利息、固定资产投资方向调节税、铺底流动资金。

（3）工程费用按单项工程综合概算组成编制，采用二级编制的按单位工程概算组成编制。

1）市政民用建设项目一般排列顺序：主体建（构）筑物、辅助建（构）筑物、配套系统。

2）工业建设项目一般排列顺序：主要工艺生产装置、辅助工艺生产装置、公用工程、总图运输、生产管理服务性工程、生活福利工程、厂外工程。

（4）工程建设其他费用一般按工程建设其他费用概算顺序列项，具体见下述"4. 工程建设其他费用、预备费、专项费用概算编制"。

（5）预备费包括基本预备费和价差预备费，具体见下述"4. 工程建设其他费用、预备费、专项费用概算编制"。

（6）应列入项目概算总投资中的几项费用，一般包括建设期利息、铺底流动资金、固定资产投资方向调节税（暂停征收）等，具体见下述"4. 工程建设其他费用、预备费、专项费用概算编制"。

（7）综合概算以单项工程所属的单位工程概算为基础，采用"综合概算表"进行编制，分别按各单位工程概算汇总成若干个单项工程综合概算。

（8）对单一的、具有独立性的单项工程建设项目，按二级编制形式编制，直接编制总概算。

4. 工程建设其他费用、预备费、专项费用概算编制

（1）一般工程建设其他费用包括前期费用、建设用地费和赔偿费、建设管理费、专项评价及验收费、研究试验费、勘察设计费、场地准备及临时设施费、引进技术和进口设备材料其他费、工程保险费、联合试运转费、特殊设备安全监督检验及标定费、施工队伍调遣费、市政审查验收费及公用配套设施费、专利及专有技术使用费、生产准备及开办费等。

1）前期费用。前期费用包括项目前期筹建、论证评估、立项批复、申报核准等费用。

①前期筹建费。

a. 费用内容：从筹备到前期工作结束（可行性研究报告批复或项目前期终止）筹建机

构发生的费用，包括人员费用、办公费用、图书资料费用、合同契约公证费、调研及公关费、咨询费及生活设施租赁费用等。

b. 计算方法：可按费用构成明细经主管部门批准后计列。

②可行性研究报告（方案）编制及评估费。

a. 费用内容：可行性研究报告编制、项目建议书编制、预可行性研究报告编制及评估所发生的费用。

b. 计算方法：可行性研究报告编制及评估费、项目建议书编制费依据前期研究委托合同计列，或参照《国家计委关于印发〈建设项目前期工作咨询收费暂行规定〉的通知》（计价格〔1999〕1283号）规定计算。编制预可行性研究报告参照编制项目建议书收费标准并可适当调增。

③申报核准费用。

a. 费用内容：申报核准费是指根据《国务院关于投资体制改革的决定》（国发〔2004〕20号）的有关规定，需报国务院和省级投资主管部门核准的建设项目，编制项目申请报告费用以及为取得各项核准文件所发生的核准资料附件获取费。

b. 计算方法。项目申请报告编制费依据委托合同计列，或参照《国家计委关于印发〈建设项目前期工作咨询收费暂行规定〉的通知》（计价格〔1999〕1283号）规定计算；核准资料附件获取费是指为了项目核准，需要取得相关资料和核准报告附件所发生的费用。

2）建设用地费和赔偿费。

①建设用地费。

a. 费用内容：按照《中华人民共和国土地管理法》等规定，建设项目使用土地应支付的费用，分成为取得土地使用权缴纳的费用和临时用地费两部分。建设用地（使用权）一般通过行政划拨、土地使用权出让方式取得。

为取得土地使用权缴纳的费用包括土地使用权出让金等土地有偿使用费（划拨方式不缴纳）和其他费用。其他费用是指土地补偿费、安置补助费、征用耕地复垦费、土地上的附着物和青苗补偿费、土地预审登记及征地管理费、征用耕地按规定一次性缴纳的耕地占用税、征用城镇土地在建设期间按规定每年缴纳的城镇土地使用税、征用城市郊区菜地按规定缴纳的新菜地开发建设基金、契税及其他各项费用。临时用地费包括施工临时占地补偿费、租赁等费用。

b. 计算方法：据征用建设用地面积、临时用地面积，按建设项目所在省（直辖市、自治区）人民政府制定颁发的相关规定等计算土地费用。

c. 建设用地上的建（构）筑物如需迁建，其迁建补偿费应按迁建补偿协议计列或按新建同类工程造价计算。建设场地平整中的余物拆除清理费在"场地准备及临时设施费"中计算。

d. 建设项目采用"长租短付"方式租用土地使用权，在建设期间支付的租地费用计入建设用地费，在生产经营期间支付的土地使用费应进入营运成本中核算。

②赔偿费。

a. 费用内容：项目涉及的对房屋、市政、铁路、公路、管道、通信、电力、河道、水利、林区、保护区、矿区等相关建（构）筑物或设施的赔偿费用。

b. 计算方法：赔偿费按照国家和建设项目所在省（直辖市、自治区）人民政府有关规定或相关协议计算。

3）建设管理费。建设管理费包括建设单位管理费、工程质量监管费、工程监理费、监造费、咨询费、项目管理承包费等。这些费用都属建设管理范畴，费用内容相互交叉，具体建设项目中应避免重复计算和漏算。

①建设单位管理费。

a. 费用内容：建设单位从可行性研究报告批复时至交付生产发生的管理性质的开支以及由竣工验收而发生的管理费用包括建设单位管理工作人员费用、办公费用、图书资料费用、设计审查费用、工程招标费用、咨询费用、合同契约公证费用、竣工验收相关费用、生产工人招聘费用、印花税及其他管理性质开支的费用。

b. 计算方法：以建设投资中的工程费用为基数乘以建设管理费费率计算。

建设管理费＝工程费用×建设管理费费率

②工程质量监管费。

a. 费用内容：工程质量监督行政机构接受委派，按照相关法律、法规异地承担建设项目的质量监察、督导等管理工作所收取的费用。

b. 计算方法：

$$工程质量监管费＝工程费用×工程质量监管费费率$$

③工程监理费。

a. 费用内容：受建设单位委托，工程监理机构为工程建设提供技术服务所发生的费用，属建设管理范畴；如采用监理，建设单位部分管理工作量转移至监理单位。

b. 计算方法：监理费应根据委托的监理工作范围和监理深度在监理合同中商定或按当地或所属行业部门有关规定计算。依法必须实行监理的建设工程施工阶段的监理收费实行政府指导价，建设工程监理费按照国家发展改革委员会、原建设部《建设工程监理与相关服务收费管理规定》（发改价格〔2007〕670号）计算；其他建设工程施工阶段的监理收费和其他阶段的监理与相关服务收费实行市场调节价。

④监造费。

a. 费用内容：按照法律、法规和标准对产品制造过程的质量实施监督服务所发生的费用。

b. 计算方法

$$设备监造费＝需监造的设备出厂价×设备监造费费率$$

或

$$设备监造费＝需监造的设备数量×设备监造费指标$$

⑤咨询费。

a. 费用内容：项目建设单位委托第三方进行建设项目有关管理和技术支持等的咨询活动发生的费用。

b. 计算方法：有合同或协议的按约定，没有合同或协议的按相关规定计算，可采取按工作量、设计费、工程造价等为依据计算。

⑥项目管理承包费。

a. 费用内容：指项目业主委托工程公司或咨询公司在业主的授权下对项目全过程或阶段进行管理，并承担对相关承包商的管理和监督等的管理费用。

b. 计算方法：项目管理承包费根据管理方式和承包范围按照相关规定计算，不发生时不计取。

4）专项评价及验收费。专项评价及验收费包括环境影响评价及验收费、安全预评价及验收费、职业病危害预评价及控制效果评价费、地震安全性评价费、地质灾害危险性评价费、水土保持评价及验收费、压覆矿产资源评价费、节能评估费、危险与可操作性分析及安全完整性评价费以及其他专项评价及验收费。具体建设项目应按实际发生的专项评价及验收项目计列，不得虚列项目费用。

①环境影响评价及验收费。

a. 费用内容：为全面、详细评价建设项目对环境可能产生的污染或造成的重大影响而编制环境影响报告书（含大纲）、环境影响报告表和评估等所需的费用，以及建设项目竣工验收阶段环境保护验收调查和环境监测、编制环境保护验收报告的费用。

b. 计算方法：环境影响评价费按照原国家计委、国家环境保护总局《关于规范环境影响咨询收费有关问题的通知》（计价格〔2002〕125 号）规定计算，其中有评价专题的，可根据专题工作量另外计算专题收费；验收费按环境影响评价费的比例计算，一般可按环境影响评价费的一定比例计算；按合同或实际发生费用计列。

②安全预评价及验收费。

a. 费用内容：为预测和分析建设项目存在的危害因素种类和危险危害程度，提出先进、科学、合理、可行的安全技术和管理对策，而编制评价大纲、编写安全评价报告书和评估等所需的费用，以及在竣工阶段验收时所发生的费用。

b. 计算方法：按照建设项目所在省（直辖市、自治区）人民政府有关规定计算，或者按合同或实际发生费用计列。不需评价的建设项目不计取此项费用。

③职业病危害预评价及控制效果评价费。

a. 费用内容：建设项目因可能产生职业病危害而编制职业病危害预评价书、职业病危害控制效果评价书和评估所需的费用。

b. 计算方法：按照国家或建设项目所在省（直辖市、自治区）人民政府有关规定计算，或者按合同或实际发生费用计列。不需评价的建设项目不计取此项费用。

④地震安全性评价费。

a. 费用内容：通过对建设场地和场地周围的地震活动与地震、地质环境的分析，而进行的地震活动环境评价、地震地质构造评价、地震地质灾害评价，编制地震安全评价报告书和评估所需的费用。

b. 计算方法：按照国家或建设项目所在省（直辖市、自治区）人民政府有关规定计算，或者按合同或实际发生费用计列。不需评价的建设项目不计取此项费用。

⑤地质灾害危险性评价费。

a. 费用内容：在灾害易发区对建设项目可能诱发的地质灾害和建设项目本身可能遭受的地质灾害危险程度的预测评价，编制评价报告书和评估所需的费用。

b. 计算方法：按照国家或建设项目所在省（直辖市、自治区）人民政府有关规定计算，或者按合同或实际发生费用计列。不需评价的建设项目不计取此项费用。

⑥水土保持评价及验收费。

a. 费用内容：对建设项目在生产建设过程中可能造成水土流失进行预测，编制水土保持方案和评估所需的费用，以及在施工期间的监测、竣工阶段验收时所发生的费用。

b. 计算方法：按照国家或建设项目所在省（直辖市、自治区）人民政府有关规定计算，或者按合同或实际发生费用计列。不需评价的建设项目不计取此项费用。

⑦压覆矿产资源评价费。

a. 费用内容：对需要压覆重要矿产资源的建设项目，编制压覆重要矿床评价和评估所需的费用。

b. 计算方法：按照国家或建设项目所在省（直辖市、自治区）人民政府有关规定计算，或者按合同或实际发生费用计列。不需评价的建设项目不计取此项费用。

⑧节能评估费。

a. 费用内容：对建设项目的能源利用是否科学合理进行分析评估，并编制节能评估报告以及评估所发生的费用。

b. 计算方法：按照国家或建设项目所在省（直辖市、自治区）人民政府有关规定计算，或者按合同或实际发生费用计列。不需评价的建设项目不计取此项费用。

⑨危险与可操作性分析及安全完整性评价费。

a. 费用内容：危险与可操作性分析（HAZOP）及安全完整性评价（SIL）费是指对应用于生产具有流程性工艺特征的新、改、扩建项目进行工艺危害分析和对安全仪表系统的设置水平及可靠性进行定量评估所发生的费用。

b. 计算方法：按照国家或建设项目所在省（直辖市、自治区）人民政府有关规定，根据建设项目的生产工艺流程特点计算。

⑩其他专项评价及验收费。

a. 费用内容：除以上9项评价及验收费外，根据国家法律法规、建设项目所在省（直辖市、自治区）人民政府有关规定，以及行业规定需进行的其他专项评价、评估、咨询和验收（如重大投资项目社会稳定风险评估、防洪评价等）所需的费用。

b. 计算方法：按照国家、建设项目所在省（直辖市、自治区）人民政府或行业有关规定计算。不需评价的建设项目不计取此项费用。

5）研究试验费。

①费用内容：指为建设项目提供和验证设计参数、数据、资料等进行必要的研究和试验，以及设计规定在施工中必须进行试验、验证所需要的费用。包括自行或委托其他部门的专题研究、试验所需人工费、材料费、试验设备及仪器使用费等。不包括应由科技三项费用（即新产品试制费、中间试验费和重要科学研究补助费）中开支的费用和应在建筑安装费中列支的施工企业对建筑材料、构件和建筑物进行一般鉴定、检查所发生的费用，以及应由勘察设计费或工程费用中开支的费用。

②计算方法：按照设计提出需要研究试验的内容和要求计算。

6）勘察设计费。

①勘察费。

a. 费用内容：为建设项目完成勘察作业，编制工程勘察文件和岩土工程设计文件等所需的费用。

b. 计算方法：勘察费按照原国家计委、建设部《关于发布＜工程勘察设计收费管理规定＞的通知》（计价格〔2002〕10号）有关规定计算。

②设计费。

a. 费用内容：为建设项目提供初步设计文件、施工图设计文件、非标准设备设计文件、施工图预算文件、竣工图文件、设备采购技术服务等所需的费用。

b. 计算方法：按照原国家计委、建设部《关于发布〈工程勘察设计收费管理规定〉的通知》（计价格〔2002〕10号）有关规定计算。

7）场地准备费和临时设施费。

①场地准备费。

a. 费用内容：建设项目为达到工程开工条件所发生的、未列入工程费用的场地平整以及对建设场地余留的有碍于施工建设的设施进行拆除清理所发生的费用。改扩建项目一般只计拆除清理费。

b. 计算方法：应根据实际工程量估算，或按工程费用的比例计算。场地平整费一般不计列，如有特殊情况需计列的，应按建设项目所在省（直辖市、自治区）颁发的定额及相关规定计算；拆除清理费可按新建同类工程造价或主材费、设备费的比例计算，凡可回收材料的拆除工程采用以料抵工方式冲抵拆除清理费。

②临时设施费。

a. 费用内容：建设单位为满足施工建设需要而提供到场地界区的未列入工程费用的临时水、电、路、讯、气等工程和临时仓库、办公、生活等建（构）筑物的建设、维修、拆除、摊销费用或租赁费用，以及铁路、码头租赁等费用。场地准备及临时设施费应尽量与永久性工程统一考虑。

建设场地的大型土石方工程应进入工程费用中的总图运输费用中。此项费用不包括已列入建筑安装工程费用中的施工单位临时设施费用。

b. 计算方法：按工程量计算，或者按工程费用比例计算。

$$临时设施费 = 工程费用 \times 临时设施费费率$$

临时设施费费率视项目特点确定。

8）引进技术和进口设备材料其他费。引进技术和进口设备材料其他费包括图纸资料翻译复制费、备品备件测绘费、出国人员费用、来华人员费用、银行担保及承诺费、进口设备材料国内检验费等。

①图纸资料翻译复制费、备品备件测绘费。

a. 费用内容：图纸资料翻译复制费是指对标准、规范、图纸、操作规程、技术文件等资料的翻译、复制费用，备品备件测绘费用。

b. 计算方法：根据引进项目的具体情况计列或按进口货价（FOB）的比例估列；备品备件测绘费按具体情况估列。

②出国人员费用。

a. 费用内容：因出国设计联络、出国考察、技术交流等所发生的差旅费、生活费等。

b. 计算方法：依据合同或协议规定的出国人次、期限以及相应的费用标准计算。生活费按照财政部、外交部规定的现行标准计算，旅费按中国民航公布的票价计算。

③来华人员费用。

a. 费用内容：外国来华工程技术人员往返现场交通费、现场接待服务等费用。

b. 计算方法：依据引进合同或协议有关条款及来华技术人员派遣计划进行计算。来华人员接待费用可按每人次费用指标计算。引进合同价款中已包括的费用内容不得重复计算。

④银行担保及承诺费。

a. 费用内容：银行为引进技术和进口设备材料等商贸活动出具的担保及承诺书函所发生的费用。

b. 计算方法：应按担保或承诺协议计取。概算编制时可以担保金额或承诺金额为基数乘以费率计算。

⑤进口设备材料国内检验费。

a. 费用内容：进口设备材料根据国家有关文件规定的检验项目进行检验所发生的费用。

b. 计算方法：

进口设备材料国内检验费 = 进口设备材料到岸价（CIF）×人民币外汇牌价（中间价）×进口设备材料国内检验费费率

⑥单独引进软件不计关税只计增值税。

9）工程保险费。

①费用内容：建设项目在建设期间根据需要对建筑工程、安装工程及机器设备和人身安全进行投保而发生的保险费用。包括建筑安装工程一切险、进口设备财产保险和人身意外伤

害险等，不同的建设项目可根据工程特点选择投保险种。不包括已列入施工企业管理费中的施工管理用财产、车辆保险费。

②计算方法：根据投保合同计列保险费用或者按工程费用的比例估算。

$$工程保险费 = 工程费用 \times 工程保险费费率$$

工程保险费费率按选择的投保险种综合考虑。

10）联合试运转费。

①费用内容：建设项目在交付生产前按照批准的设计文件所规定的工程质量标准和技术要求，进行整个生产线或装置的负荷联合试运转或局部联动试车所发生的净支出费用（试运转支出大于收入的差额部分费用）。包括试运转所需材料、燃料及动力消耗、低值易耗品、其他物料消耗、机械使用费、联合试运转人员工资、施工单位参加试运转人工费、专家指导费以及必要的工业炉烘炉费。不包括由安装工程费项下开支的调试费及试车费用。

②计算方法：

$$联合试运转费 = 联合试运转费用支出 - 联合试运转收入$$

不发生试运转或试运转收入大于（或等于）费用支出的工程，不列此项费用。

可按建筑工程费与安装工程费之和的比例计算。

$$联合试运转费 = （建筑工程费 + 安装工程费） \times 联合试运转费费率$$

联合试运转费费率根据项目特点确定。

个别新工艺、新产品项目联合试运转发生的费用由建设单位组织编制投料试车计划和预算，经投资主管部门审定后列入设计概算。联合试运转费不包括应由设备安装工程费用开支的调试及试车费用，以及在试运转中暴露出来的因施工原因或设备缺陷等发生的处理费用。

③试运行期按照以下规定确定：引进国外设备项目按建设合同中规定的试运行期执行；国内一般性建设项目试运行期原则上按照批准的设计文件所规定的期限执行。个别行业的建设项目试运行期需要超过规定试运行期的，应报项目设计文件审批机关批准。试运行期一经确定，各建设单位应严格按规定执行，不得擅自缩短或延长。

11）特殊设备安全监督检验、标定费。

①特殊设备安全监督检验费。

a. 费用内容：对在施工现场安装的列入国家特种设备检验检测和监督检查范围的锅炉及压力容器、消防设备、燃气设备、起重设备、电梯、安全阀等特殊设备和设施进行安全检验、检测所发生的费用。

b. 计算方法：一般按受检设备安装费或受检设备的设备费比例计算，如锅炉及压力容器安全监督检验费可按受检设备安装费的3%计取，其他设备安全监督检验费可按受检设备的设备费1%计算。

②标定费。

a. 费用内容：列入国家或所在省（直辖市、自治区）计量标定范围的计量器具，进行计量标定所发生的费用。

b. 计算方法：根据国家或所在省（直辖市、自治区）人民政府有关规定计算。不发生时不计取此项费用。

12）施工队伍调遣费。

①费用内容：施工企业因建设任务的需要，由已竣工的建设项目所在地或企业驻地调往新的建设项目所在地所发生的费用，包括调遣期间职工的差旅费、职工工资以及施工机械设备（不包括特大型吊装机械）、工具用具、生活设施、周转材料运输费和调遣期间施工机械的停滞台班费等。不包括应由施工企业自行负担的、在规定距离范围内调动施工力量以及内部平衡施工力量所发生的调遣费用。

②计算方法：一般按建筑工程费与安装工程费之和的比例计算。

施工队伍调遣费 = （建筑工程费 + 安装工程费）×调遣费费率

根据建设项目特点及所处地理位置，确定施工队伍调遣费费率。

13）市政审查验收费、公用配套设施费。

①费用内容：按工程所在地政府规定收取的各项市政公用设施费，包括设计图纸审查费、防雷工程验收费、消防工程验收费、市政基础设施配套费、新型墙体材料基金、防空地下室场地建设改造费、白蚁预防工程费、声像档案制作费等。

②计算方法：按工程所在地人民政府规定标准计列；不发生或按规定免征项目不计取。

14）专利及专有技术使用费。

①费用内容：包括国外工艺包费，设计及技术资料费，有效专利、专有技术使用费，技术保密费和技术服务费等；国内有效专利、专有技术使用费；商标权、商誉和特许经营权费等。

②计算方法：

a. 专利及专有技术使用费按专利使用许可协议或专有技术使用合同规定计算。

b. 专有技术的界定应以省、部级鉴定批准为依据。

c. 项目投资中只计需在建设期支付的专利及专有技术使用费。协议或合同规定在生产期支付的使用费应在生产成本中核算。

d. 一次性支付的商标权、商誉及特许经营权费按协议或合同规定计列。协议或合同规定在生产期支付的商标权或特许经营权费应在生产成本中核算。

e. 国外工艺包费，设计及技术资料费，有效专利、专有技术使用费，技术保密费和技术服务费还需另行计算外贸手续费和银行财务费两项费用。

15）生产准备及开办费。生产准备及开办费包括生产人员提前进厂费、生产人员培训费、工器具及生产家具购置费和办公及生活家具购置费。

①生产人员提前进厂费。

a. 费用内容：生产单位人员为熟悉工艺流程、设备性能、生产管理等，提前进厂参与工艺设备、电气、仪表安装调试等生产准备工作而发生的人工费和社会保障费用。

b. 计算方法：一般按不同项目人员指标法计算。

提前进厂费=提前进厂人员（人）×提前进厂指标（元/人·年）×提前进厂期（年）

②生产人员培训费。

a. 费用内容：生产人员的培训费和学习资料费，以及异地培训发生的住宿费、伙食补助费、交通费等。

b. 计算方法：一般按不同项目人员指标法计算。

生产人员培训费=培训人员（人）×培训费指标（元/人）

③工器具及生产家具购置费。

a. 费用内容：为保证建设项目初期正常生产所必须购置的第一套不够固定资产标准的设备、仪器、工卡模具、器具等费用。

b. 计算方法：一般按不同项目人员指标法计算，或者以设备购置费为计算基数，按照部门或行业规定的工具、器具及生产家具费率计算。

工器具及生产家具购置费=人员（人）×工器具及生产家具购置费指标（元/人）

工器具及生产家具购置费=设备购置费×工器具及生产家具购置费指标费率

④办公及生活家具购置费。

a. 费用内容：为保证建设项目初期正常生产（或营业、使用）所必须购置的生产、办公、生活家具用具等费用。

b. 计算方法：一般按不同项目人员指标法计算。

办公及生活家具购置费=人员（人）×办公及生活家具购置费指标（元/人）

⑤生产准备及开办各项费用的计算，新建项目按设计定员为基数，改扩建项目按新增设计定员为基数。可采用综合的生产准备及开办费用指标进行计算，也可以按费用内容的分类指标计算。

16）为项目配套的专用设施投资，包括专用铁路线、专用公路、专用通信设施、送变电站、地下管道、专用码头等费用，如由项目建设单位负责投资但产权不归属本单位的，应作为无形资产处理。

（2）引进技术其他费用中的国外技术人员现场服务费、出国人员差旅费和生活费折合成人民币列入，用人民币支付的其他几项费用直接列入工程建设其他费用中。

（3）其他费用概算表格形式应符合规定要求。

（4）预备费包括基本预备费和价差预备费。基本预备费以总概算第一部分"工程费用"和第二部分"工程建设其他费用"之和为基数的百分比计算；价差预备费一般按下式计算：

$$P = \sum_{t=1}^{n} I_t \left[(1+f)^m (1+f)^{0.5} (1+f)^{t-1} - 1 \right]$$

式中　P——价差预备费；

n——建设期年份数；

I_t——建设期第 t 年的投资计划额，包括工程费用、工程建设其他费用及基本预备费，即第 t 年的静态投资计划额；

f——投资价格指数;

t——建设期第 t 年;

m——建设前年数(从编制概算到开工建设年数)。

(5)应列入项目概算总投资中的几项费用。

1)建设期利息:根据不同资金来源及利率分别计算。

$$Q = \sum_{j=1}^{n} (P_{j-1} + A_j/2) i$$

式中　Q——建设期利息;

P_{j-1}——建设期第 ($j-1$) 年末贷款累计金额与利息累计金额之和;

A_j——建设期第 j 年贷款金额;

i——贷款年利率;

n——建设期年数。

2)铺底流动资金按国家或行业有关规定计算。

3)固定资产投资方向调节税(暂停征收)。

5. 单位工程概算的编制

(1)单位工程概算是编制单项工程综合概算(或项目总概算)的依据,单位工程概算项目根据单项工程中所属的每个单体按专业分别编制。

(2)单位工程概算一般分建筑工程单位工程概算、设备及安装工程单位工程概算两大类。建筑工程单位工程概算按下述第(3)条方法编制,设备及安装工程单位工程概算按下述第(4)条方法编制。

(3)建筑工程单位工程概算:

1)建筑工程概算费用内容及组成见住房和城乡建设部、财政部印发的《建筑安装工程费用项目组成》(建标〔2013〕44 号)。

2)建筑工程概算采用"建筑工程概算表"编制,按构成单位工程的主要分部分项工程编制,根据初步设计工程量按工程所在省(直辖市、自治区)颁发的概算定额(指标)或行业概算定额(指标),以及工程费用定额计算。

3)以房屋建筑为例,根据初步设计工程量按工程所在省(直辖市、自治区)颁发的概算定额(指标)分土石方工程、基础工程、墙壁工程、梁柱工程、楼地面工程、门窗工程、屋面工程、保温防水工程、室外附属工程、装饰工程等项编制概算,编制深度宜达到现行国家标准《建设工程工程量清单计价规范》(GB 50500—2013)的深度。

4)对于通用结构建筑可采用"造价指标"编制概算;对于特殊或重要的建(构)筑物,必须按构成单位工程的主要分部分项工程编制,必要时结合施工组织设计进行详细计算。

(4)设备及安装工程单位工程概算:

1)设备及安装工程概算费用的组成包括设备购置费和安装工程费。

2)设备购置费的组成及计算方法:

①定型或成套设备。

$$设备费 = 设备出厂价 + 运输费 + 采购保管费$$

②非标准设备。原价有多种不同的计算方法，如综合单价法、成本计算估价法、系列设备插入估价法、分部组合估价法、定额估价法等。一般采用不同种类设备综合单价法计算，计算公式如下：

$$设备费 = \sum 综合单价（元/吨）\times 设备重（吨）$$

③进口设备。费用分外币和人民币两种支付方式，外币部分按美元或其他国际主要流通货币计算。进口设备的国外运输费、国外运输保险费、关税、消费税、进口环节增值税、外贸手续费、银行财务费、国内运杂费等，按照引进货价（FOB 或 CIF）计算后进入相应的设备购置费中。

④超限设备运输特殊措施费。是指当设备质量、尺寸超过铁路、公路等交通部门所规定的限度，在运输过程中须进行路面处理、桥涵加固、铁路设施改造或造成正常交通中断进行补偿所发生的费用，应根据超限设备运输方案计算超限设备运输特殊措施费。

3）安装工程费的组成及计算方法：安装工程费用内容组成以及工程费用计算方法见住房和城乡建设部、财政部印发的《建筑安装工程费用项目组成》（建标〔2013〕44）号；其中，辅助材料费按概算定额（指标）计算，主要材料费以消耗量按工程所在地概算编制期预算价格（或市场价）计算。

4）进口材料费用计算方法与进口设备费用计算方法相同。

5）设备及安装工程概算采用"设备及安装工程概算表"形式，按构成单位工程的主要分部分项工程编制，根据初步设计工程量，按工程所在省（直辖市、自治区）颁发的概算定额（指标）或行业概算定额（指标），以及工程费用定额计算。

6）概算编制深度可参照现行国家标准《建设工程工程量清单计价规范》（GB 50500—2013）深度执行。

（5）当概算定额或指标不能满足概算编制要求时，应编制"补充单位估价表"

6. 调整概算的编制

（1）设计概算批准后，一般不得调整。由于下述第（2）条所述原因需要调整概算时，由建设单位调查分析变更原因，报主管部门审批同意后，由原设计单位核实编制调整概算，并按有关审批程序报批。

（2）调整概算的原因：

1）超出原设计范围的重大变更；

2）超出基本预备费规定范围不可抗拒的重大自然灾害引起的工程变动和费用增加；

3）超出工程造价调整预备费的国家重大政策性的调整。

（3）影响工程概算的主要因素已经清楚，工程量完成了一定量后方可进行调整，一个工程只允许调整一次概算。

（4）调整概算编制深度与要求、文件组成及表格形式同原设计概算，调整概算还应对工程概算调整的原因做详尽分析说明，所调整的内容在调整概算总说明中要逐项与原批准概算对比，并编制调整前后概算对比表，分析主要变更原因。

（5）在上报调整概算时，应同时提供有关文件和调整依据。

7. 设计概算编审程序和质量控制

（1）设计概算文件编制的有关单位应当一起制定编制原则、方法，以及确定合理的概算投资水平，对设计概算的编制质量、投资水平负责。

（2）项目设计负责人和概算负责人对全部设计概算的质量负责；概算文件编制人员应参与设计方案的讨论；设计人员要树立以经济效益为中心的观念，严格按照批准的工程内容及投资额度设计，提出满足概算文件编制深度的技术资料；概算文件编制人员对投资的合理性负责。

（3）概算文件需经编制单位自审，建设单位（项目业主）复审，主管部门审批。

（4）概算文件的编制与审查人员必须具有国家注册造价工程师资格，或者具有省、市（行业）颁发的造价员资格证。

（5）各地方工程造价协会和中国建设工程造价管理协会各专业委员会、造价主管部门可根据所主管的工程特点制定概算编制质量的管理办法，并对编制人员采取相应的措施进行考核。

二、施工图预算的编制

施工图预算是在设计的施工图完成以后，以施工图为依据，根据预算定额、费用标准以及工程所在地区的人工、材料、施工机械设备台班的预算价格编制的，确定建筑工程、安装工程预算造价的文件。建设项目施工图预算由总预算、综合预算和单位工程预算组成。施工图预算总投资包含建筑工程费、设备及工器具购置费、安装工程费、工程建设其他费用、预备费、建设期贷款利息、固定资产投资方向调节税及铺底流动资金。

1. 施工图预算的作用

建设项目施工图预算是施工图设计阶段合理确定和有效控制工程造价的重要依据。具体表现在以下几个方面：

（1）施工图预算是建设工程实行招标、投标的重要依据。

（2）施工图预算是签订建设工程施工合同的重要依据。

（3）施工图预算是办理工程财务拨款、工程贷款和工程结算的依据。

（4）施工图预算是施工单位进行人工和材料准备、编制施工进度计划、控制工程成本的依据。

（5）施工图预算是落实或调整年度进度计划和投资计划的依据。

（6）施工图预算是施工企业降低工程成本、实行经济核算的依据。

2. 施工图预算的编制依据

编制依据是指编制建设项目施工图预算所需的一切基础资料。建设项目施工图预算的编制依据主要有以下几个方面：

(1) 国家、行业、地方政府发布的计价依据、有关法律法规或规定；

(2) 建设项目有关文件、合同、协议等；

(3) 批准的设计概算；

(4) 批准的施工图设计图纸及相关标准图集和规范；

(5) 相应预算定额和地区单位估价表；

(6) 合理的施工组织设计和施工方案等文件；

(7) 项目有关的设备、材料供应合同、价格及相关说明书；

(8) 项目所在地区有关的气候、水文、地质地貌等的自然条件；

(9) 项目的技术复杂程度，以及新技术、专利使用情况等；

(10) 项目所在地区有关的经济、人文等社会条件。

3. 总预算编制

建设项目总预算由综合预算汇总而成。

总预算造价由组成该建设项目的各个单项工程综合预算，以及经计算的工程建设其他费、预备费、建设期贷款利息、固定资产投资方向调节税汇总而成。

施工图总预算应控制在已批准的设计总概算投资范围以内。

4. 综合预算编制

综合预算由组成本单项工程的各单位工程预算汇总而成。综合预算造价由组成该单项工程的各个单位工程预算造价汇总而成。

5. 单位工程预算编制

单位工程预算包括建筑工程预算和设备安装工程预算。

单位工程预算的编制应根据施工图设计文件、预算定额（或综合单价）以及人工、材料与施工机械台班等价格资料进行。主要编制方法有单价法和实物量法。

(1) 单价法。单价法可分为定额单价法和工程量清单单价法。

1) 定额单价法是使用事先编制好的分项工程的单位估价表来编制施工图预算的方法。

2) 工程量清单单价法是指根据招标人按照国家统一的工程量计算规则提供工程数量，采用综合单价的形式计算工程造价的方法。

(2) 实物量法。实物量法是依据施工图纸和预算定额的项目划分及工程量计算规则，先计算出分部分项工程量，然后套用预算定额（实物量定额）来编制施工图预算的方法。

6. 建筑工程预算编制

建筑工程预算费用内容及组成，应符合《建筑安装工程费用项目组成》（建标〔2013〕44 号）的有关规定。

建筑工程预算按构成单位工程的分部分项工程编制，根据设计施工图纸计算各分部分项工程量，按工程所在省（自治区、直辖市）或行业颁发的预算定额或单位估价表，以及建筑安装工程费用定额进行编制。

7. 安装工程预算编制

安装工程预算费用组成应符合《建筑安装工程费用项目组成》（建标〔2013〕44号）的有关规定。

安装工程预算采用"设备及安装工程预算表"，按构成单位工程的分部分项工程编制，根据设计施工图计算各分部分项工程工程量，按工程所在省（自治区、直辖市）或行业颁发的预算定额或单位估价表，以及建筑安装工程费用定额进行编制。

8. 设备及工具、器具购置费组成

设备购置费由设备原价和设备运杂费构成；工具、器具购置费一般以设备购置费为计算基数，按照规定的费率计算。

工具、器具及生产家具购置费是指按项目初步设计要求，保证初期正常生产必须购置的没有达到固定资产标准的设备、仪器、生产家具和备品备件的购置费用。

9. 工程建设其他费用、预备费等

工程建设其他费用、预备费及应列入建设项目施工图总预算中的几项费用的计算方法与计算顺序，应参照"一、设计概算的编制4. 工程建设其他费用……编制"的相关内容编制。

10. 调整预算的编制

工程预算批准后，一般情况下不得调整。由于重大设计变更、政策性调整及不可抗力等原因造成的可以调整。

调整预算编制深度与要求、文件组成及表格形式同原施工图预算。调整预算还应对工程预算调整的原因做详尽分析说明，所调整的内容在调整预算总说明中要逐项与原批准预算对比，并编制调整前后预算对比表［参见《建设项目施工图预算编审规程》（CECA/GC 5—2010）附录B］，分析主要变更原因。在上报调整预算时，应同时提供有关文件和调整依据。需要进行分部工程、单位工程，人工、材料等分析［参见《建设项目施工图预算编审规程》（CECA/GC 5—2010）附录B］。

本章小结

一般大、中型投资项目的工程建设程序包括立项决策的项目建议书阶段、项目可行性研究阶段、设计工作阶段、建设准备阶段、建设实施阶段、竣工验收阶段及项目后评价阶段。

建设工程法规是指国家立法机关或者其授权的行政机关制定的旨在调整国家及其有关机构、企事业单位、社会团体、公民之间，在建设活动中或建设行政管理活动中发生的各种社会关系的法律、法规的总称。其直接体现了国家对建设工程、建筑业等建筑活动进行组织、管理、协调的方针和基本原则。

建设工程设计概算编制在初步设计阶段，并作为向国家和地区报批投资的文件，经审批后用以编制固定资产计划，是控制建设项目投资的依据；施工图预算编制在施工图设计阶段，其起着建筑产品价格的作用，是工程价款的标底。

思考题

一、填空题

1. _____是项目建议书获得批准后，对拟建设项目在技术、工程和外部协作条件等方面的可行性、经济（包括宏观经济和微观经济）合理性进行全面分析和深入论证。

2. _____是指导整个施工活动从施工准备到竣工验收的组织、技术、经济的综合性技术文件。

3. 在工程实践过程中，竣工验收有_____和_____两种类型。

4. _____是国家最高行政机关根据宪法和法律制定的各种规范性文件。

5. 建设项目施工图预算由_____、_____和_____组成。

二、问答题

1. 项目建议书包括哪些内容？

2. 项目可行性研究包括哪些内容？

3. 项目后评价的内容有哪些？

4. 工程技术档案和施工管理资料包括哪些内容？

5. 建设工程验收的类型有哪些？

6. 设计概算的作用体现在哪些方面？

7. 施工图预算的编制依据是什么？

第十章

土木工程减灾防灾

第一节 火灾

一、火灾的属性划分

火灾是各种自然灾害中最危险、最常见、最具毁灭性的灾种之一,建造物火灾近年来成为城市的第一灾害。火灾出现的频率之高,以及其对可燃物的敏感性和燃烧蔓延的快速性都是十分惊人的。在我国,火灾危害之烈、损失之巨,不亚于地震和洪水灾害。近年来,我国城市火灾频频,深圳、广州、上海、长沙、石河子、吉林、浙江等地发生的特大火灾所造成的危害及后果,给人们留下了极其深刻的印象。火灾给国家和人民的生命财产造成了巨大的损失。

火灾是指失去控制的火,在其蔓延发展过程中给人类的生命财产造成损失的一种灾害性的燃烧现象。其可以是天灾,也可以是人祸。因此,火灾既是自然现象,又是社会现象。火灾的属性按照物质运动变化产生燃烧的不同条件可分为自然火灾和建造物火灾。

1. 自然火灾

自然火灾是指在森林、草场等一些自然区发生的火灾。这类火灾的起火原因有两种:一种是由大自然的物理和化学现象引起的,有直接发生的,如火山喷发、雷火等,也有条件性的次生火灾,如干旱高温的自燃及地下煤炭的阴燃等;另一种则是由人类自身行为的不慎所引起的火灾,这类火灾发生的次数不多,但其火势一般都较大,难以扑灭,如森林、煤矿火灾等。

自然性火灾有的危害时间很长,如新疆阜康煤田从清代一直延烧到 2001 年才被扑灭;

有的危害规模很大，如1987年5月大兴安岭发生的特大森林火灾蔓延87万公顷，总损失30多亿元；1997年6月印度尼西亚的森林火灾，产生的烟尘甚至使邻国机场关闭，给东南亚的生态系统造成了长期的影响。

2. 建造物火灾

建造物火灾是指发生于各种人为建造的物体之内的火灾。事实证明，最常见、最危险、对人类生命和财产造成损失最大的即发生于建造物之中的火灾。2010年11月15日，上海市静安区胶州路某公寓一栋28层高住宅楼发生火灾，造成58人死亡、71人受伤，直接经济损失达1.58亿元。

二、建筑防火措施

建筑防火包括建筑火灾基础科学、建筑总体布局、建筑内部防火隔断、防火装修，以及消防扑救、安全疏散路线、自动灭火系统、火灾探测报警系统的智能化和早期化、自动防排烟系统的设计和研究。在建筑防火上，我国已有《建筑设计防火规范（2018年版）》（GB 50016—2014）对其进行了规定。

据国外统计资料，建筑火灾中死亡人数占事故死亡总数的70%左右。建筑物一旦发生火灾不仅会烧毁室内的财物，而且容易造成人员伤亡，建筑结构倒塌、破坏甚至引起相邻的建筑物起火。因此，预防火灾就成了至关重要的环节。

一般来说，建筑防火的主要措施有以下几种：

（1）设计时尽量避免采用大量可燃性装修材料，所有装饰、装修材料均应符合消防的相关规定。

（2）划分防火分区，设置防火墙、防火门等来阻止火灾发生蔓延。

（3）按有关规定建设完善的消防设施，设置火灾自动报警系统、消火栓系统、自动喷水灭火系统、防烟排烟系统等各类消防设施，并设专人操作维护，定期进行维修保养。

（4）加强消防安全教育，提高人们的消防安全意识等。

（5）加大消防监管力度，消防部门要按照《中华人民共和国消防法》的规定和国家有关消防技术标准要求，加强对建筑施工企业的监督和检查。

第二节 地震灾害

一、地震的基本常识

地球内部岩层破裂引起振动的地方称为震源；震源在地球表面的投影称为震中。地球某一地点到震中的距离称为震中距；震中附近地区称为震中区；破坏最为严重的地区称为极震区；震源到震中的垂直距离称为震源深度。

1. 地震的类型

地震按其成因可分为诱发地震和天然地震两类。

（1）诱发地震是由于人工爆破、矿山开采、水库储水、深井注水等原因所引发的地震，这种地震强度一般比较小，影响范围也相对有限。

（2）天然地震又可分为火山地震和构造地震。火山地震是指由于火山爆发、岩浆猛烈冲击地面引起的地震；构造地震是指由于地壳构造运动使得深部岩石的应变超过容许值，岩层发生断裂、错动而引起的地面振动，一般简称为地震。目前，常说的地震就是指这种地震。其也是地震工程和工程抗震的主要研究对象。构造地震发生的次数多，影响范围广，占地震发生总数的90%以上。

2. 地震震级

地震地面运动将对建筑物在地震中的性能产生重要影响，度量地震大小的主要因素是震源所释放能量的多少。地震震级就是这样的指标。震级是表征地震强弱的量度，通常用字母 M 表示，它与地震所释放的能量有关。一个6级地震释放的能量相当于美国投掷在日本广岛的原子弹所具有的能量。震级每相差1级，能量相差约32倍；震级每相差2级，能量相差约1 000倍。也就是说，一个6级地震相当于32个5级地震，而1个7级地震则相当于1 000个5级地震。

根据震级大小，地震可分为七类，见表10-1。

表10-1　地震分级

类型	震级	类型	震级
超微震	$M < 1$	强烈地震	$6 \leqslant M < 7$
弱震和微震	$1 \leqslant M < 3$	大地震	$M \geqslant 7$
有感地震	$3 \leqslant M < 4.5$	巨大地震	$M \geqslant 8$
中强地震	$4.5 \leqslant M < 6$		

3. 地震烈度

地震烈度是反映某一区域范围内地面和各种建筑物受到一次地震影响的平均强弱程度的一个指标，主要取决于宏观的地震影响和破坏现象。对某一地区研究预测其在今后一定时期内的地震烈度是该地工程抗震设计的重要依据。

4. 地震灾害的特点

（1）破坏面积广。一个7级以上的大地震，能造成数千平方千米破坏，一个8级地震，则能造成上万平方千米甚至几十万平方千米的破坏。

（2）突发性。地震灾害与其他的自然灾害相比有着不同的特点，地震发生是十分突然的，一次地震持续的时间往往只有几十秒，在如此短暂的时间内造成大量的房屋倒塌、人员伤亡，这是其他自然灾害难以相比的。

（3）社会影响深远。地震由于突发性强、伤亡惨重、经济损失巨大，所造成的社会影响也比其他自然灾害更为广泛、强烈，往往会产生一系列的连锁反应，对于一个地区甚至一个国家的社会生活和经济活动会造成巨大的冲击。其波及面比较广，对人们心理上的影响也比较大，这些都可能造成较大的社会影响。

（4）防御难度比较大。与洪水、干旱和台风等气象灾害相比，地震的预测要困难得多，地震的预报是一个世界性的难题。同时，建筑物抗震性能的提高需要大量资金的投入，要减轻地震灾害需要各方面协调与配合，以及全社会长期艰苦细致的工作。

（5）地震产生次生灾害。地震不仅产生严重的直接灾害，而且不可避免地产生次生灾害。有些次生灾害的严重程度甚至大大超过直接灾害造成的损害。一般情况下，次生或间接灾害是直接经济损害的两倍，如大的滑坡即属于次生灾害，还有火灾、水灾、泥石流、瘟疫等。

二、工程抗震设防

对工程进行抗震设防，提高工程结构本身的抗震能力以减轻地震灾害是预防地震最根本性的措施。我国《建筑抗震设计规范（2016 年版）》（GB 50011—2010）提出了"三水准"的抗震设防目标，即"小震不坏，中震可修，大震不倒"。换而言之，当工程结构遭遇发生可能性比较大的较小地震时，要保证结构不能受损坏；当工程结构遭受到强烈破坏性地震时，允许结构有一定程度的损坏，但不应倒塌。实践证明，经过正确设防的工程结构在经受强烈地震后损坏较小。因此，不仅要对新建的工程进行抗震设防和设计，同时，还要对现有的工程进行检测并进行抗震加固。

第三节 风灾

一、风力等级

风力是指风吹到物体上所表现出的力量的大小。一般根据风吹到地面或水面的物体上所产生的各种现象，将风力的大小分为 18 个等级，最小是 0 级，最大为 17 级，见表 10-2。

表 10-2 风力等级划分

风力等级	风的名称	风速		陆地状况	海面状况
		m/s	km/h		
0	无风	0～0.2	<1	静，烟直上	平静如镜
1	软风	0.3～1.5	1～5	烟能表示风向，但风向标不能转动	微浪
2	轻风	1.6～3.3	6～11	人面感觉有风，树叶微响，风向标能转动	小浪
3	微风	3.4～5.4	12～19	树叶及微枝摆动不息，旗帜展开	小浪
4	和风	5.5～7.9	20～28	能吹起地面灰尘和纸张，树的小枝微动	轻浪

风力等级	风的名称	风速		陆地状况	海面状况
		m/s	km/h		
5	劲风	8.0~10.7	29~38	有叶的小树枝摇摆，内陆水面有小波	中浪
6	强风	10.8~13.8	39~49	大树枝摆动，电线呼呼有声，举伞困难	大浪
7	疾风	13.9~17.1	50~61	全树摇动，迎风步行感觉不便	巨浪
8	大风	17.2~20.7	62~74	微枝折毁，人向前行感觉阻力甚大	猛浪
9	烈风	20.8~24.4	75~88	建筑物损坏（烟囱顶部及屋顶瓦片移动）	狂涛
10	狂风	24.5~28.4	89~102	陆上少见，可使树木拔起，建筑物损坏严重	狂涛
11	暴风	28.5~32.6	103~117	陆上很少，有则必有重大损毁，非凡现象	
12	飓风	32.7~36.9	118~133	陆上绝少，其摧毁力极大，非凡现象	
13	飓风	37.0~41.4	134~149	陆上绝少，其摧毁力极大，非凡现象	
14	飓风	41.5~46.1	150~166	陆上绝少，其摧毁力极大，非凡现象	
15	飓风	46.2~50.9	167~183	陆上绝少，其摧毁力极大，非凡现象	
16	飓风	51.0~56.0	184~201	陆上绝少，其摧毁力极大，非凡现象	
17	飓风	56.1~61.2	202~220	陆上绝少，其摧毁力极大，非凡现象	

二、风对建筑物的破坏作用

土木工程防灾、减灾工程更加侧重于风对建筑物破坏的研究，从中找出规律并制定完善的抗风设计方法以减轻风的灾害。风对建筑物的破坏主要有以下几个方面。

1. 对房屋建筑结构的破坏

（1）对高层结构的破坏作用。

（2）对简易房屋，尤其是轻屋盖房屋造成的破坏。

（3）对外墙饰面、门窗玻璃及玻璃幕墙的破坏。

不仅如此，浙江大学的逸夫楼在一夜大风的劲吹下，所有的幕墙玻璃几乎都被吹毁；飓风卡特里娜使新奥尔良凯悦酒店的窗户严重损坏。9914 号台风登陆厦门后，将厦门会展中心施工的塔式起重机吹倒，厦门太古飞机工程公司机库钢板屋面也被风掀翻。

2. 对高耸结构的破坏

高耸结构主要涉及一些桅杆和电视塔，其中，桅杆结构更容易遭受风灾破坏。桅杆结构的刚度小，在风载下易产生较大幅度的振动，从而容易导致桅杆的疲劳或破坏。世界范围内曾发生数十起桅杆倒塌事故。

3. 对生命线工程的破坏

如供电线路的电杆埋深浅，在大风中容易被刮倒，造成停电事故，严重影响生产和生活；公交线路上的停车路牌受风面大而埋深浅，也易在大风中被刮翻。

4. 对桥梁的破坏

近年来，随着我国大跨度桥梁的建设，桥梁的风害也时有发生。例如，在广东南海公路斜拉桥施工中，起重机被大风吹倒，砸坏主梁；江西九江长江公路铁路两用钢拱桥吊杆的涡振；上海杨浦斜拉桥缆索的涡振和风雨振使索套损坏等。这些桥梁风害事故的出现使人们越来越意识到桥梁风害问题的严重性。

5. 对广告牌、标语牌等附属建筑的破坏

广告牌、标语牌常建在主建筑物的顶部，常为竖向悬臂结构，受风面积相对较大，而根部抗弯能力往往不足，遇大风即倒翻。在大风中广告牌吹翻砸伤行人的事情屡见不鲜。

三、防风减灾对策

（1）在风沙频繁地区建造防风固沙林以减小风力；在沿海地区建造防风护岸植被以阻止大风对沿海城市的破坏。

（2）对风灾危害严重区域进行大风实时监测预报，建立和完善预报、预警体制，以便在大风来临时采取紧急的防灾措施，如及时关闭建筑门窗、及时给高耸机械加上缆索等。这样可以大大减小风灾的损害。

（3）城市应编制风灾害影响区划，制订合理有效的应对策略，如紧急避风疏散规划等。

（4）对工程结构进行抗风设计。对于受风荷载影响较大的高层和超高层建筑结构、高耸结构、大跨空间结构、大型风敏感结构进行抗风设计，并对受风易损构件采取切实有效的加固措施。

（5）对结构进行抗风分析。目前，国内外的学者和专家主要是基于结构非线性风振、数值风洞、群体相互干扰等一系列问题进行研究工作。

第四节　恐怖袭击

恐怖袭击是指极端分子人为制造的，针对但不仅限于平民及民用设施的不符合国际道义的攻击方式。

一、恐怖袭击产生原因

（1）以意识形态领域的冲突为主，如伊斯兰国家与西方国家的冲突，如基地组织对世界各国的袭击；

（2）由于边界领土等原因发生的冲突性袭击，如印度和巴基斯坦、以色列和巴勒斯坦；

（3）国家内部冲突，如俄罗斯和车臣；

（4）对抗性冲突，如为对抗美国强权，对许多美国海外机构的袭击；

（5）由于资源掠夺而产生的袭击。

二、恐怖袭击对土木工程的影响

近几十年来，恐怖爆炸袭击事件在全球范围内不断上升，对城市建设和国家安全构成了重大威胁。恐怖分子实施恐怖爆炸袭击的主要目标往往是政府办公大楼、重要公共建筑物及民用建筑物。在全球需要全面加强反恐意识的当代，如何对建筑物进行防爆设计和防护成为摆在结构工程师面前一个急需研究与解决的问题。

1995年4月19日，在美国俄克拉荷马城的政府办公楼附近发生的汽车炸弹爆炸事件造成168人死亡，大量人员受伤，对该区域约75幢建筑的楼板、外墙、外柱等构件造成了严重破坏，经济损失估计为5 000万美元。2001年震惊世界的"9·11"恐怖主义袭击事件，使美国纽约世贸中心两个400多米高的塔楼倒塌，造成近3 000人死亡，经济损失不可估量，对人类造成的精神恐惧更是难以平息。据统计，美国在1993年到1997年的这段时间内，爆炸事件高达8 000多起，共造成300多人死亡、3 000多人受伤，直接经济损失60多亿美元。

从这些人为导致的爆炸事故来看，虽然爆炸本身所造成的破坏和损失并不是很大，但是爆炸会使建筑物结构局部发生破坏甚至连续性倒塌，由此带来的人员伤亡和经济损失不可估量。

目前，我国也逐渐开始重视建筑物防护恐怖爆炸的问题。这就要求结构工程师们树立基本的爆炸防护设计理念，从建筑规划设计阶段就开始对建筑物采取防爆和抗爆措施。

本章小结

火灾是指失去控制的火，在其蔓延发展过程中给人类的生命财产造成损失的一种灾害性的燃烧现象。火灾的属性按照物质运动变化产生燃烧的不同条件可分为自然火灾和建造物火灾。建筑防火包括建筑火灾基础科学、建筑总体布局、建筑内部防火隔断、防火装修，以及消防扑救、安全疏散路线、自动灭火系统、火灾探测报警系统的智能化和早期化、自动防排烟系统的设计和研究。

地震按其成因可分为诱发地震和天然地震两类。对工程进行抗震设防，提高工程结构本身的抗震能力以减轻地震灾害是预防地震最根本性的措施。

风力是指风吹到物体上所表现出的力量的大小。风力过大就会造成风灾，土木工程应注意防风。

恐怖袭击是指极端分子人为制造的针对但不仅限于平民及民用设施的不符合国际道义的攻击方式。土木工程中的恐怖袭击案例常有发生，应及时分析其发生的原因并采取预防措施。

思考题

一、填空题

1. 自然火灾是指_____。

2. 建造物火灾是指_____。

3. 地球内部岩层破裂引起振动的地方称为_____；震源在地球表面的投影称为_____；地球某一地点到震中的距离称为_____；震中附近地区称为_____，破坏最为严重的地区称为_____；震源到震中的垂直距离称为_____。

4. _____是反映某一区域范围内地面和各种建筑物受到一次地震影响的平均强弱程度的一个指标。

二、问答题

1. 建筑防火措施有哪些？

2. 地震灾害的特点是什么？

3. 风对房屋建筑结构的破坏体现在哪些方面？

4. 防风减灾的措施有哪些？

5. 产生恐怖袭击的原因是什么？

第十一章

绿色节能材料及工艺

第一节　绿色生态建筑材料

1992 年，国际学术界明确提出绿色材料的定义："绿色材料是指在原材料采取、产品制造、使用或者再循环，以及废料处理等环节中对地球环境负荷为最小和有利于人类健康的材料，也称为环境调和材料。"

一般来说，根据绿色材料的特点，其大致可分为以下几类。

一、节省能源和资源型建筑材料

节省能源和资源型建筑材料是指在生产过程中，能够明显地降低对传统能源和资源消耗的产品。因为节省能源和资源，能够使地球有限的能源和资源得以延长使用。这本身就是对生态环境作出了贡献，也符合可持续发展战略的要求。同时，降低能源和资源消耗，也就降低了能够对生态环境造成危害的污染物的产生量，从而减少了治理的工作量。这类材料最为常见，使用量也最大，绿色水泥、绿色混凝土可作为代表，其技术也日趋成熟。生产中常用的方法有采用免烧或者低温合成及提高热效率、减少热损失和充分利用原料等新工艺、新技术和新型设备，以及采用新开发的原材料和新型清洁能源来生产产品。

二、环保利废型建筑材料

环保利废型建筑材料是指在建筑材料行业中利用新工艺、新技术，对其他工业产生的废弃物或者经过无害化处理的人类生活垃圾加以利用而生产出的建筑材料产品。例如，粉煤灰综合利用技术、城市固体废弃物在建材领域的综合利用技术、磷石膏及脱硫石膏的应用，使用工业废渣或生活垃圾生产水泥等。

三、特殊环境型建筑材料

特殊环境型建筑材料是指能够适应恶劣环境需要的特殊功能的建筑材料产品，如能够适用于海洋、江河、地下、沙漠、沼泽等特殊环境的建筑材料产品。这类产品通常都具有超高的强度，抗腐蚀、耐久性能好等特点。例如，我国在开采海底石油、建设长江三峡大坝等宏伟工程中应用的就是这类建筑材料产品。对产品寿命的延长和功能的改善，实质就是对资源的节省和对环境的改善。可以这样认为，产品寿命增加 1 倍，等于生产同类产品的资源和能源节省了 1/2，对环境的污染也减少了 1/2。因此，长寿命的建筑材料比短寿命的建筑材料更具有"绿色"意味。

四、安全舒适型建筑材料

安全舒适型建筑材料是指具有轻质、高强、防火、防水、保温、隔热、隔声、调光、无毒、无害等性能的建筑材料产品。这类产品改变了传统建筑材料仅重视建筑结构和装饰性能，而忽视安全舒适功能的倾向。目前，这类材料应用广泛，以保温材料为例，现今普及的混凝土小型空心砌体夹心聚苯板复合墙体，也非常适用于室内装饰装修。

五、保健功能型建筑材料

保健功能型建筑材料是指具有保护和促进人类健康功能的建筑材料产品，具有消毒、防臭、灭菌、防霉、抗静电、防辐射、吸附二氧化碳等对人体有害气体等功能。例如，应用于保健材料有几十年历史的红外材料，已经表明掺有红外陶瓷粉的内墙涂料、墙板对人体有保健作用。近年来，在光化、压电、热电、超声、红外的生物效应和微量元素、稀土生物效应、负离子效应的机理上，已有很多保健材料被发现和研制成功。这类材料体现了室内装饰装修材料的重要进展，也是值得今后大力开发、生产和推广使用的新型建材产品。

第二节　现代施工技术发展

一、现代施工技术的特点

1. 生产的流动性

建筑产品的固定性决定了建筑施工的流动性。由于产品的固定，生产者和生产设备不仅要随着建筑物建造地点的变动而变动，而且还要随着建筑物施工部位的改变而在不同的空间流动。施工队伍中的人员流动也相当大，总会有新的工人加入施工队伍中。

2. 生产的周期长

建筑产品的庞大性决定了建筑施工的周期长。由于产品的庞大，在建造过程中需要投入大量的劳动力、材料、机械等，同时，建筑施工还要受工艺流程和施工程序的制约，使各专业、各工种之间必须按照合理的施工顺序进行配合和交接，因而施工周期较长。

3. 生产的单件性

建筑产品的多样性决定了建筑施工的单件性。由于产品的多样，不同的、甚至相同的建筑物，在不同地区、不同季节、不同现场条件下，其施工准备工作、施工工艺和施工方法等也不尽相同。

4. 建筑施工的复杂性

建筑产品的综合性决定了建筑施工的复杂性。建筑施工的涉及面十分广泛，除工程力学、建筑结构、建筑构造、地基基础、机械设备、建筑材料等学科外，还涉及城市规划、勘察设计、消防、环境保护等社会各部门的协调配合，造成了建筑施工的复杂性。

5. 技术的先进性

为提高劳动生产率，技术人员总是不断地采取新技术、新设备，而熟练掌握新技术、新设备需要一定的过程。

6. 高空作业多

手工操作多，体力消耗大，建筑产品体积庞大，高度几十米甚至几百米，建筑施工人员要在高空从事露天作业，受气候影响相当大。尽管许多先进技术已应用于建筑施工，机械设备代替了许多手工劳动，但从整体建设活动来看，手工操作的比重仍然很高，工人的体力消耗巨大，劳动强度相当高。

二、现代施工技术发展概况

自 1978 年以后，我国现代施工技术进入了一个新的发展时期，并在以后的 40 多年持续高速发展。

在 20 世纪 90 年代中期，随着施工企业体制改革，逐步实现了总包、分包制度，管理层和劳务层分离的模式，以及项目经理部管理，逐步与国际接轨，从而大大提高了专业化和工业化水平，使建筑业队伍得到了极大锻炼和提高，建造能力大大增强。目前，我国各类型的大型高难度工程项目都可以自主完成，还成功建造了一批在国际上非常有影响力的工程，如奥运工程、世博工程、大型国际机场、跨海大桥、高速铁路、海底隧道等。我国建筑业的建造能力和技术都已达到世界先进水平。

1. 桩基础工程

随着高层建筑及桥梁工程等的发展，对桩基础的承载力要求日益提高，桩基础技术也得到大力地发展。为适应我国幅员辽阔、工程地质与水文地质条件复杂多变的特点，桩基础的施工技术和方法不断创新，已形成各种施工工艺。

我国从 20 世纪 50 年代已开始生产预制钢筋混凝土方桩，至改革开放以后，生产量更是得到了大幅度的提高。

进入 20 世纪 90 年代，我国发展了高强度混凝土管桩（PHC 桩）。从 20 世纪 90 年代初开始，经过了研制开发技术装备、调整与快速发展几个阶段，以珠三角和长三角为基地，向内陆地区不断发展。目前，我国预应力管桩技术已达到了国外同类产品的水平，品种和产量已位居世界前列。

20世纪80年代，钢桩在我国开始应用，并有不少工程实例。例如，上海宝钢工程中，采用了直径为900 mm、长为60 m的钢管桩基础；上海金茂大厦钢管桩桩端进入地面下80 m的砂层，桩径为914.4 mm。

预制桩的锤击施工方式因其动力大，施工方便，在工程中被普遍采用。近几年，动力锤已由传统的筒式柴油锤发展为液压锤、蒸汽锤，大大减少了筒式柴油锤的废气污染。

锤击法施工仍不可避免地会产生噪声和振动，在城区的住宅群及公共建筑群等场地施工中受到很大限制。为此，静压预制桩施工技术在国内逐渐得到了广泛应用，压桩机的生产和使用跨进了一个新时代。从简单粗糙的钢索机械顶压设备，逐渐向液压式的顶压桩机发展，而后则采用了更为先进的液压式的静力压桩机。液压式的静力压桩机是新型的环保型施工设备，具有无污染、无噪声、无振动、压桩速度快等优点。目前的设备压桩力为800～12 000 kN，采用静压法施工的桩长已达70 m，桩径（边长）可达600 mm。

灌注桩的发展由于预制打入桩的挤土使其在城市建设中受到限制，而且预制桩直径有限，往往难以满足如桥梁等特大型工程要求。近30年，便形成了灌注桩与预制桩并存的局面，灌注桩的施工技术也日趋多样，适应了不同工程要求。泥浆护壁法钻孔灌注桩、扩底灌注桩、贝诺特全套管灌注施工法等新技术都已十分成熟。如南京长江二桥主塔墩基础反循环钻成孔灌注桩直径为3 m，深度为150 m。1992年完成的湘潭二桥采用分级扩孔的方法，完成了3.5 m、5 m的大直径钻孔灌注桩施工。

由于泥浆护壁钻孔灌注桩的泥浆污染及其排放造成公害，多采用旋挖钻成孔灌注。其直接取土作业，加之采用泥浆稳定液护壁的工艺，使泥浆排放量大大减少，近年来被逐渐推广。如青藏铁路、北京"鸟巢"及首都机场等工程均大量采用这类灌注桩。

2. 基坑工程

地基处理在我国具有悠久历史，古代就有夯土台基，在以后很长时期内又有更多发展。近30年，由于大型工程、围海造地工程的增多，除传统的局部处理外，大面积的地基处理技术大大提升，强夯法、排水堆载预压等技术得到创新应用。例如，茂名30万乙烯工程通过强夯对砾质黏土加固提高承载力，加固面积为60万平方米；贵阳龙洞堡国际机场高填方土分层强夯厚度达到54 m；澳门国际机场、上海F1赛场、天津东疆港、上海国际机场都成功地应用了排水堆载预压技术。随着我国经济建设事业的发展，城市化建设促进了地下空间的开发，近年来，基坑工程的规模由一般的中、小型基础基坑发展到了大型、超深基坑。其运用范围则从一般建筑、市政的基坑拓展到桥梁、铁路、地铁等有关地下结构施工，发展区域也从大城市向中、小城市发展。在基坑施工技术方面，已能够成熟应用土钉墙、水泥土墙及板式支护结构（排桩和地下连续墙）等。在支撑（拉锚）体系方面有外部锚碇式拉锚与土层锚杆及内部的混凝土支撑、钢支撑。在基坑开挖上有明挖、逆作等方法，并在监测预控方面取得显著成果。基坑工程的面积和深度越来越大，有的工程面积达到 50 万平方米，我国基坑工程在数量和规模上都属世界罕见。

3. 混凝土结构工程

随着我国对工程抗震设防的要求逐步提高，砌体结构逐渐减少，混凝土结构和钢结构逐步增加。混凝土施工技术在这一阶段飞速发展，主要体现在结构体系及模板工程、钢筋和混凝土与预应力混凝土等技术上。

（1）模板工程。住宅建设在 20 世纪 70 年代后有了很大突破，促使各地形成了一个住宅建设高潮。唐山大地震后，全装配结构住宅随即停止发展步伐。以北京住宅为主的高层建筑采用了钢筋混凝土剪力墙结构体系，部分采用滑模法施工，但更多是采用由法国引进的大模板施工工艺。以大模板施工工艺为主体的高层建筑开始迅速发展，形成以大模板施工为基础的"一模三板"结构体系。

（2）钢筋工程。随着大直径钢筋在工程中的应用越来越多，除绑扎连接外，发展了焊接连接和机械连接。水平钢筋普遍采用闪光对接焊接，竖向钢筋则开发了电渣压力焊、气压焊等，大大方便了施工，节约了钢材。钢筋机械连接已经过十几年的实践，螺纹套管连接因其加工和操作方便，在工程中得到广泛应用。

（3）混凝土工程。混凝土技术的发展主要在高性能混凝土、预拌混凝土、大体积混凝土和泵送混凝土施工等方面。

4. 钢结构工程

自 20 世纪 80 年代以来，我国建筑钢结构呈现出历史上未曾有过的兴旺景象。我国钢产量自 1996 年来一直居世界第一位，2011 年钢产量达到 6.83 亿吨。1998 年开始投产的轧制 H 型钢系列，也给钢结构发展奠定了良好的基础。我国在钢结构安装及预应力施工等方面形成了独具特色的建造技术。如国家大剧院、南京奥林匹克体育中心、北京奥运工程和上海世博工程等钢结构工程表明我国在钢结构设计、施工等方面已经达到了世界钢结构行业的先进水平。我国近十几年具有代表性的不同结构的超大跨度建筑见表 11-1。

表 11-1　我国具有代表性的不同结构的超大跨度建筑

年份	建筑名称	结构形式	结构跨度
1997	长春体育馆	球面网壳	146 m × 191.7 m
1998	上海八万人体育馆	钢管空间结构（膜结构）	最大悬挑 73.5 m
2001	新白云机场航站楼钢屋盖	立体交叉桁架	302 m × 212 m 曲面
2004	北京国际大剧院	钢拱架	212 m × 143 m
2005	上海南站	张弦式桁架	276 m
2008	国家游泳中心（水立方）	空间网架（膜结构）	177 m × 177 m × 31 m
2008	国家体育场（鸟巢）	巨型空间钢结构	332.3 m × 296.4 m
2009	上海世博会中国馆	巨型索膜结构	1 045 m × 110 m

5. 装配式建筑工程

建筑业作为国民经济的支柱产业，能耗占国家全部能耗的32%，是最大的单项能耗行业。要扭转建筑业高能耗、高污染、低产出的状况，必须通过技术创新，走新型建筑工业化的发展道路，才能在国民经济和社会快速发展的大环境中保持蓬勃的生机。在这一趋势下，建筑生产必然要走进工厂，装配式建筑成为一个不可回避的方向。

装配式建筑是由结构系统、外围护系统、设备与管线系统、内装系统的主要部分采用预制部品部件集成的建筑。结构系统是由结构构件通过可靠的连接方式装配而成，以承受或传递荷载作用的整体。外围护系统是由建筑外墙、屋面、外门窗及其他部品部件等组合而成的，用于分隔建筑室内外环境的部品部件的整体；设备与管线系统是由给水排水、供暖通风、电气和智能化、燃气等设备与管线组合而成的，满足建筑使用功能的整体；内装系统是由楼地面、墙面、轻质隔墙、吊顶、内门窗、厨房和卫生间等组合而成，满足建筑空间使用要求的整体。

1851年伦敦博览会主展览馆——水晶宫，是世界上第一座大型现代装配式建筑。1931年建造的纽约帝国大厦也是装配式建筑，这座高381 m的钢结构石材幕墙大厦保持世界最高建筑的地位长达40年。帝国大厦102层，采用装配式工艺，全部工期仅用了410天，平均4天建成一层楼，这在当时是非常了不起的奇迹。日本装配式建筑的研究是从1955年日本住宅公团成立时开始，并以住宅公团为中心开展的。我国装配式混凝土结构的应用起源于20世纪50年代。20世纪80年代初期曾经开发了一系列新工艺，但受当时经济条件和技术水平的限制，到20世纪80年代末，装配式建筑规模开始迅速滑坡。随着2016年《国务院办公厅关于大力发展装配式建筑的指导意见》（国办发〔2016〕71号）文件的下发，使装配式建筑迎来了又一次发展机遇。

与传统建筑相比，装配式建筑改变了传统的制造模式，通过标准化设计，工业化方式生产，机械化施工安装，信息化管理，变湿作业为干作业，达到保证建筑质量，减轻劳动强度，降低生产成本，减少环境污染，节约自然资源的目的。装配式建筑的优势主要体现在以下几个方面：

（1）有利于资源节约和环境保护。装配式建筑通过工厂化生产，装配式施工，节能减排效果显著，可以节约用水60%，节约木材80%，节约用地20%，材料少浪费20%，建筑垃圾减少80%，综合能耗降低70%以上，还可以减少施工扰民，减小施工粉尘、噪声、污水对周围环境和交通的影响等。

（2）全面提高工程质量。工厂化生产标准一致、尺寸统一，质量可控，精细度高，目前精度误差已由"厘米"提高为"毫米"。大量新技术、新材料、新设备、新工艺的运用，使建筑隔声、隔热、抗震、保温、耐火、防火等性能大幅提高，有效解决了传统建筑方式中墙体开裂、空鼓、长毛、掉皮、脱落等质量通病问题，可延长建筑使用寿命40%~100%，提高全寿命周期质量。

（3）节约工期，提高劳动生产率。装配式建筑在节材、节能的基础上，可以大幅缩短工期 40%～70%，减少用工 50% 以上。以 30 层的高层住宅项目为例，传统建筑方式的建设周期约为 3 年，住宅产业化的建设周期最快可以缩短为 1 年，节约了 2/3 工期。由于工厂化生产不受气候影响，冬季也能生产，极大地延长了北方地区的有效施工期，特别适合北方严寒地区。

（4）综合经济效益潜力巨大。住宅产业化部品部件的大宗采购和订制，可以有效降低生产成本和采购成本。随着建设规模的增加，直接建造成本将会成比例降低。同时，由于工程质量得到保证，竣工后的使用、运营、维护、改造成本将大幅降低。如果能够得到大规模发展，工程综合成本将可以降低 15% 以上。

6. 智能建筑

智能建筑是指一座装配有相应的电信基础设施，可以不断地适应经常变化的环境并更为有效地利用资源，使住户越来越感觉到舒适和安全程度不断提高的建筑。

从根本上说，智能建筑就是信息时代的建筑，其与绿色建筑是紧密结合的。绿色建筑设计的关键理念是节约能源，可以通过将本章所介绍的各项建筑新技术与设备（复合墙体节能技术、光伏技术、地源热泵技术等）进行合理搭配组合予以实现，再通过与各种控制技术相结合，可实现建筑使用与功能管理的智能化。也就是说，绿色建筑物内各个系统的管理与控制是通过智能系统来实现的，未来的绿色建筑要兼顾智能。

智能建筑通过计算机技术，自动控制建筑内的各种系统，如供暖、通风和空调系统，防火系统，门禁系统及光/电管理系统等，来实现对上述系统资源的调配、监管。

智能建筑是信息时代的必然产物，建筑物智能化程度随科学技术的发展而逐步提高。当今世界科学技术发展的主要标志是 4C 技术，即计算机技术（Computer）、控制技术（Control）、通信技术（Communication）和 CRT 图形显示技术。将 4C 技术综合应用于建筑物之中，在建筑物内建立一个计算机综合网络，即可使建筑物智能化。

智能大厦强调具有多学科、多技术综合集成的特点，是利用系统集成的方法将智能型计算机技术、通信技术、信息技术与建筑艺术有机地结合起来，获得投资合理、适合信息需要，具有安全、高效、舒适、便利和灵活等特点的建筑物。为了简明形象地表明智能建筑的高科技性，也可将具有建筑设备自动化系统（Building Automation System，BAS）、通信自动化系统（Communication Automation System，CAS）和办公自动化系统（Office Automation System，OAS）的建筑物简称为 3A 建筑。有的还加上了防火自动化系统（Fire Automation System，FAS）和保安自动化系统（Safety Automation System，SAS），因此又有 4A 和 5A 之说。

智能建筑实现其智能化需要依靠结构化综合布线系统（Structured Cabling System，SCS）。其是一栋或一组智能型建筑的"神经中枢"系统。通过综合布线系统将其他系统有机地综合起来，实现建筑物内各种数据、图像等信息的快速传输和共享。智能化建筑系统的中心是以计算机为主体的控制管理中心。其通过结构化综合布线系统与各种终端（电话、电脑、传真和数据采集等）和传感器终端（如烟雾、压力、温度、湿度传感器等）连接，

"感知"建筑内各个空间的信息，并通过计算机处理加工，给出相应的对策，再通过通信终端或控制终端（如步进电机、阀门、电子锁或开关等）作出相应的反应，使得建筑物显示出"智能"。这样，建筑物内的所有设施都实行按需控制，提高了建筑物的管理和使用效率，降低了能耗。

7. 未来建筑

未来建筑正在面对人类社会发展到高水平阶段所带来的问题：一是越来越多的人口进入城市生活，越来越远离自然；二是城市面积越来越大，居民消耗在交通上的时间越来越长，交通越来越拥堵；三是土建用地越来越多，可耕地越来越少；四是居民对居住环境要求越来越高，建筑对能源的消耗也越来越高。

解决这些问题的途径是多方面的，除在未来建筑中应用节能、智能建筑技术外，一些前卫的建筑、结构专家正在酝酿要在建筑结构领域掀起一场革命。

土木工程的未来至少会向以下五个方向发展：

（1）向高空延伸。

（2）向地下发展。

（3）向海洋拓展。

（4）向沙漠进军。

（5）向太空迈进。

三、现代高新技术的应用

1. 现代结构试验技术

结构试验是研究和发展结构新材料、新体系、新工艺，以及探索结构设计新理论的重要手段。在工程结构科学研究和技术革新等方面起着重要的作用。理论的语言往往要通过实践的检验来证实。因此，试验是最有效的实践。新的试验技术能够向人们揭示新的事实，提出新的问题，导致新假设和新学说的出现。

土木工程结构中的建筑结构、桥梁结构、地下结构、隧道结构等都是以各种工程材料为主体构成不同类型的承重构件，相互连接而成的组合体。在一定的经济条件制约下，为满足结构在功能及使用上的要求，必须使得这些结构在规定的使用期内能够安全有效地承受外部及内部形成的各种作用。为了进行合理的设计，要求工程技术人员必须掌握在各种作用下结构的实际工作状态，了解结构构件的承载力、刚度、受力性能，以及实际所具有的安全储备等。

在进行结构应力分析时，一方面可以利用传统的力学理论计算方法解决；另一方面也可以利用试验方法，即通过结构试验，采用试验应力分析方法解决。特别是计算机技术的飞速发展，为采用数学模型方法进行结构计算分析创造了条件。同样，利用计算机控制的结构试验技术，也为实现荷载模拟、数据采集、数据处理，以及整个试验过程实现自动化提供了有利的条件，使结构试验技术的发展产生了根本性的变化。通过计算机手段完成结构试验，可以准确、及时、完整地收集并表达荷载与结构行为的各种信息，增强人们进行结构试验的能力。因此，结构试验仍然是发展结构理论和解决工程设计方法的主要手段之一。

结构试验始于17世纪初伽利略的梁弯曲试验，随后，胡克进行了弹簧试验并建立了胡克定律。18世纪，库仑进行了扭转试验，并建立了剪切的基本概念；19世纪，杨氏通过试验测定了拉伸与剪切的弹性模量，确立了弹性模量的基本概念。此后，众多学者均进行了试验研究，并为后来的材料力学奠定了基础。这一阶段的试验与理论保持着十分密切的关系，并且试验对于建立强度理论起着极为重要的作用。19世纪后期，在纳维叶、泊松、圣维南等人的努力下，弹性理论发展到一个较为成熟的阶段。进入20世纪，工业的进步和光电技术的发展，给试验力学创造了条件，也促进了结构试验的进展。

我国对于结构试验也极为重视，并在这方面做了许多工作。1953年，在长春对25.3 m高的酒杯形输电铁塔进行了简单的原型试验，这是中华人民共和国成立后第一次规模较大的结构试验。1986年，各大学开始设置结构试验课程，各建筑学研究机构和高等学校也开始建立结构实验室，同时开始生产一些测试仪器，全国各地开始对结构构件进行试验，我国也初步拥有了一支既掌握一定试验技术，又具有一定装备的结构试验专业队伍。1977年，我国制定了"建筑结构测试技术的研究"的八年规划，为使测试技术达到现代化水平提出了具体的奋斗目标。目前，全国土建专业的各科研机关、高等学校都已展开对基本构件力学性能的研究，并取得了一定的成果。

国外试验技术的发展特点是测试方法的多样化和测试仪器的高精度、小型化和电气化。近年，随着现代测试技术的发展，计算机在试验控制、数据采集及数据处理上的应用都使结构试验有了质的飞跃。今后应着重对结构试验载荷系统进行研究，逐步提高量测精度和测试自动化程度，引用现代物理学上的新成就和其他先进技术来解决应力、位移、裂缝及振动的量测问题，开展结构模型试验理论、方法和结构非破损试验技术的研究，使建筑结构试验技术达到现代化水平，更好地适应和满足建筑结构科学发展的要求。

2. 结构抗震控制技术

传统的建筑抗震设计是依靠结构本身的性能抵御地震作用，使结构在小震时不破坏，中震时破坏可修，大震时不倒。但是由于地震作用的随机性，可能超出人们预估的范围而使结构产生严重破坏或倒塌，造成重大的经济损失或人员伤亡。因此，合理有效的抗震途径是对建筑物施加控制机构，由控制机构与结构共同承受地震作用，以协调和减轻结构的地震反应，这种抗震途径称为结构抗震控制。

结构控制是近20年发展起来的一门新兴学科，近年来获得了迅速发展，取得了不少有创造性的成果，在工程的应用中日益广泛。据不完全统计，应用结构控制技术的重要工程已达百余项，应用主动控制技术的土木工程已有十余项。

抗震控制是结构抗震的新对策、新技术，其中，主动控制是高新技术。抗震控制技术在实际工程中具有广泛的应用前景，而21世纪的建筑抗震对策是以抗震控制为主体，并被众多学者称为"抗震控制的世纪"。

3. 结构健康检测与安全预警技术

结构健康检测是指利用现场的无损传感技术，通过分析包括结构响应在内的结构系统特性，达到检测结构损伤或退化的一些变化。

工程结构一般会受到两种损伤，即突然损伤和积累损伤。突然损伤由地震、洪水、飓风等自然或人为灾害等突发事件引起；而积累损伤则一般是结构在经过长时期使用后缓慢累积的损伤，具有缓慢累积的性质。对于损伤识别主要是判断结构中是否有损伤产生，进行损伤定位，识别损伤类型，量化损伤的严重程度，评估结构的剩余寿命。

结构健康检测是一种实时的在线检测技术，一般健康检测系统包括传感器子系统，数据采集与处理及传输子系统，损伤识别、模型修正与安全评定子系统和数据管理子系统。

结构健康检测技术是一个多领域跨学科的综合性技术，包括土木工程、动力学、材料学、传感技术、测试技术、信号处理、网络通信技术、计算机技术、模式识别等多方面的知识。随着科技的进步，对结构检测的软件与硬件将会不断得到开发，进而开发出相应的智能故障预警软件系统，实现对结构长期、实时的在线检测和预警。

智能、通用的检测及预警软件系统开发是结构健康检测系统开发的重要内容，是对整个系统功能的融合。软件系统在 PC 机上运行，以图形用户界面为用户提供直观的功能模块和数据显示。对结构变形、位移、振动等物理参数进行监测，对监测数据进行处理，从而实现对结构的初步评估与预警。一旦结构出现超限情况，软件将对其进行自动报警。

结构健康检测及安全预警技术的开发，将会为我国重大工程设施的定期故障进行检测，并实施长期、实时的健康检测和故障预警，使人们能够及时地采取应对措施。

4. 墙体节能技术

墙体结露即在冬季采暖建筑的室内外存在温差的条件下，室内的湿热空气向室外渗透，空气中的水蒸气在墙内"露点"温度处凝结成水珠的现象（所谓"露点"温度就是使水蒸气达到饱和时的温度）。当温度低于空气露点时，室内的湿空气就会以对流方式将湿热传递到内表面，同时，以对流传质的方式将水分传递到壁面，在壁面上结露。如果墙体的质量差，进入墙体的水分过多，墙面就会发生潮湿霉变。潮湿的墙面更加速了室内热量通过导热穿过墙壁至外壁面，最后以辐射对流方式散发至外部环境空间，导致能量损失。

保温复合墙体技术的应用改善了墙体的热工性能，这种墙体一般由实墙体、保温层和保温层的保护层三个基本部分组成，保温材料有岩棉、玻璃棉、聚苯板、发泡聚氨酯等。复合墙体按照保温层在墙内的位置主要有内保温式、夹心式和外保温式三种形式。目前，外保温式以保温效果好、墙厚小等优点居主导地位。由于其强调自身密实性，使得复合墙体内水汽的对流程度降低。但后来的实践证明，尽管防潮膜能有效阻止外部气流及水的侵入，但由室内产生的潮气同样无法排出室外，从而积聚在围护结构内部，依然导致墙体潮湿并影响建筑的节能和舒适使用。

防水透气薄膜的出现使上述传统防水防潮层的弱点得以克服，该薄膜是由高密度聚乙烯材料制成的具有三维立体结构，形成了数百万超微孔道的无纺布。其具有高防风性、高防水性、良好的透水蒸气性和可靠的耐久性，可以阻挡水分却不阻挡水蒸气通过，因此，人们将其称为可呼吸的生态薄膜。防水透气膜在加强建筑气密性、水密性，避免室外水分进入墙体的同时，又令室内水汽可以排出，有效地解决了墙体潮气问题。据美国国家标准与技术研究所（NIST）的报告指出，仅就暖通能耗来说，使用防水透气膜的建筑比未使用的建筑供热和制冷能量费用节约率最多时可达 40% 左右。目前，欧美 80% 以上的新建建筑使用了这种薄膜，而且我国近年来也开始引进这项技术。

5. 窗玻璃节能技术

Low-E 玻璃技术（Low Emissivity Coated Glass），又称恒温玻璃，Low-E 玻璃具有可通过可见光而阻挡远红外线（人体所感受的热即是远红外线）透过玻璃的特性。Low-E 玻璃在冬天可让室内温度升高。太阳短波红外线穿透 Low-E 玻璃后，晒到室内物体上反射回的长波红外线（即热量）被 Low-E 玻璃留在室内；室内暖气空调产生的热（主要也是长波红外线）被 Low-E 玻璃阻挡在室内，所以，说 Low-E 玻璃具有极佳的保温性能。而在夏季 Low-E 玻璃可阻挡室外道路、建筑物等反射的长波红外线（热）进入室内，从而可避免使室内温度升高。

6. 遮阳技术

遮阳技术是现代建筑中经常采用的节能措施。夏季，太阳辐射通过外窗的热量非常大，造成室内的冷负荷急剧增加，引起空调能耗的增加，通过外遮阳技术，可以将太阳辐射有效地隔离，避免太阳全部或部分直接照射外窗。这样可以大大降低室内的热量，减少空调负荷，达到节能目的。常见的遮阳有水平遮阳、垂直遮阳、综合遮阳、挡板遮阳等。近年来，遮阳板往往与光伏技术相结合，形成所谓光伏遮阳板，既能够遮挡阳光，又可利用遮阳板为建筑生产电能。

另外，目前在国际建筑界还出现了全墙面遮阳，例如，我国引入的欧洲建筑品牌 MOMA 住宅建筑，其特征之一就是采用了在全墙面设置的可移动磨砂玻璃遮阳技术，这些磨砂玻璃可以由住户根据对采光等方面的要求，沿着设在墙面的导轨推拉移动。

7. 屋面隔热技术

屋面隔热技术在南方是必不可少的节能措施。住宅的顶层，由于夏季太阳直射时间长，使屋面温度高达 60 多摄氏度，造成与顶层室内的大温差，通过屋面的热传递引起室内温度升高，造成空调负荷增加，因此，在屋面采取一些隔热措施，来减少通过屋顶的传热量，这就是屋面隔热技术。近年来，南方常用的隔热屋面有贴面保温屋面（如现浇加气混凝土、陶粒混凝土等）、通风屋面、阁楼屋面、绿化屋面、蓄水屋面、遮阳屋面和下面将介绍的光伏屋面等。其中，绿化屋面符合环保、节能、美化环境等诸多方面的要求，是一种非常值得提倡的屋面节能措施。

8. 建筑光伏技术

所谓光伏技术就是一种将太阳能转变为电能的技术。太阳能是一种辐射能，其必须借助于能量转换器才能转换为电能。这种能量转换器就是太阳能电池。利用建筑的屋面、幕墙等为光伏电池板提供场所空间，并用所产生电能补充建筑电耗，这样的技术称为建筑光伏技术。

目前，光伏建筑在应用方面存在两个方面的问题：一方面是光伏发电成本远高于普通发电的成本，制约了这项技术的推广；另一方面是发电与用电的峰谷不重合，白天太阳能发电量最大的时候，可能是安装光伏设施的用户用电最少的时候，所发电能要么白白浪费了，要么必须转由蓄电池储存，这样又进一步增加了光伏发电的成本。

目前，一些发达国家不仅对使用光伏技术的建筑实行财政补贴，而且已经实现了家庭光伏系统与普通电网的联网。当光伏发电系统所发电能充裕时，可以向普通电网输出电能，抵消用电高峰时用户在电网中消耗的电价。这种政策对鼓励光伏建筑的应用取得了很好的效果。

9. 建筑地源热泵技术

地源热泵是以地表能（包括土壤、地下水和地表水等）为热源（热汇），通过输入少量的高品位能源（如电能），实现低品位热能向高品位热能转移的热泵空调系统。地源热泵在冬季供暖时，将表中的热量"取"出来，供给室内采暖，同时向地下蓄存冷量，以备夏用；夏季供冷时，地源热泵可将室内热量取出来，释放到地表中，向地下蓄存热量，以备冬用。因此，地源热泵是可再生能源利用技术。

严格地讲，地源热泵技术并不是一项新出现的技术，其概念早在 1912 年即出现在瑞士的一份专利文献中，20 世纪 50 年代已在一些北欧国家的供热系统中试用。但是，昂贵的一次性投资在相当长的时间内制约了它的大规模推广。后由于能源危机的影响，加之多年来技术不断更新完善，该技术近年来又得到了较大的发展。随着节能减排意识的增强，其前景越发可观。我国 20 世纪 90 年代开始逐渐引入这方面的技术。

地源热泵与传统空调和供热系统相比，具有以下优点：

（1）资源可再生利用；

（2）运行费用低，每年运行费用可节省30%左右；

（3）绿色环保，过程中没有燃烧、排烟及不产生废弃物；

（4）自动化程机组及系统均可实现自动化控制；

（5）一机多用，可用于供空调及制取生活热水。

本章小结

绿色材料是指在原材料采取、产品制造、使用或者再循环，以及废料处理等环节中对地球环境负荷为最小和有利于人类健康的材料，也称为环境调和材料。一般来说，根据绿色材料的特点可分为节省能源和资源型建筑材料、环保利废型建筑材料、特殊环境型建筑材料、安全舒适型建筑材料及保健功能型建筑材料。

土木工程现代施工技术包括现代结构试验技术、结构抗震控制技术、结构健康检测与安全预警技术、墙体节能技术、窗玻璃节能技术、遮阳技术、屋面隔热技术、建筑光伏技术、建筑地源热泵技术等。

思考题

一、填空题

1. _____ 是指在生产过程中，能够明显地降低对传统能源和资源消耗的产品。

2. _____ 是指能够适应恶劣环境需要的特殊功能的建筑材料产品，如能够适用于海洋、江河、地下、沙漠、沼泽等特殊环境的建筑材料产品。

3. _____ 是指具有保护和促进人类健康功能的建筑材料产品，具有消毒、防臭、灭菌、防霉、抗静电、防辐射、吸附二氧化碳等对人体有害的气体等功能。

4. 以大模板施工工艺为主体的高层建筑开始迅速发展，形成以大模板施工为基础的 _____ 结构体系。

5. 1851 年伦敦博览会主展览馆——_____，是世界上第一座大型现代装配式建筑。

6. _____ 是指利用现场的无损传感技术，通过分析包括结构响应在内的结构系统特性，达到检测结构损伤或退化的一些变化。

7. 所谓 _____ 就是一种将太阳能转变为电能的技术。

二、问答题

1. 现代施工技术具有哪些特点？

2. 装配式建筑的优势体现在哪些方面？

3. 土木工程的未来会向哪些方向发展？

4. 地源热泵与传统空调和供热系统相比具有哪些优点？

第十二章

信息化土木工程

第一节　土木工程信息化管理

一、信息与信息资源

（一）信息

1. 信息的含义

信息来源于拉丁语"Information"一词，原是"陈述""解释"的意思，后来泛指消息、音信、情报、新闻、信号等，它们都是人和外部世界及人与人之间交换、传递的内容。信息一词被定义为：信息是客观存在的一切事物通过物质载体所发生的消息、指令、数据、信号等可传送交换的知识内容。

信息是客观世界中各种事物的运动状态和变化的反映，是客观事物之间相互联系和相互作用的表征，表现的是客观事物运动状态和变化的实质内容。信息是无处不在的，人们在各种社会活动中都面临着大量的信息。信息是需要被记载、加工和处理的，也是需要被交流和使用的。为了记载信息，人们使用各种各样的物理符号及它们的组合来表示信息，这些符号及其组合就是数据。

数据是反映客观实体的属性值。其具有数字、文字、声音、图像或图形等表示形式。数据本身无特定意义，只是记录事物的性质、形态、数量特征的抽象符号，是中性概念。而信息则是被赋予一定含义的，经过加工处理以后产生的数据，如报表、账册和图纸等都是对数据加工处理后产生的信息。应注意的是，数据与信息之间既有联系又有区别。数据虽能表现信息，但并非任何数据都能表示信息，信息是更基本、更直接地反映现实的概念，并通过数据的处理来具体反映。

在人类社会早期的日常生活中，人们对信息的认识是比较宽泛和模糊的，如将信息与消息等同看待。到了20世纪，尤其是20世纪中期以后，由于现代信息技术的快速发展及其对人类社会的深刻影响，信息工作者和相关领域的研究人员才开始探讨信息的准确含义。

2. 信息的分类

信息分类就是将具有相同属性或特征的信息归并在一起，将不具有这种共同属性或特征的信息区别开来的过程。从不同角度，信息通常可分为以下几类：

（1）按信息特征划分。信息按其特征可分为自然信息和社会信息。自然信息是反映自然事物的，由自然界产生的信息，如遗传信息、气象信息等；社会信息是反映人类社会的有关信息，如市场信息、经济信息、政治和科技信息等。自然信息与社会信息的本质区别在于社会信息可以由人类进行各种加工处理，成为改造世界和激励发明创造的有用知识。

（2）按信息加工程度划分。信息按其加工程度可分为原始信息和综合信息。从信息源直接收集的信息称为原始信息；在原始信息的基础上，经过信息系统的综合、加工产生出来的新的数据称为综合信息。产生原始信息的信息源往往分布广且较分散，收集的工作量一般很大，而综合信息对管理决策更有用。

（3）按信息来源划分。信息按其来源可分为内部信息和外部信息。在系统内部产生的信息称为内部信息；在系统外部产生的信息称为外部信息（或称为环境信息）。对管理而言，一个组织系统的内、外部信息都有用。

（4）按信息管理层次划分。信息按照其管理层次可分为战略级信息、战术级信息和作业级信息。战略级信息是高层管理人员制订组织长期策略的信息，如未来经济状况的预测信息；战术级信息为中层管理人员监督和控制业务活动及有效地分配资源所需的信息，如各种报表信息；作业级信息是反映组织具体业务情况的信息，如应付款信息、入库信息。战术级信息是建立在作业级信息基础上的信息，战略级信息则是主要来自组织的外部环境信息。

（5）按信息稳定性划分。信息按其稳定性可分为固定信息和流动信息。固定信息是指在一定时期内具有相对稳定性，且可以重复利用的信息，如各种定额、标准、工艺流程、规章制度、国家政策法规等；而流动信息是指在生产经营活动中不断产生和变化的信息，它的时效性很强，如反映企业的人、财、物、产、供、销状态及其他相关环境状况的各种原始记录、单据、报表、情报等。

（6）按信息生成时间划分。信息按其生成的时间可分为历史信息、现时信息和预测信息。历史信息是反映过去某一时段发生的信息；现时信息是指当前发生并获取的信息；预测信息是依据历史数据，按一定的预测模型，经计算获取的未来发展趋势信息，是一种参考信息。

（7）按信息流向划分。信息按其流向的不同可分为输入信息、中间信息和输出信息。

（8）按信息载体划分。信息按其载体不同可分为文字信息、声像信息和实物信息。

3. 信息的特征

尽管信息的类型及其表现形式是多种多样的，但都有着各自的特性。一般来说，信息具有以下特征：

（1）普遍性。信息是事物运动的状态和方式，只要有事物存在，只要有事物的运动，就会有其运动的状态和方式，就存在着信息。无论在自然界、人类社会还是在人类思维领域，绝对的"真空"是不存在的，绝对不运动的事物也是没有的。因此，信息是普遍存在的。

（2）依存性。信息本身是看不见、摸不着的，它必须依附于一定的物质形式（如声波、电磁波、纸张、化学材料、磁性材料等），不可能脱离物质单独存在。通常，将这些以承载信息为主要任务的物质形式称为信息的载体。信息没有语言、文字、图像、符号等记录手段便不能被表述，没有物质载体便不能存储和传播，但其内容并不会因记录手段或物质载体的改变而发生变化。

（3）时效性。信息的时效是指从信息源出来，经过接收、加工、传递、利用的时间间隔及其效率。时间间隔越短，使用信息越及时，使用程度越高，时效性越强。信息的时效性是人们进行信息管理工作时要谨记的特性。信息在工程实际中是动态的、不断产生并不断变化的，只有及时处理数据、及时得到信息，才能做好决策和工程管理工作，避免事故的发生，真正做到事前管理。

（4）真实性。信息有真信息与假信息之分。真实、准确、客观的信息是真信息，可以帮助管理者作出正确的决策，虚假、错误的信息则可能使管理者作出错误的决策。在信息系统中，应充分重视这一点。一方面要注重收集信息的正确性；另一方面在对信息进行传送、储存和加工处理时要保证其不失真。

（5）层次性。信息为满足管理的要求可分为不同的层次，即战略级、策略级和执行级。例如，对于某水利枢纽工程，业主（或国家主管部门）关心的是战略信息，如工程的规模多大为好，是申请贷款还是社会集资，各分项工程进展如何，工程能否按期完工，投资能否得到有效控制等；设计单位关心的是技术是否先进，经济上是否合理，设计结果能否保证工程安全等；而监理单位为了对业主负责，则对设计、施工的质量、进度及成本等方面的信息感兴趣。它们在工程中同属于策略层。而承包商则处于执行地位，其需要的是基层信息，关心的是其所担负项目的进度、质量及施工成本等方面的情况。如果目标发生了变化，管理层次与信息层次也将随之改变。如对于监理单位来说，该项目的总监理工程师（或称工程师）处于战略地位，受业主委托（或授权）对整个工程的实施进行管理，需要有关承包合同的签订、整个工程的进度、质量与安全、投资控制方面的各类信息；而驻地监理工程师（或称工程师代表）在工程管理中处于策略层，具体负责处理分管项目的进度、投资、质量及合同方面的事务，需要有关的信息辅助决策。监理员作为执行人员，在其所分管的工程部位监督检查承包商的各项施工活动，需要施工的材料、工艺程序、方法、进度等方面的基础信息。

（6）系统性。在实际工程中，不能片面地处理数据，片面地产生、使用信息。信息本身就需要相关人员全面地掌握各方面的数据后才能被得到。信息也是系统的组成部分之一，只有用系统的观点来对待各种信息，才能避免工作的片面性；只有全面掌握投资、进度、质量、合同等各方面的信息，才能做好监理工作。

（7）可分享性。信息区别于物质的一个重要特征是它可以被共同占有，共同享用。例如，在企（事）业单位中，许多信息可以被工程中的各个部门同时使用，既保证了各部门使用信息的统一性，也保证了决策的一致性。信息的共享有其两面性，一方面有利于信息资源的充分利用；另一方面也可能造成信息的贬值，不利于保密。因此，在信息系统的建设中，既需要利用先进的网络和通信设备以实现信息的共享，又需要具有良好的保密安全手段，以防保密信息的扩散。

（8）可加工性。人们可以对信息进行加工处理，将信息从一种形式变换为另一种形式，并保持一定的信息量。基于计算机的信息系统处理信息的功能要靠人工编写程序来实现。

（9）可存储性。信息的可存储性即信息存储的可能程度。信息的形式多种多样，它的可存储性表现在能存储信息的真实内容且不发生畸变，能在较小的空间中存储更多的信息，储存安全而不丢失，能在不同形式和内容之间很方便地进行转换和连接，对已储存的信息可以随时随地以最快的速度检索所需的内容。计算机技术为信息的可存储提供了条件。

（10）可传输性。信息可以通过各种各样的手段进行传输。信息传输要借助一定的物质载体，实现信息传输功能的载体称为信息媒介。一个完整的信息传输过程必须具备信源（信息的发出方）、信宿（信息的接收方）、信道（媒介）、信息四个基本要素。

（11）价值性。信息是经过加工并对生产经营活动产生影响的数据，是劳动创造的一种资源，因而它是有价值的。索取一份经济情报或者利用大型数据库查阅文献所付的费用是信息价值的部分体现。信息的使用价值必须经过转换才能得到。信息的价值还体现在及时性上，"时间就是金钱"可以理解为及时获得有用的信息，信息资源就可以被转换为物质财富。如果时过境迁，则信息的价值就会大为减小。

4. 信息的基本要求

信息必须符合管理的需要，要有助于项目系统和管理系统的运行，不能造成信息泛滥和污染。一般来说，信息必须符合以下基本要求：

（1）专业对口。不同的项目管理职能人员、不同专业的项目参加者，在不同的时间，对不同的事件，有不同的信息要求，所以信息首先要专业对口，按专业的需要提供和流动。

（2）反映实际情况。信息必须符合实际应用的需要，符合目标，而且简单有效，这是正确有效管理的前提，否则其会变成一个无用的废纸堆。不反映实际情况的信息容易造成决策、计划、控制的失误，进而损害项目成果。

（3）及时提供。只有及时提供信息，及时反馈，管理者才能及时地控制项目的实施过程。信息一旦过时，决策便失去时机，造成不应有的损失。

（4）简单，便于理解。信息要让使用者不费力气地了解情况、分析问题，所以，信息的表达形式应符合人们日常接收信息的习惯，而且对于不同的人，应有不同的表达形式。例如，对于不懂专业、不懂项目管理的业主，要采用更直观明了的表达形式，如模型、表格、图形、文字描述、多媒体等。

5. 信息在管理中的重要性

信息是管理的基础与纽带，是使各项管理职能得以充分发挥的前提，信息活动贯穿管理的全过程，管理就是通过信息协调系统的内部资源、外部环境和系统目标实现系统功能的活动。总的来说，信息在管理中的重要性表现在以下几个方面：

（1）信息是管理系统的基本构成要素，并促使各个要素形成有机联系。信息是构成管理系统的基本要素之一，正因为有了信息活动，管理活动才得以进行。同时，由于信息反映了组织内部的权责结构、资源状况和外部环境的状态，管理者能据此作出正确的决策，所以，信息也是使管理系统各要素形成有机联系的媒介。可以说，没有信息，就不会有管理系统的存在，也不会有组织的存在，管理活动也就失去了存在的基础。

（2）信息是决策者正确决策的基础。决策者所拥有的各种信息及对信息的消化吸收是其作出决策的依据。决策者只有及时掌握全面、充分而有效的信息，才能统揽全局，高瞻远瞩，从而作出正确的决策。

（3）信息是组织中各部门、各层次、各环节协调的纽带。组织中的各个部门、层次与环节是相对独立的，有自己的目标、结构和行动方式。但是，组织需要实现整体的目标，管理系统的存在也是为了达到这个目的。为此，组织的各个部门、层次与环节需要协调行动，以消除各自所具有的独立性的影响，除需要一个中枢（管理者）外，还需要有纽带能够将其联系在一起，使其能够相互沟通。信息就充当了这样的角色，成为组织中各个部门、层次与环节协调的纽带。

（4）信息是管理过程的媒介，可以使管理活动顺利进行。在管理过程中，信息发挥了极为重要的作用。各种管理活动都表现为信息的输入、变换、输出和反馈。因此，管理的过程也就是信息输入、变换、输出和反馈的过程。这表明管理过程是以信息为媒介的，唯有信息的介入，才能使管理活动得以顺利进行。

（5）信息的开发和利用是提高社会资源利用效率的重要途径。社会资源是有限的，需要得到最合理、最有效的利用，以提高其利用效率，对于工程管理而言，即表现为经济效益和社会效益的提高。

（二）信息资源

1. 信息资源的含义

信息是普遍存在的，只有满足一定条件的信息才能称为资源。信息资源有狭义和广义之分。狭义的信息资源指的是信息本身或信息内容，即经过加工处理，对决策有用的数据。开发利用信息资源的目的，就是充分发挥信息的效用，实现信息的价值。广义的信息资源指的是信息活动中各种要素的总称。要素包括信息、信息技术及相应的设备、资金和人等。归纳起来，信息资源由信息生产者、信息、信息技术三大要素组成。

（1）信息生产者是为某种目的生产信息的劳动者，包括原始信息生产者、信息加工者或信息再生产者。

（2）信息既是信息生产的原料，也是产品。其是信息生产者的劳动成果，对社会各种活动直接产生效用，是信息资源的目标要素。

（3）信息技术是能延长或扩展人的信息能力的各种技术的总称，是对声音、图像、文字等数据和各种传感信号的信息进行收集、加工、存储、传递与利用的技术。信息技术作为生产工具，对信息收集、加工存储与传递提供支持和保障。

在信息资源中，信息生产者是关键的因素，因为信息和信息技术都离不开人的作用。信息是由人生产和消费的，信息技术也是由人创造和使用的。

2. 信息资源的特征

（1）选择性。信息资源的开发利用对使用对象具有一定的选择性，同一信息对不同的使用者产生的影响和效果是不同的。信息资源的开发利用是智力活动的过程。其包括利用者的知识积累状况和逻辑思维能力。

（2）共享性。在理想条件下，信息资源可以被反复交换、多次分配、共享使用。由于信息对于物质载体有相对的独立性，信息资源可以多次、反复地被不同的人利用。在利用过程中，信息量不仅不会被消耗掉，反而会得到不断地扩充和升华。

（3）驾驭性。信息资源具有驾驭其他资源的能力。信息资源的分布和利用非常广泛，渗透到了人类社会的各个方面。

（4）无穷性。由于信息资源是人类智慧的产物，它产生于人类的社会实践活动并作用于未来的社会实践，而人类的社会实践活动是一个永不停息的过程。因此，信息资源的来源是永不枯竭的。

二、信息化管理的意义

信息化是工程建设企业管理的重要内容，是国民经济信息化的重要基础，不仅能够提高工程建设企业的经济效益、增强企业的市场竞争力，还能够作为工程建设企业各项工作全面提高的一个重要突破口。

信息化是指培养、发展以计算机为主的智能化工具为代表的新生产力，并使之造福于社会的历史过程。智能化工具又称信息化的生产工具。其一般必须具备信息获取、信息传递、信息处理、信息再生、信息利用的功能。与智能化工具相适应的生产力，称为信息化生产力。

1. 信息化对企业发展的整体意义

（1）支撑企业愿景与战略发展目标。综合国内外企业的信息化实践，企业信息化对业务发展的贡献可分为辅助业务运营、支持业务运营和支撑战略发展三个级别。支撑战略发展级别是最高层次，企业使用信息和信息管理达到卓越管理即可获得竞争优势，使企业具备信息化的战略洞察能力。信息化直接支持战略远见与企业深层次的思考。

（2）促进组织结构优化，提高快速反应能力。在信息技术的支持下，企业可以简化组织生产经营的方式，减少中间环节和中间管理人员，从而建立起精良、敏捷、具有创新精神的"扁平"型组织结构。这种组织形式信息沟通畅通、及时，使市场和周围的信息同决策中心之间的反馈更加迅速，提高了企业对市场的快速反应能力，从而更好地适应竞争日益激烈的市场环境。

（3）有效地降低企业成本。信息技术应用范围涉及整个企业的经济活动，可以有效地、大幅度地降低企业的费用。企业利用信息技术获取外部信息，如市场信息、分包信息等方面的成本降低；以进度管理为主线的资源驱动模式，形成进度计划、资源计划、成本计划与资金计划的全面计划管理，帮助企业资源全面优化，降低企业整体运营成本；库存管理信息化使企业减少了库存量，降低了管理成本；信息技术的应用尤其是迅速发展的电子商务大大降低了企业的交易成本。

（4）提高企业的市场把握能力。在把握市场和消费者方面，由于信息技术的应用，特别是电子商务在企业经营管理中的广泛应用，缩短了企业与消费者之间的距离，企业与供应商及业主单位建立起高效、快速的联系，从而提高了企业把握市场和业主单位的能力，使企业迅速根据业主单位的需求变化，有针对性地进行研究与开发活动，及时改变和调整经营战略，不断向业主单位提供优质服务和高质量的工程项目。

（5）促进企业提高管理水平。企业信息化不只是计算机硬件本身，更为重要的是与管理的有机结合。即信息化过程中引进的不仅是信息技术，而更多的是通过转变传统的管理观念，将先进的管理理念、管理制度和方法引入管理流程中，进行管理创新。以此建立良好的管理规范和管理流程，构建扎实的企业管理基础，从而提高企业的整体管理水平。

（6）提高企业决策的科学性、正确性。完备的信息是经营决策的基础。信息技术改变了企业获取信息、收集信息、传递信息的方式，使管理者对企业内部和外部信息的掌握更加完备、及时、准确。

（7）提升企业人力资源素质。企业信息化可以加速知识在企业中的传播，使企业领导及全体员工知识水平、信息意识与信息利用能力提高，提升企业人力资源的素质及企业文化环境。

2. 信息化对企业不同层级人员的意义

（1）决策层的以下管理要求需要信息化手段提供支撑：

1）加强管控增效益：需要的产值规模的增长，是有效益的增长；

2）发挥规模优势、降低运营成本、规范项目管理和提升整体营利能力；

3）规范劳务分包；强化责任成本管理；加强物资管理；推行统一采购等。

（2）对管理层的意义。

1）快速、准确获取各业务板块，满足各层级经营管理信息的需求；

2）提高信息的分析利用能力，支持经营决策的需求；

3）统一信息口径，建立信息标准化体系的需求等。

（3）对操作层的意义。

1）利用信息系统完成日常业务操作，提高工作效率；

2）通过信息系统操作，提高内部控制遵循度和外部合规性；

3）逐步提高利用数据积累完成信息上报的能力，减少数据处理时间。

三、工程企业信息化管理

1. 勘察设计企业信息化管理

工程勘察设计是土木工程的重要组成部分。其业务范围主要包括工程的规划选址、可行性研究、设计、施工，以及为后期运营维护提供技术成果和技术服务。工程勘察设计位于工程建设全生命周期的上游，其水平与质量直接影响整个工程建设的成本、质量与工期，对国家建设和环境保护等具有重要的意义。

在建设领域中，勘察设计行业是最早开始导入信息化的行业之一。"九五"期间，勘察设计行业实现了二维设计图的"甩图板"设计，大大缩短了设计周期，提高了设计质量和设计效率，带动和推进了整个建筑业的技术进步；"十五"期间，勘察设计行业在CAD应用的基础上，开始进行协同设计和管理信息化建设。勘察设计企业拥有了庞大的设计资源库，企业逐渐建立了网上办公、档案管理、人事管理等信息化管理系统，行业信息基础设施建设取得了较大发展，信息技术的应用在标准化、系统化方面有了很大的提高。

信息化技术的推广与应用，在推动勘察设计行业技术进步方面发挥了积极的作用，对提高勘察设计质量、规范市场秩序、发展国际接轨型的现代勘察设计企业起到了关键的促进作用。但是，我国还缺乏自主开发的、具有国际竞争力的信息化应用系统，标准化建设严重滞后于信息化的实际进程，大型企业在技术创新中的示范作用不明显等问题也日趋显著。针对"十五"期间勘察设计企业的信息化现状，住建部制定了勘察设计企业"十一五"技术规划目标：继续完善以网络为支撑、专业CAD及相关技术应用为基础、工程项目信息管理为主线的勘察设计和管理集成应用系统，大力发展基于网络的协同工作平台、信息资源综合利用和三维设计技术。同时，将"勘察设计企业信息化关键技术研究与应用"课题列入了"十一五"国家科技支撑计划课题。

勘察设计企业信息化管理包括以下六个主要方面：

（1）协同设计制图标准、协同设计规范及建筑产品编码标准。

（2）基于SOA技术的勘察设计企业应用软件架构系统。

（3）勘察设计企业协同设计综合管理架构平台系统。

（4）勘察设计企业多个参与方参与的项目协同管理系统。

（5）基于WEB的建筑产品数据库应用系统。

（6）勘察设计企业工程设计图知识管理数据库系统。

2. 施工企业管理信息化

"十三五"规划使国家进入信息技术革命时代，随着信息技术和信息产业在经济与社会发展中的作用日益显著，越来越多的企业正通过信息化建设来进行创新和转型，建筑业也同样面临信息化建设的挑战。这对于广大建筑施工企业来说，既是一个前所未有的挑战，也是加快推进信息化建设的一个强大动力。

　　施工企业按照"整合多方资源优势，突破重点关键技术，强化集成应用示范"的指导思想，针对我国施工企业管理信息化建设面临的关键性技术问题，总结研究施工企业集中管理的信息化模型，实现企业数据大集中，开发财务现金集中管理；现金流、成本及生产（工程项目）过程集中监控；回避生产（项目）风险、提高工作效率，保证合同目标实现的软件系统。即建立两个中心、一个数据库，引导和推进建筑施工企业从分散管理走向集约化管理，以信息技术推进企业进步，实现企业管理创新、制度创新。

四、工程设计、施工过程信息化

　　要想用信息化技术改造传统建筑业就必须实现建筑业生产方式的转变，建立我国的建筑工程施工工艺标准和施工组织设计信息化系统，研究复杂结构可视化仿真设计、虚拟现实信息化施工技术、施工进度和质量控制信息化技术、三维模型的工程量计算技术、施工现场协同管理技术、施工过程工程健康监测技术等贯穿工程设计与施工过程的关键信息化技术，建立起引领我国建筑设计与施工生产发展水平的信息化施工标准知识系统，建立起适合大型复杂工程设计与施工所需要的具有国际先进水平的生产过程用信息化技术体系，从而达到利用信息技术改变建筑业传统生产方式、提高生产力、提高建筑产品质量，为社会提供优质、安全的建筑产品的目的。

　　工程设计、施工过程信息化应做到以下几点：

　　（1）基于大量先进施工技术及管理经验总结提炼的信息化应用方法和施工技术与信息化的有效互动技术；

　　（2）大型复杂结构建模和仿真分析一体化信息共享支撑平台及大型复杂结构建模和仿真分析、设计分析支撑软件技术；

　　（3）建立建造资源模拟运行的机理和连续性施工过程模拟运行的机理，构建其概念模型；

　　（4）面向行业的虚拟施工资源库建模和基于现场数据的虚拟施工过程仿真和进度管理技术；

　　（5）基于测量机器人的复杂超高层建筑安装过程的质量控制与结构变形控制信息化技术；

　　（6）以工程三维模型数据共享技术和插件技术为基础的系统架构建立技术；

　　（7）施工现场基于 ZigBee 技术的无线 Mesh 自组网络技术；

　　（8）结构健康监测信息系统的数据格式标准化技术及在施工过程中与后期结构健康监测中的传感器布点优化方法库、结构安全判定方法库及结构损伤识别方法库的建立技术。

第二节　网络通信技术应用

网络通信中最重要的就是网络通信协议。

一、项目计算机局域网

局域网（LAN）是在有限范围内，将各种计算机和外围设备（如打印机）连接而成的网络。其传输距离为 0.1~10 km，传输速率一般为 1~100 Mbps，传输速率与计算机和设备连接用的介质及局域网软件有关。局域网是计算机网络中近年来发展最快的，已经在企事业单位中发挥了重要的作用。

计算机局域网的功能性定义是将分布在数千米范围内的不同物理位置的计算机设备连接在一起，在网络软件的支持下可以相互通信和资源共享的网络系统。其被广泛应用在办公自动化、计算机辅助企业管理等方面。LAN 的技术性定义为由特定类型的传输媒体（如电缆、光缆和无线媒体）和网络适配器（也称为网卡）互相连接在一起的计算机，并受网络操作系统监控的网络系统。功能性和技术性定义之间的差别是很明显的，功能性定义强调的是外界行为和服务；技术性定义强调的则是构成 LAN 所需要的物质基础和构成的方法。LAN 的名字本身就隐含了这种网络地理范围的局域性。由于较小的地理范围的局限性，LAN 的传输速率通常要比广域网（WAN）高出很多。

1. 局域网的组成

局域网一般由传输介质、网络连接设备、网络服务器、网络工作站和网络软件组成。

（1）传输介质。局域网使用的传输介质主要是双绞线、同轴电缆和光纤。另外，还有一些传输介质附属设备，主要是指将传输介质与通信设备进行连接的网络配件。

（2）网络连接设备。网络连接设备主要包括网络适配器、集线器（Hub）、交换机等。网络适配器是网络系统中的通信控制器，用于连接计算机和电缆线，计算机之间通过电缆进行高速数据传输。微型计算机局域网中的网络适配器通常是一块集成电路板（也称网卡），安装在微型计算机主机的扩展槽上，通过网络配件与传输介质相连。集线器（Hub）是一种特殊的中继器，作为网络传输介质之间的中央节点，能够提供多端口服务。交换机是组成网络系统的核心设备，是用来控制数据通信的设备。它能够过滤出不是发往特定网络内计算机的数据流，因而，大大提高了通信效率。交换机限制不必要的通信任务，相当于增强了其他通信任务的数据传输能力。通过交换机可以显著提高整个用户网络的应用性能。

（3）网络服务器。网络服务器是网络的运行和资源管理中心，通过网络操作系统对网络进行统一管理，支持用户对大容量硬盘、共享打印机、系统软件、应用软件和数据信息等共享资源的存取和访问，实现网络的功能。网络服务器可以是高性能微型计算机、工作站、小型计算机或中大型计算机，一般具有通信处理、快速访问和安全容错等功能。

（4）网络工作站。网络工作站是网络的前端，用户通过网络工作站进行网络通信、共享网络资源和接受各种网络服务。网络工作站一般采用微型计算机，除进行网络通信外，工作站本身也具有一定的数据处理能力。

（5）网络软件。网络软件包括网络协议软件、通信软件和网络操作系统。网络软件功能的强弱直接影响到整个网络的性能好坏。协议软件主要用于实现物理层和数据链路层的某些功能，如网卡中的驱动程序；通信软件用于管理多工作站的信息传输；网络操作系统用于管理整个网络范围内的任务和资源的管理与分配，监控网络的运行状态，对网络用户进行管理，并为网络用户提供各种网络服务。

2. 局域网在建设工程中的应用

（1）局域网结构。在施工现场建立覆盖整个项目施工管理机构的计算机网络系统，对内构建一个基于计算机局域网的项目管理信息交流平台，覆盖总承包商、业主、各指定分包商、工程监理和联合设计单位，使信息得以快速传递和共享，对外联通国际互联网，并与联合体各公司总部相连（图12-1）。

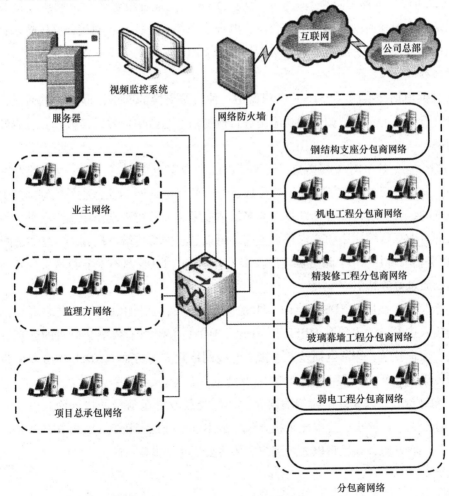

图12-1 施工现场计算机网络系统

在整个网络体系中，各工作站对互联网的访问均采用代理方式，每一个工作站都可以通过代理服务器访问互联网，实现电子邮件收发、文件传递和网站的访问。现场安装的视频监控系统通过中心交换机实现与局域网和互联网的互联互通。

为了保证网络安全，安装网络防火墙，用以防范来自互联网的网络攻击，在内部通过中心交换机划分虚拟网段，将总承包商网络和指定分包商网络从逻辑上进行隔离，以确保各自的内部资料安全。

总承包商申请专用的互联网域名，建立项目电子邮件系统，为每位管理人员设立独立的电子邮件信箱，并且建立项目的对外宣传网站。

（2）项目总承包网络结构。项目总承包网络结构如图 12-2 所示。

二、因特网

因特网又称国际计算机互联网，是目前世界上影响最大的国际性计算机网络。其以 TCP/IP 网络协议将各种不同类型、不同规模，位于不同地理位置的物理网络连接成一个整体。它也是一个国际性的通信网络集合体，融合了现代通信技术和现代计算机技术，集各部门、各领域的各种信息资源为一体，从而构成网上用户共享的信息资源网。

1. 因特网的接入方式

（1）公共电话交换网（PSTN）。PSTN 是一种线路交换的网络，即通过电话线，使用调制解调器进行连接。调制解调器的功能是进行模拟信号与数字信号的转换，其主要技术指标是传输速率。

（2）综合业务数字网（ISDN）。ISDN 是以综合数字电话网（IDN）为基础发展起来的通信网络，即数字交换和数字传输结合形成了综合数字电话网。综合业务数字网的关键在于数字化技术的综合实现，随着光纤技术、多媒体技术、高分辨率动态图像与文件传输技术的发展，人们对数据传输速率的要求越来越高。可以通过网络终端 NT、ISDN 终端适配器、ISDN 代理服务器、专用 ISDN 路由器等设备接入 Internet。ISDN 具有节省投资、使用方便、传输速率高、质量好等特点。

（3）数字用户线路（XDSL）。即 DSL 的统称，它们是以铜电话线为传输介质的，采用点对点的接入技术，常用的有 HDSL 和 ADSL。HDSL 主要用于数字交换机的连接、高带宽视频会议、远程教学、蜂窝电话基站连接、专线网络建立等方面；ADSL 适合双向带宽要求不一致的传输，如 Web 浏览、多媒体点播及消息发布等。

（4）光纤接入。以光纤作为传输媒介，利用光载波传送信号的接入网。由于光纤传输系统具有容量大、损耗小、抗电磁干扰力强、成本逐步降低等特点，光纤接入将是全业务接入网的主要发展方向，并且将以光纤到户成为主要服务形式。

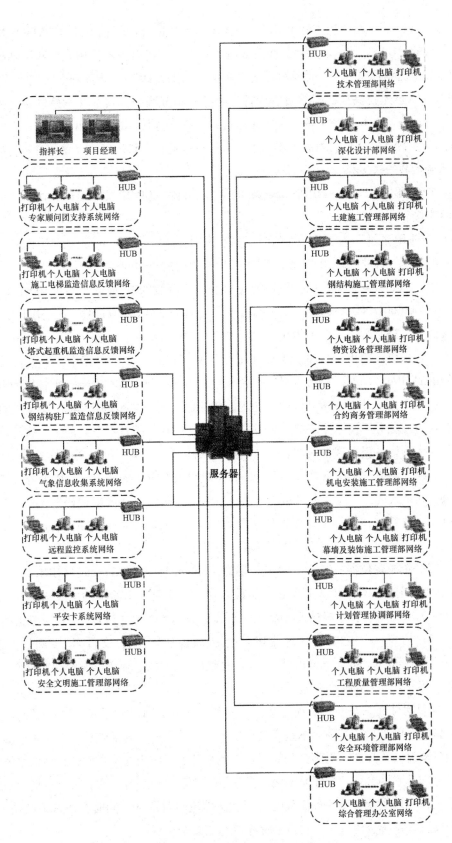

图 12-2 项目总承包网络结构示意

（5）光纤/铜线混合接入网（HFC）。该技术是在传统的同轴电缆（CATV）技术基础上发展起来的，CATV 技术的要点是在有线电视台的前端将电视图像用光纤和同轴电缆组合起来的方式传送到各家各户。但这种系统是单向下行的，HFC 在此基础上实现了双向传输。利用 HFC 接入网进行高速访问的通信设备是电缆调制解调器，其本身不是单纯的调制解调器，而是一个协调器和加密设备，还能够起到路由器和网卡的部分作用。

（6）无线接入网络。目前有卫星通信、数字微波通信、移动通信系统等几种方式。

2. 因特网的关键技术

（1）TCP/IP 技术。TCP/IP 是 Internet 的核心，利用 TCP/IP 技术可以方便地实现多个网络的无缝连接。

（2）主机 IP 地址。为了确保通信时能相互识别，连接在 Internet 上的每台主机都必须有一个唯一的标识，即主机的 IP 地址。现在国际上使用的 IPv4 地址由 32 位（即 4 字节）二进制数组成，例如，某台主机的主机号码（32 位二进制数的 IP 地址）是 1 100 101 001 100 011 011 011 000 001 000 1 100，为了书写方便，将其分成 4 组，每组 8 位，用小数点隔开，每一组数译成十进制数，其范围为 0～255，如 202. 193. 64. 34。新的 IPv6 地址由 128 位二进制数组成，带来更多的可用地址。IPv6 正处于不断发展和完善的过程中，不久将取代目前被广泛使用的 IPv4。届时，一台电视，一台冰箱，小到一部手机都会有一个自己的 IP 地址。

（3）域名系统。IP 地址是 Internet 主机的数字型标识，数字型标识对于计算机网络来说当然是有效的，但对于使用网络的人来说，一个很大的缺点就是不容易记忆。为此，人们研究出了一种字符型标识，这就是域名。域名如同人的名字、电话的号码一样，是 Internet 网络上的一个服务器或一个网络系统的名字。在全世界没有重复的域名，一般来说，域名可分为三部分，其格式为："商标名（或企业名），单位性质代码，国家代码"，如 hit. edu. cn。在 Internet 上，将域名翻译成 IP 地址的软件称为域名系统，即 Domain Name System，简称 DNS，其是一种能够实现名字解析的分层结构数据库。

（4）统一资源定位器。统一资源定位器即 Uniform Resource Locator（URL），是专门为标识 Internet 网上资源位置而设置的一种编址方式。URL 是一个简单的格式化字符串，其包含被访问资源的类型、服务器的地址及文件的位置等，又称为"网址"。其一般由四部分组成，即"传输协议：//主机 IP 地址或域名地址/资源所在路径/文件名"。例如，输入 http：//www. hit. edu. cn/about/profile. htm，就可以进入哈尔滨工业大学学校简介页面。

3. 因特网在建设工程中的应用

（1）项目对外网站及办公自动化平台。安装一套办公自动化系统，为项目的信息沟通和共享提供统一的平台，实现总承包商信息发布、文件管理、内部邮件、手机短信提醒、办公事务的自动流转等功能，提高办公效率。在此基础上，应用网络桌面视频会议系统，在总承包项目经理部和联合体各公司总部之间搭建视频会议交流平台。这套办公自动化系统内置工作流系统，可以实现各项业务流程的管理、文件流转及审批。同时，通过系统访问控制、系统安全设置、系统资源管理，可以确保系统稳定安全运行。

（2）工程质量远程验收系统。采用工程质量远程验收系统可以节约验收时间、降低验收成本、提高验收效率。

1）对整个工程施工监视，对于远程的经过授权的用户可以通过互联网用 IE 浏览器察看现场情况，并按授权级别操作设备。

2）可以通过本系统对工程进行拍照、实时录像、定时录像等。

3）完成对主体结构施工质量的验收，特别是钢结构质量的验收。

4）对人员不能到达处的工程质量，可以利用本系统借助其他工具进行质量验收。

5）利用本系统，在质量验收的过程中可以与现场人员进行文字、图像及声音互通和交流。

6）本系统的检查记录可自动生成电子文档，且便于检索；生成的电子文档中包含有文字（表格）、现场实物照片、图纸详图及编号、参加验收人员签名等。

7）文件记录电子化，通过信息共享可提高生产效率。

8）可兼作安保系统。

（3）远程视频监控系统。视频监控系统在工程项目施工现场的监控管理与应用方面主要表现在能直观地加强对项目的现场施工管理。它的应用使领导和管理部门能随时、随地直观地视察现场的施工生产状况，促进并加强工程项目施工现场质量、安全与文明施工和环境卫生的管理，通过对工程项目施工现场重点环节和关键部位进行监控，特别是对施工现场操作状况与施工操作过程中的施工质量、安全与现场文明施工和环境卫生管理等方面起到了施工过程中应有的监督及威慑作用。增强了公司领导和各有关部门对项目施工现场工程质量、安全方面的监管力度，能够减少、防止和杜绝质量、安全事故的发生。为掌握工程施工形象进度，监督施工过程，在施工现场安装远程视频监控系统也成了许多地区地方政府主管部门的管理手段之一。

第三节　数据库技术的应用

一、数据库系统的构成

数据库系统是由计算机系统、数据、数据库管理系统和有关人员组成的具有高度组织的总体。其组成部分有以下几项：

（1）计算机系统。计算机系统是指用于数据库管理的计算机硬件系统。数据库需要大容量的主存储器，以存放和运行操作系统、数据库管理系统程序和应用程序等；需要大容量的直接存储设备及较高的网络功能。

（2）数据库。数据库包括存放实际数据的物理数据库和存放数据逻辑结构的描述数据库。

（3）数据库管理系统。数据库管理系统是一组对数据库进行管理的软件。其通常包括数据定义语言及其编译程序、数据操纵语言及其编译程序和数据管理例行程序。

（4）人员。人员是指对数据库进行有效控制的数据库管理员、设计数据库管理系统的系统程序员及用户。

二、数据库管理系统

数据库管理系统（DBMS）是一组计算机程序，控制组织和用户的数据库生成、维护和使用。其主要功能如图 12-3 所示。

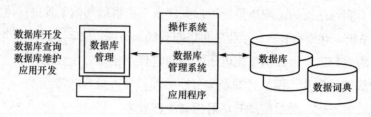

图 12-3 数据库管理系统的主要功能

（1）数据库开发。数据库管理软件允许用户很方便地开发自己的数据库。DBMS 也允许数据库管理员在专家的指导下对整个组织的数据库开发进行控制，以此改善组织数据库的完整性与安全性。

（2）数据库查询。用户可以使用 DBMS 中的查询语言或报告发生器询问数据库中的数据，可以在显示器或打印机上直接接收机器的响应，不要求用户进行程序设计。用户只要掌握一些简单的请求、查询语言，就能方便、快捷地得到联机查询的响应。

（3）数据库维护。数据库需要经常更新数据以适应用户新的状况，数据库数据的变化需要进行各种修改以保证数据的准确性。这种数据库维护处理是在 DBMS 的支持下，由传送处理程序及其他用户应用软件实现的。

（4）应用与开发。DBMS 的一个重要作用是应用开发，可以利用 DBMS 软件包提供的内部程序设计语言开发完整的应用程序。

（5）数据词典。数据词典是数据库管理的重要工具，是超越数据的计算机分类与目录，词典的内容是关于数据的数据。数据词典含有管理数据定义的数据库。其内容包括组织数据库的结构、数据元素及其他特征。数据词典由数据库管理员控制、管理和维护。

三、数据库设计

数据库设计在信息系统开发中占有重要的地位。数据库设计的质量将影响信息系统的运行效率及用户对数据使用的满意度。如何根据用户的需求及企业生存环境，在指定的数据库管理系统上设计数据库的逻辑模型，最终建成用户数据库，是从现实世界向计算机世界转换的过程。

（1）信息的转换。信息是人们提供关于现实世界客观存在事物的反映，数据则是用来表示信息的一种符号。要将反映客观事物状态的数据，经过一定的组织，转换成为计算机内的数据，将经历四个不同的状态，如图 12-4 所示。

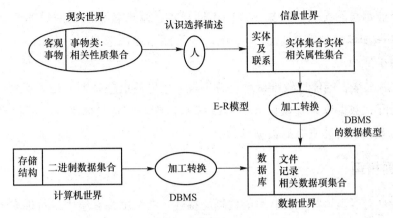

图12-4　信息的转换过程

从现实世界、客观（信息）世界到数据世界是一个认识的过程，也是抽象和映射的过程。相应的数据库设计也要经历类似的过程，即数据库设计也要包括用户需求分析、概念结构设计、逻辑结构设计和物理结构设计4个阶段。概念结构设计是根据用户需求设计的数据库模型，也称概念模型，可以用实体联系模型（E-R模型）表示；逻辑结构设计是将概念模型转换成某种数据库管理系统支持的数据模型；物理结构设计是为数据模型在设备上选定合适的存储结构和存取方法。

（2）E-R信息模型的设计。E-R（Entity Relationship Diagram）方法，即实体—联系方法，该方法通过E-R图形表示信息世界中的实体、属性、关系的模型。

实体可以是人，也可以是物或抽象的概念，可以指事物之间的联系，如一个人、一件物品、一个部门等都可以是实体；属性是指实体具有的某种特性，如学生实体可由学号、姓名、年龄、性别、专业、年级等属性来描述；联系是指反映到信息世界中现实世界的事物存在这样或那样的联系，在信息世界中，事物之间的联系可分为实体内部的联系和实体之间的联系两种。

在E-R图中，实体、联系、属性分别用方框、菱形和椭圆形表示。作为标识，框内填入相应的实体名、联系名及属性名。图12-5所示为两个实体之间三种不同的联系方式。

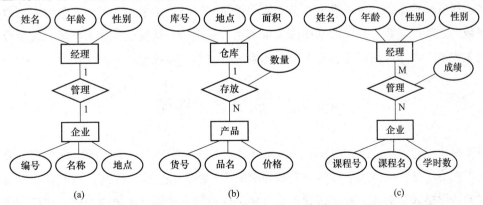

图12-5　两个实体之间三种不同联系的E-R图表示

（a）经理与企业一对一关系；（b）仓库与产品一对多关系；（c）学生与课程多对多关系

在分析企业信息系统时，根据用户的不同要求，画出各个用户的局部 E-R 图，然后再对各局部 E-R 图加以综合产生总体 E-R 图。为了图示简明起见，一般图中可以不画属性，而是用文字列于文中。

E-R 图直观易懂，能够比较准确地反映出现实世界的信息联系，并从概念上表示数据库的信息组织情况，数据库系统设计人员可以将 E-R 图，结合具体 DBMS 所提供的数据模型类型，演变为 DBMS 所能支持的数据模型。

四、数据模型

数据模型是对客观事物及其联系的数据化描述。在数据库系统中，对现实世界中数据的抽象、描述及处理等都是通过数据模型来实现的。数据模型能使数据以记录的形式组织在一起，综合反映企业组织经营活动的各种业务信息，它既能使数据库含有各个用户所需要的信息，又能在综合的过程中去除不必要的冗余。数据模型是数据库系统设计中用于提供信息表示和操作手段的形式构架，是数据库系统实现的基础。目前，实际数据库系统中支持的数据模型主要有网状模型、层次模型和关系模型三种。图 12-6 给出了三种数据模型的示意。

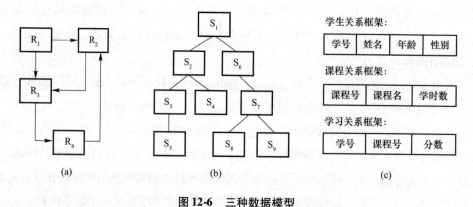

图 12-6　三种数据模型

（a）网状模型；（b）层次模型；（c）关系模型

在上述三种模型中，关系模型是最重要的模型。它的特点是用人们最熟悉的表格数据形式描述数据之间的联系，是以数学中的关系理论为基础的。该模型简化了程序开发及数据库建立的工作量，因而应用广泛，并在数据库系统中占据了主导地位。

第四节　BIM 技术应用

BIM 的核心价值是信息，BIM 的产生是计算机技术的发展与人们不断追求高效、节约的结果。BIM 技术是一项应用于设施全生命周期的 3D 数字化技术，其以一个贯穿其生命周期都通用的数据格式，创建、收集该设施所有相关的信息，并建立起协调的信息化模型作为项目决策的基础和共享信息的资源。

一、BIM 技术特点

1. 操作的可视化

可视化是 BIM 技术最显而易见的特点。BIM 技术的一切操作都是在可视化的环境下完成的，在可视化环境下进行建筑设计、碰撞检测、施工模拟、避灾路线分析……一系列的操作。传统的 CAD 技术只能提交 2D 图纸，虽然配以效果图也可以实现三维可视化的视觉效果，但这种可视化手段仅仅限于展示设计的效果，却不能进行节能模拟和进行碰撞检测、不能进行施工仿真。总而言之，不能帮助项目团队进行工作分析以提高整个工程的质量，那么这种只能用于展示的可视化手段对整个工程究竟有多大的意义呢？究其原因，是这些传统方法缺乏信息的支持。

2. 信息的完备性

信息的完备性使得 BIM 模型能够具有良好的基础条件，支持可视化操作、优化分析、模拟仿真等功能，为在可视化条件下进行各种优化分析（体量分析、空间分析、采光分析、能耗分析、成本分析等）和模拟仿真（碰撞检测、虚拟施工、紧急疏散模拟等）提供了方便的条件。信息的完备性主要体现在以下两个方面：

1）BIM 是设施的物理和功能特性的数字化表达。BIM 模型包含了设施的全面信息，除对设施进行 3D 几何信息和拓扑关系的描述外，还包括完整的工程信息的描述。如对象名称、结构类型、建筑材料、工程性能等设计信息；施工工序、进度、成本、质量及人力、机械、材料资源等施工信息；工程安全性能、材料耐久性能等维护信息；对象之间的逻辑关系等。

2）信息的完备性还体现在创建信息模型行为的过程中。在这个过程中，设施的前期策划、设计、施工、运营维护各个阶段都连接起来，将各阶段产生的信息都存储进 BIM 模型中，使得 BIM 模型的信息来自单一的工程数据源，包含设施的所有信息。BIM 模型内的所有信息均以数字化形式保存在数据库中，以便更新和共享。

3. 信息的协调性

协调性体现在两个方面：一是在数据之间创建实时的、一致性的关联，对数据库中数据的任何更改，都马上可以在其他关联的地方反映出来；二是在各构件实体之间实现关联显示、智能互动。

这个技术特点很重要。对设计师来说，设计建立起的信息化建筑模型就是设计的成果，至于各种平面、立面、剖面 2D 图纸及门窗表等图表都可以根据模型随时生成。而且在任何视图（平面、立面、剖面图）上对模型的任何修改，都视同为对数据库的修改，会马上在其他视图或图表上关联的地方反映出来，而且这种关联变化是实时的，从而提高了项目的工作效率，消除了不同视图之间的不一致现象，保证了项目的工程质量。这种关联变化还表现在各构件实体之间可以实现关联显示、智能互动。如模型中的屋顶是与墙相连的，如果将屋顶升高，墙的高度就会随即变高。

这种关联显示、智能互动表明了 BIM 技术能够支持对模型的信息进行计算和分析，并生成相应的图形及文档。这种协调性为建设工程带来了极大的方便，如在设计阶段，不同专业的设计人员可以通过应用 BIM 技术发现彼此不协调甚至引起冲突的地方，及早修正设计，避免造成返工与浪费。在施工阶段，可以通过应用 BIM 技术合理安排施工计划，保证整个施工阶段衔接紧密、合理，使施工能够高效地进行。

4. 信息的互用性

互用性就是 BIM 模型中所有数据只需要一次性采集或输入，就可以在整个设施的全生命周期中实现信息的共享、交换与流动，使 BIM 模型能够自动演化，避免了信息不一致的错误。在建设项目不同阶段免除对数据的重复输入，可以大大降低成本、节省时间、减少错误、提高效率。

二、BIM 技术应用的必要性

BIM 技术能够提高效率、节约成本，提高企业的管理水平，通过虚拟建造，预知施工难点、现场危险源等，从而提前采取预案，协助现场管理，加强现场的安全。BIM 技术应用的必要性具体体现在以下几个方面。

1. 行业的需要

建筑行业的特点是粗犷式管理、高消耗、高浪费。据相关机构统计，建筑业消耗了地球上 50% 的能源、42% 的水资源、50% 的材料和 48% 的耕地。我国建筑业的能耗占社会总能耗的 30%，有些城市甚至高达 70%，现有模式建造成本差不多是应该花费的两倍；72% 的项目超预算；70% 的项目超工期；75% 不能按时完工的项目至少超出初始合同价格的 50%；建筑工人的死亡威胁是其他行业的 2.5 倍。

建筑行业应用 BIM 技术能够大大改善资源浪费、工期拖沓、效率低下的面貌。例如，在 2007 年，美国斯坦福大学设施集成工作中心就建设项目使用 BIM 技术以后有何优势的问题对 32 个使用 BIM 技术的项目进行了调查研究，得出的调研结果是：消除多达 40% 的预算外更改；造价估算精确度在 3% 范围内；最多可减少 80% 耗费在造价估算上的时间；通过冲突检测可以节省多达 10% 的合同价格；项目工期缩短 70%。另据美国 Autodesk 公司的统计，利用 BIM 技术可改善项目产出和团队合作的 79%，3D 可视化更便于沟通，提高企业竞争力 66%，减少 50%～70% 的信息请求，缩短 5%～10% 的施工周期，减少 20%～25% 的各专业协调时间。在我国北京的世界金融中心项目中，负责建设该项目的香港恒基公司通过应用 BIM 技术发现了 7 753 个错误，及时改正后挽回超过 1 000 万元的损失及 3 个月的返工期。可见，BIM 技术是建筑行业发展的需要。

2. 国家发展规划的需要

2004 年，Autodesk 公司实施"长城计划"，在我国首次系统介绍 BIM 技术，引起国内学术界广泛关注。2009 年，清华大学成立课题组开展我国 BIM 标准应用研究，2011 年出版专著《设计企业 BIM 实施标准指南》和《中国建筑信息模型标准框架研究》。2011 年以来，国家和地方颁布了一系列政策，以推动和支持 BIM 的应用，具体政策及其内容此处不予赘述。

三、BIM 在设计阶段的应用

1. 提供全新三维状态下可视化的设计方法

BIM 技术下的建模设计过程是以三维状态为基础，不同于 CAD 的基于二维状态下的设计。在常规 CAD 状态下的设计，绘制的墙体、柱等构件没有属性，只有由点、线、面构成的封闭图形。而在 BIM 技术下绘制的构件本身具有各自的属性，每一个构件在空间中都通过 x、y、z 坐标显示各自的独立属性。在设计过程中，设计师的构想能够通过电脑屏幕上虚拟出来三维立体图形，进行三维可视化设计。同时，构建的模型具有各自的属性，如柱子，单击属性可知柱子的位置、尺寸、高度、混凝土强度等，这些属性可以通过软件将数据保存为信息模型（阶段 BIM），也可以由其他专业导入数据，提供了协同设计的基础。

2. 提供各个专业协同设计的数据共享平台

在 BIM 技术下的设计，各个专业通过相关的三维设计软件协同工作，能够最大限度地提高设计速度。并且建立各个专业之间互享的数据平台，实现各个专业的有机合作，提高图纸质量。

3. 提供设计阶段进行方案优化的基础

（1）在设计阶段方便、迅速地进行方案经济技术优化。在 BIM 技术下进行设计，专业设计完成后则建立起工程各个构件的基本数据；导入专门的工程量计算软件，则可以分析出拟建建筑的工程预算和经济指标，能够立即对建筑的技术、经济性进行优化设计，达到方案选择的合理性。

（2）实现了可视化条件下的设计。在三维可视化条件下进行设计，三维状态的建筑能够借助电脑呈现，并且能够从各个角度观察（如在虚拟阳光、灯光照射下，观察建筑各个部位的光线），为建筑概念设计和方案设计提供了方便；同时，在设计过程中，通过虚拟人员在建筑内的活动，直观地再现出人在真正建筑中的视觉感受，使建筑师和业主的交流变得直观和容易。

（3）为空间建筑设计提供了有力工具。在三维可视化条件下进行设计，建筑各个构件的空间位置都能够准确定位和再现，为各个专业的协同设计提供了共享平台。因此，通过 BIM 数据的共享，设备、电气工程师等能够在建筑空间内合理布置设备和管线位置，并通过专门的碰撞检查，消除各种构件相互之间的矛盾。通过软件的虚拟功能，设计人员可以在虚拟建筑内各位置进行细部尺寸的观察，方便进行图纸检查和修改，从而提高图纸的质量。

4. 实现设计阶段项目参与各方的协同工作

在 BIM 技术下，设计软件导出 BIM 数据，造价单位用 BIM 条件下的三维算量软件平台，按照不同专业导入需要的 BIM 数据，迅速地实现了建筑模型在算量软件中的建立，及时准确地计算出工程量，并测算出项目成本；设计方案修改后，重新导入 BIM 数据，直接得出修改后的测算成本。

四、BIM 在施工阶段的应用

1. 虚拟仿真施工

运用建筑信息模型（BIM）技术，建立用于进行虚拟施工和施工过程控制、成本控制的模型。该模型能够将工艺参数与影响施工的属性联系起来，以反映施工模型与设计模型之间的交互作用。通过 BIM 技术，实现 3D + 2D（三维 + 时间 + 费用）条件下的施工模型，保持了模型的一致性及模型的可持续性，实现虚拟施工过程各阶段和各方面的有效集成。

2. 实现项目成本的精细化管理和动态管理

通过算量软件运用 BIM 技术建立的施工阶段的 5D 模型，能够实现项目成本的精细分析，准确计算出每个工序、每个工区、每个时间节点段的工程量。按照企业定额进行分析，可以及时计算出各个阶段每个构件的中标单价和施工成本的对应关系，实现了项目成本的精细化管理。同时，根据施工进度及时进行统计分析，实现了成本的动态管理。避免了以前施工企业在项目完成后，无法知道项目盈利和亏损的原因与部位。

设计变更出来后，对模型进行调整，及时分析出设计变更前后造价变化额，实现成本动态管理。

3. 实现大型构件的虚拟拼装，节约大量的施工成本

现代化的建筑具有高、大、重、奇的特征，建筑结构往往是以钢结构 + 钢筋混凝土结构组成为主。例如，上海中心的外筒就有极大的水平钢结构桁架。按照传统的施工方式，钢结构在加工厂焊接好后，应当进行预拼装，检查各个构件之间的配合误差。在上海中心建造阶段，施工方通过三维激光测量技术，建立了制作好的每一个钢桁架的三维尺寸数据模型，在电脑上建立钢桁架模型，模拟了构件的预拼装，取消了桁架的工厂预拼装过程，节约了大量的人力和费用。

4. 各专业的碰撞检查，及时优化施工图

通过建立建筑、结构、设备、水电等各专业的 BIM 模型，在施工前进行碰撞检查，及时优化了设备、管线位置，加快了施工进度，避免了施工中大量的返工。

通过引入 BIM 技术后，建立了施工阶段的设备、机电 BIM 模型。通过软件对综合管线进行碰撞检测，利用 Autodesk Revit 系列软件进行三维管线建模，快速查找模型中的所有碰撞点，并出具碰撞检测报告。同时，配合设计单位对施工图进行了深化设计，在深化设计过程中选用 Autodesk Navisworks 系列软件，实现管线碰撞检测，从而较好地解决了传统二维设计下无法避免的错、漏、碰、撞等现象。

按照碰、撞检查结果，对管线进行调整，从而满足设计施工规范、体现设计意图、符合业主要求、维护检修空间的要求，使得最终模型显示为零碰撞。同时，借助 BIM 技术的三维可视化功能，可以直接展现各专业的安装顺序、施工方案及完成后的最终效果。

5. 实现项目管理的优化

通过 BIM 技术建立施工阶段三维模型，能够实现施工组织设计的优化。例如，在三维建筑模型上布置塔式起重机、施工电梯、提升脚手架，检查各种施工机械之间的空间位置，优化机械运转之间的配合关系，实现施工管理的优化。

在施工中，还可以根据建筑模型对异形模板进行建模，准确获得异形模板的几何尺寸，用于进行预加工，减少了施工损耗。同样，可以对设备管线进行建模，获取管线的各段下料尺寸和管件规格、数量，使得管线尺寸能够在加工厂预先加工，实现了建筑生产的工厂化。

6. 建设业主及造价咨询公司的投资控制

项目业主或者造价咨询单位采用 BIM 技术可以有效地实现施工期间的成本控制。在施工期间，咨询单位通过导入 BIM 技术，可以快速准确地建立三维施工模型（3D），再加上时间、费用则形成了在施工过程中的建筑项目 5D 模型，实现了施工期间成本的动态管理，并且能够及时、准确地划分施工完成工程量及产值，为进度款的支付提供了及时、准确的依据。

7. 能够实现可视化条件下的装饰方案优化

装饰工程设计通常在施工期间根据业主的需要进一步作深化设计。在二维状态下的建筑装饰设计，设计单位主要是出具效果图。即简单的内部透视图形，无法进行动态的虚拟，更没有办法进行各种光线照射下的效果观测，设计人员和业主不能体会到使用各种装饰材料产生的质感变化。在装饰施工中，为了让业主体会装饰效果，需要建立几个样板间，样板间在建立过程中需要对装饰材料反复更换和比较，浪费时间和成本。

通过 BIM 技术下三维装饰深化设计，可以建立一个完全虚拟真实建筑空间模型。业主或者建筑师能够在虚拟建筑空间内像在建好的房屋内一样漫游。

通过虚拟太阳的升起降下过程，人员可以在虚拟建筑空间内感受到阳光从不同角度射入建筑内的光线变化，而光线带给人们的感受在公共建筑中往往尤为重要。

同时，通过建筑材料的选择，业主可以在虚拟空间内感受建筑内部或者外部采用不同的材料、装饰图案给人带来的视觉感受，如同预先进入了装饰好的建筑内一样。可以变换各种位置，或者角度进行装饰效果观察，从而在电脑上实现装饰方案的选择和优化，既使业主满意，又节约了建造样板间的时间和费用。

五、BIM 技术在运维阶段的应用

1. 提供空间管理

空间管理主要应用在照明、消防等各系统和设备空间定位，获取各系统和设备空间位置信息，将原来编号或者文字表示变成三维图形位置，直观形象且方便查找。例如，首先，通过 RFID 获取大楼的安保人员位置；消防报警时，在 BIM 模型上快速定位所在位置，并查看周边的疏散通道和重要设备等。其次，应用于内部空间设施可视化。传统建筑业信息都存在于二维图纸和各种机电设备的操作手册上，需要使用时由专业人员自己去查找信息、理解信息，然后据此决策对建筑物进行一个恰当的动作。利用 BIM 将建立一个可视化三维模型，所有数据和信息可以从模型中获取、调用。如装修时，可以快速获取不能拆除的管线、承重墙等建筑构件的相关属性。在软件研发方面，由 Autodesk 创建的基于 DWF 技术平台的空间管理，能在不丢失重要数据及接收方无须了解原设计软件的情况下，发布和传送设计信息。在此系统中，Autodesk FM Desktop 可以读取由 Revit 发布的 DWF 文件，并可自动识别空间和房间数据，而 FMD esktop 用户无须了解 Revit 软件产品，使企业不再依赖于劳动密集型、手工创建多线段的流程。设施管理员使用 DWF 技术将协调一致的可靠空间和房间数据从 Revit 建筑信息模型迁移到 Autodesk FM Desktop。然后，生成专用的带有彩色图的房间报告，以及带有房间编号、面积、入住者名称等的平面图——在迁移墙壁之前，无须联系建筑师。到迁移墙壁时，DWF 还能够帮助将更新的信息返回建筑师的 Revit 建筑信息模型中。

2. 提供设施管理

在设施管理方面，主要包括设施的装修、空间规划和维护操作。美国国家标准与技术协会（NIST）于 2004 年进行了一次研究，业主和运营商在持续设施运营和维护方面耗费的成本几乎占总成本的 2/3。这次统计反映了设施管理人员的日常工作烦琐费时，如手动更新住房报告；通过计算天花板瓦片的数量，计算收费空间的面积；通过查找大量建筑文档，找到关于热水器的维护手册。而 BIM 技术的特点是，能够提供关于建筑项目的协调一致的、可计算的信息，因此，该信息非常值得共享和重复使用，且业主和运营商便可降低由于缺乏可操作性而导致的成本损失。另外，还可对重要设备进行远程控制。将原来商业地产中独立运行的各设备通过 RFID 等技术汇总到统一的平台上进行管理和控制。通过远程控制，可充分了解设备的运行状况，为业主更好地进行运维管理提供良好条件。设施管理在地铁运营维护中起到了重要的作用，以及在一些现代化程度较高，需要大量高新技术的建筑如大型医院、机场、厂房等中也得到了广泛的应用。

3. 提供隐蔽工程管理

在建筑设计阶段会有一些隐蔽的管线信息是施工单位不关注的，或者说这些资料信息可能在某个角落里，只有少数人知道。特别是随着建筑物使用年限的增加，人员更换频繁，这些安全隐患日益显得突出，有时甚至直接导致了悲剧的酿成。例如，2010 年南京市某废旧塑料厂在进行拆迁时，因隐蔽管线信息了解不全，工人不小心挖断地下埋藏的管道，引发了剧烈的爆炸，此次事件引起了社会的强烈反响。基于 BIM 技术的运维可以管理复杂的地下管网，如污水管、排水管、网线、电线及相关管井，并且可以在图上直接获得相对位置关系。当改建或二次装修时可以避开现有管网位置，便于管网维修、更换设备和定位。内部相关人员可以共享这些电子信息，有变化也可以随时进行调整，以保证信息的完整性和准确性。

4. 提供应急管理

基于 BIM 技术的管理不会有任何盲区。公共建筑、大型建筑和高层建筑等人流聚集区域，对突发事件的响应能力是非常重要的。传统的突发事件处理仅仅关注响应和救援，而通过 BIM 技术的运维管理对突发事件管理包括预防、警报和处理。以消防事件为例，该管理系统可以通过喷淋感应器感应信息；如果发生着火事故，在商业广场的 BIM 信息模型界面中，就会自动触发火警警报；着火区域的三维位置和房间立即进行定位显示；控制中心可以及时查询相应的周围环境和设备情况，为及时疏散人群和处理灾情提供重要信息。类似的还有水管、气管爆裂等突发事件：通过 BIM 系统可以迅速定位控制阀门的位置，避免了在浩如烟海的图纸中寻找信息，如果处理不及时，将酿成灾难性事故。

5. 提供节能减排管理

通过 BIM 结合物联网技术的应用，使得日常能源管理监控变得更加方便。通过安装具有传感功能的电表、水表、煤气表后，可以实现建筑能耗数据的实时采集、传输、初步分析、定时定点上传等基本功能，并具有较强的扩展性。系统还可以实现室内温度、湿度的远程监测，分析房间内的实时温湿度变化，配合节能运行管理。在管理系统中，可以及时收集所有能源信息，并且通过开发的能源管理功能模块，对能源消耗情况进行自动统计分析，如各区域，各户主的每日用电量、每周用电量等，并对异常能源使用情况进行警告或者标识。

中国电信等运营商正在有计划地推出节能减排解决方案。运营商在耗电量大的空调设备上加装控制模块，透过网络通信将空调设备的运转信息收集至节能管理统一平台进行统计分析，产出空调设施优化控制策略，同时使用者可透过平台进行空调设备操控管理，同时，也监测空调设备每天 24 h 的运转状况，一旦侦测发现异常，可立即发出告警通知，以利于管理者维修处理。在客户空调系统的负载端设备（如分离式冷气、空调箱等）及外气引进装置上加装控制设备，同时，在空调环境内加装环境感知组件来侦测环境状况（温度、湿度、CO_2浓度等），通过对环境状况的资料收集与分析，由节能管理统一平台自动对空调系统的负载端设备进行调控，将空调环境的温度、湿度及 CO_2 浓度控制在一定范围下，避免因不当的人为控制导致环境过冷或过热，令使用者能够充分享受一个自动调控且舒适的空调环境。

第五节　物联网技术的应用

一、物联网技术的概念与特点

物联网，泛指物物相联之网，目前一般认可的定义是：通过射频识别标签、二维码标签、红外感应器、全球定位系统等各类传感器、敏感器技术和设备，按约定的协议，将物品与网络连接起来进行信息交换和通信，达到智能识别、定位、监控和管理的网络。

物联网技术的特点包括以下几点。

1. 关注外部

物联网系统关注外部的实体世界，与目标及环境的关联紧密度高，关注外部需求和目标，由外部决定内部（结构、功能等），事件的方向是外部到网络内部。物联网关注的是外部的目标、事件环境等。

2. 非确定性

物联网系统需要应对目标、事件及其边界条件的非确定性。例如，在防入侵应用中，当围界防入侵系统报警时，出现的目标可能是人，也可能是鸟、车等。事件发生的地点可能是在围栏内，也可能是在围栏外，无论哪一种情况，都是不可预知的。出现的目标如何移动、干什么更是无法确定。

3. 不可重现

物联网系统需要适应目标、事件及其边界条件的不可重现。出现在不同时间、不同地点的目标、事件和现象具有唯一特性。例如，地震、台风这样的自然灾害的特征信息很难体现出重复性，在一定程度上需要参考相似的历史经验。

4. 事件驱动

物联网系统是由外部的目标、任务和环境等事件驱动的。物联网不是由数据驱动而是由外部事件牵引驱动，如外部目标或任务的出现，或环境的改变将触发网络进行响应处理。系统中的协同处理也与目标、任务和环境密切相关。例如，在防入侵应用中，可疑目标的出现会激活临近目标的震动、微波等节点组网；可疑目标攀爬围栏时，会激活围栏上的倾角和视频节点，形成任务驱动网络；当出现大风、大雾天气时，区域内的气象节点会自动加入网络，与其他节点共同完成对目标的探测。

二、物联网技术应用在土木工程中的意义

1. 有利于实现施工作业的系统管理

土木工程的产品是固定的，而生产活动是流动的，这就构成了建筑施工中空间布置与时间排列的主要矛盾。

2. 有利于提高施工质量

土建施工规模大、工期长，整体施工质量很难得到保证，一旦出现失误，就会造成重大的经济损失。运用物联网技术能够将各种机械、材料、建筑体通过传感网和局域网进行系统处理和控制，同步监控土建施工的各个分项工程，严格保证施工质量。物联网技术在土木工程中的应用，对土建施工质量的意义主要体现在以下几个方面：

（1）精确定位。定位和放线工作是进行施工的首要步骤，其精确程度直接决定了施工质量能否达标。

（2）保证材料质量。材料（包括原材料、成品、半成品、构配件）质量是整个工程质量的保证，只有材料质量达标，工程质量才能符合标准。

（3）环境控制。影响工程质量的环境因素主要有温度、湿度、水文、气象和地质等。各种环境因素会对工程质量产生复杂多变的影响。

（4）对受损构件进行修复补救。在施工时，将 RFID 标签安装到构件上，可以对各个构件的内部应力、变形、裂缝等变化进行实时监控。一旦发生异常，可以及时进行修复和补

救，最大限度地保证施工质量。

3. 有利于保证施工安全

改革开放以来，随着建筑业的高速发展，施工事故频繁发生，夺去了无数建设者的生命，同时也给国家和企业造成了重大的经济损失，对土木工程的可持续发展和社会稳定构成了不小的压力，造成了不良的影响。安全问题贯穿工程建设的整个过程中，影响施工安全的因素错综复杂，管理的不规范和技术的不成熟等问题都有可能导致施工安全问题。

物联网技术在土木工程中的应用，可以减少事故的发生。建筑业作为高风险行业之一，施工现场安全事故的发生对社会经济、人民生活和周边自然环境都会产生负面影响。一般来说，施工现场可以看作由人、机械设备、材料和半成品等资源组成的，在有一定组织的空间范围内进行动态作业过程的场地。由于现场存在一定的无序的、条件复杂的动态环境，往往导致这些资源无法妥善管理，因而，容易发生安全事故。这就需要我们进行现场各种资源的合理安排和协调，监控各种危险源，来降低这类事故的发生，保证施工安全。

（1）生产管理系统化。即通过射频识别技术对人员和车辆的出入进行控制，保证人员和车辆出入的安全。通过对人员和机械的网络管理，使之各就其位、各尽其用，防止安全事故的发生。

（2）安防监控与自动报警。无线传感网络中节点内置的不同传感器，能够对当前状态进行识别，并把非电量信号转变成电信号，向外传递。

（3）设备监控。即把感应器嵌入塔式起重机、电梯、脚手架等机械设备中，通过对其内部应力、振动频率、温度、变形等参量变化的测量和传导，而对设备进行实时监控，以保证操作人员以及其他相关人员的安全。

4. 具有可观的经济效益

当前，建筑市场十分火热，越来越多的企业投入施工建设行业中。提高企业的经济效益不仅意味着盈利的增加和企业竞争力的提高，也有利于国民经济和社会的发展。物联网技术在土建行业的应用，必将大大提高生产效率，进而提高企业的经济效益。

（1）材料成本的降低。材料成本在工程预算中占有很大的比重。

（2）提高效率，节约时间。物联网技术可以实现对人和机械的系统化管理，使得施工过程井井有条，有效地缩短工期。

（3）及时补救和维护。基于物联网的监控技术，可以从源头上发现建筑构件的错误和缺陷并及时补救，从而避免造成更大的经济损失。

第六节　云计算技术的应用

云计算技术自从2007年诞生后，就凭借着其众多优点而发展迅速。云计算技术作为下一代信息技术的核心，其产业发展和应用的推广普及，很好地促进了我国产业能级的提升和管理手段的完善。

一、云计算的概念与特点

云计算是一种新的互联网应用模式。其是基于互联网的相关服务的增加、使用和交付而建立，其资源具有动态易扩展，而且是虚拟化的特点，云计算依赖互联网实现。云计算的狭义定义是指基于互联网的、采用按需和易于扩展的方式来获得所需要的资源，IT 基础设施的交付和使用可以被认定狭义云计算的构建。云计算的广义定义是交付和使用模式的服务，这种基于互联网、采用按需和易于扩展的方式获得所需要资源的服务可以与软件和互联网及其他服务相关，标志着计算能力作为商品在互联网的正式流通。

云计算技术突破传统限制，为现代化企业的管理提供捷径。云计算技术可以在低成本、非破坏的前提下，使企业对自身达到更好的控制，更大幅度地降低成本和做出更宽泛的选择，云计算技术主要提供超强的数据运算支持和海量的数据存储与管理服务、云服务平台（包含软件、服务和众多解决方案）及软件服务（主要包括数据、信息和安全服务）。

云计算技术的相关特点包括以下几项。

1. 云计算技术可以按照需求提供大规模的服务

云计算是建立在众多分布式排列的集群服务器上的，并且集中所有的服务器资源提供相关的服务。正因为云计算具有庞大数量的服务器，所以，这些服务器汇总在一起就可以提供超强的数据运算能力和海量的数据存储与管理能力，单机很难完成的数据运算和存储可以通过云计算轻松完成。正因为云计算可以有效集中管理各类资源，才能够满足用户的各种需求，并且帮助企业扩展业务领域和提升管理水平。

2. 云计算技术在使用方面高度便捷

在云计算技术服务下，所有的数据和服务都存储在云端，通过用户终端的指令进行资源调配和部署，这就意味着用户可以在任何场合和时间下，借助手机、电脑等各种终端，通过预制的虚拟标准操作界面进入云服务平台，对数据和应用进行操作，让工作变得更加便捷、高效。

3. 云计算技术提供可以扩展的数据安全服务

云计算平台提供高度集中化和非常安全可靠的数据存储服务，与将数据存储在个人电脑中相比，将数据存储在云端，可以完全避免因为病毒入侵，以及其他各种不可抗因素所造成的数据损坏。另外，云计算运营商拥有专业的团队对用户信息安全进行管理和备份，并且云计算在权限管理方面也再一次加强了数据的安全保障。

4. 成本效益

由于云计算模式的特点，所以，数据的大规模运算和存储管理都可以交由云端平台处理，用户仅需要通过终端的虚拟标准操作界面远程对云计算平台操作即可，而无须投入大成本构建高硬件配置终端，从而大幅降低用户所花费在管理和维护设备设施上的费用，降低企业运营成本，让企业拥有更多现金投入科研开发和创新中。

二、云计算技术的应用在土木工程中的意义

（1）推进工程建设行业的资源整合。实现资源共享集成和调配现有的施工、设计、监理、质量控制及材料供应等企业资源，并且将现有分散的、自成一体和本地化的网络平台转变为一个有具体网络运营环境、网络服务系统、网络操作系统组成的强大的、统一的云计算平台，是工程建设行业构建行业云计算系统的基础。对各个施工企业的资源汇总，并形成工程建设行业的管理体系和资源共享空间，就能实现各企业资源共享，杜绝企业之间的资源浪费和重复，从而间接提高工程建设行业具体的管理水平，促进工程建设行业的产业变革及应用创新，使工程建设行业在国际上更具竞争力。

（2）构建内、外双层云计算系统。构建云计算系统是一项巨大的工程，而工程建设行业拥有众多的软件和硬件设施，如果盲目地采用全新的计算来替换之前的服务器，需要投入巨大的人力、物力和资金，并且仓促地改变之前的工作流程和方法，很可能造成网络安全出现漏洞及技术的流失。而基于现在的虚拟化技术，可以采用更好的方法实现云计算。首先，通过对施工、设计、监理、质量控制以及材料供应等企业当前的数据中心进行汇总，构建内部云计算，进而保证了数据安全；同时，引进云计算运营商，共同建立可以与内部云计算兼容的外部云计算，进行统一的管理和动态的操作，从而保证将内部资源和外部资源相联共享，有助于各个企业进行资源共享和权限管理，更好地实现工程建设行业的统一。

（3）加快具有工程建设领域特色的视频云建设。借助计算机远程监控、设计集成、材料检测、模式识别，与人工智能自动控制等相关技术，实现视频云服务，其对象主要为施工、设计、监理、质量控制及材料供应等企业。通过视频也可以实现对工程质量、设计集成、材料检测、安全监控和环境监控等进行实时图像监控与管理。

视频云主要通过四个结构实现，分别是视频存储结构、控制管理结构、视频输入结构和视频应用结构。视频输入结构是通过摄像头等传输设备和媒介在整个视频网络中反映出工程进度和环境监测；视频存储结构主要用于所拍摄视频的存储和管理；控制管理结构则是使用集成和分布的系统通过内、外的云计算服务，借助通用的接口对数据进行加密和备份，并且负责数据的交换和安全；视频应用结构则是作为智能化视频应用平台为企业提供工程远程监控、设计集成、材料检测、环境监测、联动指挥和实时沟通等服务。

本章小结

信息化是指培养、发展以计算机为主的智能化工具为代表的新生产力，并使之造福于社会的历史过程。应用于土木工程的信息化技术包括网络通信技术、数据库技术、BIM 技术、物联网技术及云计算技术等。

（1）网络通信技术。网络通信中最重要的就是网络通信协议。

（2）数据库技术。数据库系统是指由计算机系统、数据、数据库管理系统和有关人员组成的具有高度组织的总体。

（3）BIM 技术。BIM 技术是一项应用于设施全生命周期的 3D 数字化技术。其以一个贯穿其生命周期都通用的数据格式，创建、收集该设施所有相关的信息并建立起信息协调的信息化模型作为项目决策的基础和共享信息的资源。

（4）物联网技术。物联网，泛指物物相联之网，目前一般认可的定义是：通过射频识别标签、二维码标签、红外感应器、全球定位系统等各类传感器、敏感器技术和设备，按约定的协议，将物品与网络连接起来进行信息交换和通信，达到智能识别、定位、监控和管理的网络。

（5）云计算技术。云计算技术是一种新的互联网应用模式。其是基于互联网的相关服务的增加、使用和交付而建立，其资源具有动态易扩展而且是虚拟化的特点，云计算依赖互联网实现。

思考题

一、填空题

1. 信息资源由_____、_____、_____三大要素组成。

2. 网络通信中最重要的就是_____。

3. 局域网一般由_____、_____、_____和_____组成。

4. _____是对客观事物及其联系的数据化描述。

5. 通过 BIM 结合_____的应用，使得日常能源管理监控变得更加方便。

6. 视频云主要通过四个结构实现，分别是_____、_____、_____和_____。

二、问答题

1. 信息包括哪些类型？

2. 信息资源具有哪些特征？

3. 勘察设计企业信息化管理包括哪几个主要方面？

4. 物联网技术的特点是什么？

参考文献

[1] 骆汉滨. 工程项目管理信息化 [M]. 北京：中国建筑工业出版社，2011.

[2] 毛鹤琴. 土木工程概论 [M]. 4版. 武汉：武汉理工大学出版社，2012.

[3] 曹德成. 工程管理信息系统 [M]. 武汉：华中科技大学出版社，2010.

[4] 郝永池，袁利国. 绿色建筑 [M]. 北京：化学工业出版社，2018.

[5] 李炎保，蒋学炼，等. 港口航道工程导论 [M]. 北京：人民交通出版社，2010.

[6] 丁文其，杨林德. 隧道工程 [M]. 北京：人民交通出版社，2012.

[7] 苏达根. 土木工程材料 [M]. 2版. 北京：中国高等教育出版社，2008.

[8] 沈振中. 水利工程概论 [M]. 北京：中国水利水电出版社，2011.

[9] 朱合华. 地下建筑结构 [M]. 3版. 北京：中国建筑工业出版社，2016.

[10] 严作人，陈雨人，张宏超. 道路工程 [M]. 2版. 北京：人民交通出版社，2011.

[11] 李亚东. 桥梁工程概论 [M]. 3版. 成都：西南交通大学出版社，2014.